Abenteuer Projekte

Mario Neumann ist Projekt-Abenteurer: 15 Jahre leitete er internationale Projekte bei Hewlett-Packard. Aus seinem fundierten Know-how entstand das »Abenteuer Projekte«, ein Trainingskonzept für »situatives Projektmanagement«, mit dem er Projektleiter für alle Phasen ihrer Projekte fit macht. Für seine Arbeit wurde er mehrfach mit dem Internationalen Deutschen Trainingspreis ausgezeichnet.

http://marioneumann.com/

Abenteuer Projekte ist nach *Projekt-Safari* und *Abenteuer Führung* sein drittes Buch beim Campus Verlag.

Mario Neumann

Abenteuer Projekte

Einfache Werkzeuge für kleine
und mittlere Projekte

Campus Verlag
Frankfurt/New York

ISBN 978-3-593-50769-9 Print
ISBN 978-3-593-43696-8 E-Book (PDF)
ISBN 978-3-593-42730-0 E-Book (EPUB)

Das Werk einschließlich aller seiner Teile ist urheberrechtlich geschützt.
Jede Verwertung ist ohne Zustimmung des Verlags unzulässig. Das gilt
insbesondere für Vervielfältigungen, Übersetzungen, Mikroverfilmungen
und die Einspeicherung und Verarbeitung in elektronischen Systemen.

Copyright © 2017 Campus Verlag GmbH, Frankfurt am Main.
Umschlaggestaltung: www.hausammeer.org
Autorenfoto: Simone Scardovelli
Satz: Fotosatz L. Huhn, Linsengericht
Gesetzt aus: Minion und Motiva
Druck und Bindung: Beltz Bad Langensalza
Printed in Germany

www.campus.de

INHALT

EINLEITUNG

Meistens ist es nur eine vage Idee, aus der heraus ein kleines oder mittelgroßes Projekt gestartet wird. Noch ist nicht klar, welches das eigentliche Projektziel ist und was da im Projektverlauf auf die Beteiligten zukommen wird. Viele dieser Projekte werden deshalb nicht richtig eingeschätzt – früher oder später gerät das Vorhaben in Schwierigkeiten.

Da taucht der Chef auf, betraut einen seiner Mitarbeiter mit einem Projekt – und überlässt ihn mit einem aufmunternden »Machen Sie mal!« sich selbst. Der Betroffene fühlt sich überfordert und weiß nicht, wie er das Projekt halbwegs ordentlich über die Bühne bringen soll. Er sucht Rat in Büchern und Seminaren, kann aber damit nur wenig anfangen: Die dort vorgestellten Instrumente sind meist weit überdimensioniert. Diese PM-Techniken wurden für Großprojekte wie Autobahnen oder milliardenschwere Kraftwerke entwickelt, nicht jedoch für kleinere und mittlere Projekte. Jene hierauf anzuwenden ist vergleichbar mit dem Ansinnen, eine Molkerei zu bauen, um ein Glas Milch zu bekommen.

Doch es gibt sie tatsächlich – die PM-Methoden, mit denen man auch und gerade kleinere und mittlere Projekte professionell managen kann. Noch dazu sind diese Methoden einfach, schnell anwendbar und leicht verständlich. Mario Neumann stellt in seinen Seminaren und im vorliegenden Handbuch diese wirkungsvollen und bewährten Instrumente vor. Wie bereits in seinem Buch *Projekt-Safari* nimmt er seine Leser mit auf eine abenteuerliche Reise in die Welt der Projekte. Lauernde Gefahren, Praxistipps für den Ernstfall, Erlebnisse von Projektleitern und theoretische Hintergründe fügen sich zu diesem neuartigen Handbuch für Projektleiter.

Das Buch wendet sich in erster Linie an Projektleiter und Mitarbeiter in Projekten, die schon erste Projekterfahrungen gesammelt haben. Sie werden sich in vielen Situationen wiederfinden und ein spontanes »Ja, das kenne ich auch!« ausrufen. Aber auch Leser, die sich als »Projektneulinge« verstehen, finden in diesem Buch das notwendige Rüstzeug, um die ihnen bevorstehenden Herausforderungen zu meistern.

Die sieben immer gleichen Probleme

- *Was will der eigentlich?* Oft äußert der Auftraggeber pauschale Wünsche, anstatt für das Projekt klare Ziele zu benennen. Die allenfalls einzigen Vorgaben sind viel zu knapp bemessene Termine.
- *Wie genau soll ich vorgehen?* In vielen Projekten wirft die Projektplanung mehr Fragen auf, als sie beantwortet. Am Ende weiß keiner so genau, was er eigentlich machen soll.
- *Und jetzt?!* Im Projektverlauf tauchen Probleme auf, mit denen keiner gerechnet hat.
- *Wie starte ich?* Viele Projekte werden überhastet begonnen. Das rächt sich: Die Beteiligten arbeiten planlos, häufig eher gegeneinander als miteinander.
- *Wie setze ich mich durch?* Ein Projektleiter ist gegenüber seinen Teammitgliedern in der Regel nicht weisungsbefugt. Die große Gefahr: Jeder macht, was er will, und keiner macht, was er soll.
- *Wie steuere ich das Projekt?* Im Projektverlauf gibt es Rückstände und Rückschläge, die es zügig und ohne großes Aufsehen aufzuholen gilt.
- *Wie beende ich das Projekt?* Viele Projekte finden keinen geordneten Abschluss. Der Projektleiter wird nicht offiziell entlastet – mit der Gefahr, dass er das Thema nicht loswird.

Sieben einfache Werkzeuge

Für den Umgang mit den sieben typischen Projektproblemen gibt es sieben einfache und wirkungsvolle Instrumente, die wir in den folgenden Etappen kennenlernen. Hier vorab ein kurzer Überblick:

- **Die Auftragsklärung:** Projekte sind selten durchdacht – entsprechend unklar ist der Auftrag. Eine saubere Auftragsklärung zwischen Auftraggeber und Projektleitung ist der Grundstein zum späteren Projekterfolg. Wie das geht, erfahren Sie in der ersten Etappe des Buches.
- **Die Planung:** Gerade bei kleineren Projekten besteht die Neigung, auf eine Planung kurzerhand zu verzichten. Diese Haltung ist naiv und gefährdet den Projekterfolg. Auch ein kleineres Projekt hat komplexe Aufgaben, braucht neue Lösungswege, birgt Risiken und muss mehrere Beteiligte koordinieren. Wer das alles in den Griff bekommen möchte, braucht eine gute Planung. Die Kunst besteht darin, mit wenig Aufwand so zu planen, dass alles Notwendige geregelt ist. Etappe 2 zeigt, wie das gelingt.
- **Der Risiko-Check:** Jedes Projekt birgt Risiken. Ob Veränderungsvorhaben oder Großveranstaltung, Entwicklungsprojekt oder IT-Vorhaben: Immer besteht die Gefahr, im Projektverlauf auf gravierende sachliche, technische oder politische Hindernisse zu treffen. Diese Risiken verschwinden nicht, indem man die Augen vor ihnen verschließt. Um böse Überraschungen während des Projektverlaufs zu vermeiden, lohnt sich deshalb ein kurzer Risiko-Check im Vorfeld – nachzulesen in Etappe 3.
- **Der Projektstart:** Der gelungene Auftakt ist enorm wichtig. Er prägt die Erwartungen der Projektmitglieder ebenso wie die des Umfelds. Jeder Beteiligte entscheidet jetzt für sich, wie er die Erfolgschancen des Projekts einschätzt, wie wichtig das Projekt für ihn persönlich ist und wie sehr er sich engagieren wird. Etappe 4 zeigt, worauf es beim Projektstart ankommt.
- **Die Bewährungsprobe:** »Schluss! Aus! Basta! Wir machen es jetzt so, wie ich es sage!« Viele Projektleiter träumen davon, sich bei Bedarf mit einem Machtwort durchzusetzen. Meistens jedoch fehlt ihnen dazu schlicht die Weisungsbefugnis. Wie Sie als Projektleiter Ihre Projektmitarbeiter trotzdem zielgerichtet führen, erfahren Sie in Etappe 5.
- **Die Projektsteuerung:** Die Projektsteuerung gehört zu den wichtigsten Aufgaben eines Projektleiters. Auch wenn das Projekt sorgfältig vorbereitet ist und das Team motiviert mitarbeitet, muss er sicherstellen, dass die Umsetzung nach Plan läuft. Abweichungen vom Plan muss er frühzeitig erkennen und schnell in den Griff bekommen. Etappe 6 hilft Ihnen, das Steuer während der Umsetzung des Projektes sicher in der Hand zu halten.
- **Der Projektabschluss:** Jedes Projekt geht zu Ende. Sollte es zumindest. Und

zwar so, dass es alle wissen und möglichst auch damit zufrieden sind. Dazu müssen sämtliche Projektaktivitäten korrekt abgeschlossen werden – was keineswegs von allein geschieht. Wenn ein Projektleiter nicht für einen Projektabschluss sorgt, läuft er Gefahr, mit diesen Abschlussarbeiten allein auf weiter Flur zu stehen.

Den sieben Werkzeugen und ihrer Anwendung im Projektalltag widmen sich die sieben Etappen dieses Buches. Sie werden sehen: Professionelles Projektmanagement ist im Grunde ganz einfach. Es benötigt keinen übertriebenen Aufwand, im Gegenteil: Sie sparen viel Zeit und Nerven und sind obendrein noch erfolgreich.

Die Praxisprojekte

Durch die Etappen dieses Buches begleiten uns sieben Mitarbeiter mit ihren Projekten. Sie kommen aus diversen Branchen, haben unterschiedliche Berufe gelernt und haben eigentlich nur eines gemeinsam: Sie sind keine professionellen Projektleiter – und wollen es auch nicht werden. Trotzdem müssen sie in ihrem Arbeitsalltag immer wieder die Verantwortung für kleinere Projekte übernehmen. Anhand ihrer Projektnotizen können wir im Verlauf der Etappen ihre Erlebnisse und Ergebnisse mitverfolgen und daraus wichtige Schlüsse ziehen. Die vollständige Dokumentation der sieben Projektbeispiele finden Sie im Internet unter http://www.marioneumann.com/praxis-projekte.

 ## Projekt 1: **Marc & das Informationssystem**

Das erste Beispielprojekt spielt in der Produktion eines mittelständischen Getränkeherstellers. Dem Produktionsleiter schwebt ein Informationssystem vor: Die Mitarbeiter sollen bei der Überwachung der Getränkeabfüllung die Produktionsdaten künftig nicht mehr an einer Vielzahl von Anlagen abrufen müssen, sondern alle relevanten Informationen auf einen Blick erhalten.

Der Produktionsleiter setzt große Hoffnungen in das Vorhaben. Ein Mitarbeiter des IT-Bereichs soll die Entwicklung dieses Informationssystems vorantreiben. Die Wahl fällt auf den 35-jährigen Informatiker Marc, der seit einigen Jahren die Steuerung der Abfüllanlagen betreut. Er soll für die notwendige Konsolidierung der Produktionsdaten sorgen.

Marc steht mit seinem IT-Projekt vor einer großen Herausforderung. Er hat es mit vielfältigen Anforderungen zu tun, die er in dem Informationssystem abbilden muss. Wenn er nicht aufpasst, schleichen sich im Projektverlauf immer neue Ideen und Wünsche ein. Spätestens wenn die neu dazukommenden Funktionalitäten nichts mehr mit dem ursprünglichen Projektziel zu tun haben, wäre sein Projekt an »Creeping Featuritis« erkrankt.

Projekt 2: **Saskia & die Themenwoche**

Die 45-jährige Journalistin Saskia ist bei einem öffentlich-rechtlichen Spartensender angestellt. Sie arbeitet dort schon seit einigen Jahren als Redakteurin in der Redaktion für »Dokumentationen«. Zusammen mit ihren Kollegen recherchiert sie Dokumentarfilme, die der Sender täglich zur Primetime ausstrahlt.

Nun wurde Saskia ein anspruchsvolles Projekt übertragen: Sie soll für das Sommerprogramm eine ganze Themenwoche mit dem Titel »Orient & Okzident« gestalten. Der Auftrag kommt von der Programmgeschäftsführung selbst. Der Sender verspricht sich von dem Projekt eine Steigerung der Einschaltquoten zu den Hauptsendezeiten.

Saskias Themenwoche steht stellvertretend für all jene Projekte, in denen sich die Projektbeteiligten lieber mit der inhaltlichen Ausgestaltung befassen, statt sich um organisatorische Belange zu kümmern. Kein Wunder: Die kreative Arbeit ist nun einmal motivierender als der organisatorische »Kleinkram« drumherum. Doch mit dieser Einstellung verliert man schnell den Blick für das Wesentliche im Projektmanagement.

Projekt 3: **Monika & die Hausmesse**

Die 42-jährige Marketingexpertin Monika arbeitet für einen großen mittelständischen Anlagenbauer. Das Unternehmen möchte eine exklusive Hausmesse durchführen, um ausgewählten Kunden seine neuen Produktgenerationen vorzustellen. Monika erhält von der Geschäftsleitung die Aufgabe, diese Hausmesse vorzubereiten.

Für die Marketingexpertin ist es die erste Veranstaltung überhaupt, die unter ihrer Regie stattfinden soll. Normalerweise befasst sie sich mit Interviews, Presseartikeln oder Produktbroschüren. Jetzt muss sie diese Hausmesse vorbereiten.

Eventprojekte (Messen, Konferenzen, Aktionärsversammlungen etc.) stehen unter einem hohen Zeitdruck, schließlich muss der Termin eingehalten werden. Zudem haben solche Projekte oft eine lange Planungsphase, während die tatsächliche Durchführung eher kurz ist. Deshalb wird bei klassischen Eventprojekten (z. B. Stadtfesten, Festivals oder Konzerten) die Organisation des Events meist an spezialisierte Agenturen übergeben. Monika dagegen muss sehen, wie sie alleine damit zurechtkommt.

Projekt 4: **Vanessa & die Buchhaltung**

Die 28-jährige Vanessa arbeitet in der Buchhaltung eines aufstrebenden Pharma-Unternehmens. Die starke Expansion der vergangenen Jahre hat dazu geführt, dass die Buchhaltung an den verschiedenen Standorten nicht mehr nach einheitlichen Regelungen arbeitet.

Vor diesem Hintergrund wird Vanessa mit einem wichtigen Projekt betraut: Alle Landesgesellschaften sollen ab einem festgelegten Stichtag ihre Transaktionen gemäß einer einheitlichen Kontierungsrichtlinie verbuchen. Das Projekt soll die Umstellung sicherstellen und zugleich vorhandene Verbesserungspotenziale ausschöpfen. Damit steht es im Zusammenhang mit einem »kontinuierlichen Verbesserungsprozess« (KVP), mit dem sich das Unternehmen ständig verbessern möchte.

Projekt 5: **Thomas & der neue Lüfter**

Der kaufmännische Geschäftsführer eines großen mittelständischen Anlagenbauers plant einen Lieferantenwechsel. Der bisherige Lieferant hat angekündigt, den Preis für einen bestimmten Lüfter stark zu erhöhen. Der Lüfter wird in allen Anlagen des Unternehmens verarbeitet, sodass der Wechsel zu einem preiswerteren Zulieferer eine große Einsparung verspricht. Allerdings müssen die Maschinen dann auf den neuen Filter technisch abgestimmt werden.

Der Geschäftsführer wendet sich hierzu an den 38-jährigen Thomas, der als Ingenieur in der Entwicklungsabteilung arbeitet. Er soll den Lieferantenwechsel vorbereiten und herausarbeiten, was notwendig ist, um künftig die Lüfter des neuen Anbieters in den eigenen Anlagen zu verbauen.

Das Projekt stellt Thomas vor eine große Herausforderung: Er muss die Konsequenzen durchdenken, die sich aus dem Filterwechsel ergeben. Das neue Bauteil darf keinesfalls die Qualität der eigenen Maschinen beeinträchtigen. Von Anfang an ist klar, dass dieses Projekt höchsten Qualitätsansprüchen genügen muss.

Projekt 6: **Matthias & der Speziallack**

Ein renommierter Farbenhersteller erhält den Auftrag, einen Speziallack für die Versiegelung von Holzoberflächen zu entwickeln. Der Kunde stellt jedoch eine besondere Anforderung: Der Lack muss selbst extremsten Witterungsverhältnissen standhalten.

Der 43-jährige Matthias, Chemiker in der Entwicklungsabteilung des Unternehmens, wird ausersehen, sich um den Auftrag zu kümmern. Eines Morgens steht sein Chef beim ihm »auf der Matte« und bittet ihn, in einer Versuchsreihe eine Farbzusammenstellung zu finden, die den speziellen Anforderungen des Kunden gerecht wird.

Forschungs- und Entwicklungsprojekte haben im Allgemeinen das Ziel, neue Verfahren oder Erkenntnisse zu generieren. Das Projekt von Matthias unterscheidet sich insofern davon, als es kein schrittweises »Abarbeiten« darstellt, sondern eher ein laufendes Suchen, Entdecken und Lernen erfordert.

Projekt 7: **Katharina & die Zeiterfassung**

Ein aufstrebender IT-Dienstleisters möchte seine Zeiterfassung professionalisieren. Die Zahl der Kundenprojekte ist stark gestiegen, was dazu geführt hat, dass die Erfassung von Projekt- und Zeitdaten immer unübersichtlicher geworden ist.

Die Geschäftsleitung wendet sich deshalb an die 32-jährige Katharina, die im Unternehmen für die Rechnungsstellung von IT-Dienstleistungen verantwortlich ist: Sie soll ein System einführen, mit dem die Mitarbeiter ihre Projekt- und Zeitdaten künftig akkurat erfassen können.

Das Projekt hat zunächst den Anschein, als ginge es nur um die Einführung einer neuen Software. Tatsächlich entpuppt es sich als veritables Organisationsprojekt, das einen grundsätzlichen Wandel in den Unternehmensabläufen auslöst. Wie Katharina feststellen muss, tangiert ihr Projekt auch Prozesse und Abläufe, ja sogar die Kultur und das Verhalten im Unternehmen.

1. DIE AUFTRAGSKLÄRUNG

Wie aus vagen Ideen ein konkreter Projektauftrag wird

Eigentlich hört es sich selbstverständlich an: Wer ein Projekt startet, kennt dessen Ziele und Eckdaten. Tatsächlich jedoch werden gerade kleinere und mittelgroße Projekte häufig aus einer vagen Idee heraus begonnen. Nichts ist klar! Viele misslungene Projekte, so belegen Untersuchungen, sind auf einen nicht sauber geklärten Projektauftrag zurückzuführen.

Woran liegt es, dass der Auftragsklärung in kleineren und mittleren Projekten so wenig Aufmerksamkeit gewidmet wird?

Viele angehende Projektleiter vertrauen darauf, dass der Auftraggeber sich »das mit dem Projekt« genau überlegt hat. Ein Trugschluss: Gerade die kleineren Projektideen fallen ihm morgens unter der Dusche, auf dem Weg zur Arbeit oder mitten in einer Besprechung ein. »Hey! Gute Idee! Darum sollte sich mal jemand kümmern«, denkt er. Und dann laufen Sie ihm über den Weg – und zack, schon haben Sie das Projekt am Hals. Getreu dem Motto: »Machen Sie mal!«

Auch wenn Sie Ihr Projekt nicht zwischen Tür und Angel erben, dürfen Sie keinen durchdachten Projektauftrag erwarten. Der Auftraggeber hat normalerweise weder die Zeit noch das Know-how, sich mit der Projektidee näher zu befassen. Das verspricht er sich insgeheim von Ihnen. Schließlich stecken Sie viel tiefer im Thema drin als er. Und so schwer kann das ja auch alles nicht sein, es handelt sich ja nur um ein kleineres Projekt …

Lassen Sie sich vom selbstsicheren Auftritt Ihres Auftraggebers nicht blenden. Wenn Sie glauben, dass er das Projekt durchdacht hat, stecken Sie schon im Schlamassel, bevor Sie mit der Projektarbeit begonnen haben. Es ist wie bei einem guten Politiker: Nur weil er ein Thema überzeugend präsentieren kann, heißt das noch lange nicht, dass es auch Hand und Fuß hat.

Vertrauen Sie auch nicht darauf, dass sich der Auftrag im Laufe der Zeit schon klären wird. Meist geschieht dies, wenn überhaupt, viel zu spät. Die Botschaft lautet daher: Sorgen Sie vor Projektbeginn für einen klaren Auftrag!

Damit sind wir beim Thema der ersten Etappe. Kapitel 1.1 hilft Ihnen, die richtige Einstellung zum Projekt zu finden und einige gefährliche Fallen von vornherein zu vermeiden. Kapitel 1.2 bereitet Sie auf ein ausführliches Gespräch mit dem Auftraggeber vor: Es geht darum, die noch unausgegorene Idee konstruktiv aufzugreifen und vor allem das Projektziel zu klären. In Abstimmung mit dem Auftraggeber legen Sie zudem die Eckdaten des Projekts (Kapitel 1.3) und die Prioritäten (Kapitel 1.4) fest. Nun sind Sie in der Lage, eine Projektskizze zu erstellen (Kapitel 1.5). Damit steht die Richtung fest, in die Sie mit Ihrem Projektteam marschieren werden. Bevor Sie nun aufbrechen, erhalten Sie noch einige Hinweise, um das Vorhaben richtig anzupacken (Kapitel 1.6): Jedes Projekt hat so seine Tücken!

1.1 Die Lösung ist nicht das Ziel

Wer tut, was der Chef sagt, macht einen Fehler

Wenn Sie als Projektleiter das Projektziel nicht klar vor Augen haben und sich mit dem begnügen, was Ihr Chef sagt, geraten Sie in Teufels Küche. Meistens ist nämlich auch Ihrem Chef das Ziel nicht klar, auch er hat das Projekt nicht wirklich durchdacht. Ständig fallen ihm deshalb neue Lösungsideen ein, die zu Kehrtwendungen zwingen und unter denen der Projektverlauf immer stärker leidet.

Nach zehn Wochen ist es so weit. Marketingexpertin Monika präsentiert ihr Konzept für die geplante Hausmesse. Der Geschäftsführer, zugleich Auftraggeber des Projekts, hört wie versteinert zu. Sichtlich verärgert meint er dann: »Das habe ich mir aber anders vorgestellt.« Monikas Euphorie ist verflogen. Enttäuschung, Ratlosigkeit und Frust steigen in Monika auf. Der Einwurf, dass der Geschäftsführer seine Vorstellungen doch schon früher hätte darlegen können, macht die Sache auch nicht besser. Fakt bleibt: Monika ist wochenlang immer tiefer in eine Sackgasse geraten.

Die Szene spielte sich im Marketing eines mittelständischen Anlagenbauers ab. Das Unternehmen hatte eine neue Produktgeneration entwickelt, die der Geschäftsführer in einem exklusiven Rahmen präsentieren wollte. Er hatte sich hierzu eine Hausmesse ausgedacht, die ihm sehr wichtig war und für die er deshalb auch erhebliche Ressourcen bereitstellte. Letztlich war die Idee einer Hausmesse aber noch recht vage. Dennoch hatte sich Monika ans Werk gemacht. Sie präzisierte die Idee nach ihren eigenen Vorstellungen – und das Unheil nahm seinen Lauf. Während dem Geschäftsführer eine sehr exklusive Präsentation vorschwebte, wirkte das von Monika vorgestellte Konzept eher wie ein besserer Tag der offenen Tür.

In eine ähnlich prekäre Lage brachte sich Katharina, die bei einem IT-Dienstleister ein Projekt übernommen hatte. Das Unternehmen, so lautete der Auftrag, sollte künftig die Projekt- und Zeitdaten akkurat erfassen. »Das kann ich doch selbst machen«, dachte Katharina. Kurzerhand bekam sie einen Studenten zur Seite gestellt und legte mit ihrem kleinen IT-Projekt los. Schon bald merkte sie, wie vage das Ziel definiert und wie komplex die Aufgabe tatsächlich war. Auch ihr

Student war zunehmend überfordert und schoss einen Bock nach dem anderen. Doch den Mut, sich mit ihren Chefs ernsthaft auseinanderzusetzen und sie zum Überdenken ihres Auftrags zu bewegen, brachte Katharina nicht auf.

Schließlich musste sie eingestehen, dass sie nicht weiterkam. Mehrere Wochen Arbeit waren weitgehend umsonst gewesen. Jetzt kam ihr Auftraggeber auf die Idee, den IT-Bereich einzubeziehen und das Projekt sauber aufzusetzen. Warum nicht gleich so?

Unklare Aufträge sind Zeitbomben

Wenn der Chef – wie bei Marketingexpertin Monika – wochenlange Projektarbeit mit einem Satz zerlegt, sind Ärger und Frust nachvollziehbar. Klar ist aber auch: Die Lunte ist schon viel früher gelegt worden, nämlich bei der Übernahme des Projekts. Man hatte versäumt, den Auftrag gründlich genug zu klären. Unklare Aufträge sind Zeitbomben!

Achtung! Wenn Sie nach fünf Wochen Projektarbeit merken, dass Sie auf dem Holzweg sind, liegt die Ursache meistens genau fünf Wochen zurück: Sie haben versäumt, den Auftrag bereits vor Beginn sorgfältig abzuklären. Ein klarer Auftrag ist eine gute Orientierung, um auch in schwierigen Situationen auf Kurs zu bleiben.

Führen wir uns vor Augen, wie ein kleines oder mittleres Projekt entsteht. Meist ist es doch so, dass der eigene Chef oder der Abteilungsleiter eines Fachbereichs eine Idee hat. Die meisten dieser Ideen fallen ihm morgens unter der Dusche, im täglichen Stau auf der Autobahn oder während einer langweiligen Besprechung ein. »Gute Idee, sollten wir mal machen«, freut er sich über seinen Gedankenblitz. Und dann laufen Sie ihm im Flur über den Weg…

Deutlich wird: Kleinere Projektideen sind fast nie durchdacht. Woher auch? Weder nimmt sich der Auftraggeber dafür die Zeit noch steckt er dazu tief genug im Thema. In aller Regel wird er das Thema deshalb nur kurz anreißen. Wesentliche Eckpunkte wie Zeitrahmen, Kosten und Umfang wird er höchstens in Ansätzen definieren. Kurzum: Er nimmt das Projekt auf die leichte Schulter. Es ist ja nur ein kleineres Projekt!

Wenn Sie als Projektleiter die leichtfertige Haltung Ihres Auftraggebers übernehmen und nun einfach loslegen, begeben Sie sich in Teufels Küche. Überraschungen und Kehrtwendungen sind unvermeidlich, ein ständiger Zickzackkurs gefährdet den Projekterfolg. Zu spät dämmert dann die Erkenntnis, dass die Ursache in einem Projektauftrag liegt, der nicht zu Ende gedacht war.

Praxistipp! Normalerweise weiß der Chef Bescheid und gibt vor, wo es langgeht. Projekte sind jedoch per Definition keine »normale« Arbeit. Hier weiß der Chef es in der Regel nicht besser. Überspitzt formuliert: Wer im Projekt tut, was der Chef sagt, macht einen Fehler!

Der Projektleiter als Aufklärer

Keine angenehme Situation: Sie haben den Auftrag erhalten, ein kleineres Projekt zu übernehmen. Ein kurzes Gespräch zwischen Ihnen und dem Auftraggeber, und schon läuft das Projekt. Die Zeit drängt, die Umsetzung sollte schon gestern begonnen haben. Doch was möchte der Auftraggeber wirklich? Irgendwie haben Sie das ungute Gefühl, dass er es selbst nicht so genau weiß. Auch die Rahmenbedingungen liegen im Dunkeln, ebenso wie die weiteren Interessen, die das Projekt im Unternehmen berührt.

Achtung! Kleinere Projekte werden schnell auf die leichte Schulter genommen – eben weil sie so klein sind. Häufig wird deshalb auf einen klaren Auftrag und ein klar definiertes Ziel verzichtet. Mit fatalen Folgen. Je später Sie als Projektleiter den Fehler korrigieren und weiterhin ohne klare Zielsetzung agieren, desto länger haben Sie möglicherweise in die falsche Richtung gearbeitet.

Aus dieser Lage kommen Sie nur heraus, wenn Sie sich selbst als Aufklärer betätigen. Nur so können Sie das Projekt im Sinne des Auftraggebers, aber auch im eigenen Interesse mit einem möglichst geringen persönlichen Risiko durchführen. Auch wenn das Projekt in den Augen des Auftraggebers bereits begonnen hat, sollten Sie vorab einige grundlegende Dinge klarstellen. Eine gründliche Auftragsklärung mag zwar lästig und zeitraubend erscheinen. Doch jede Minute, die Sie hier scheinbar einsparen, kann Sie später Tage oder sogar Wochen kosten.

Ein Projekt startet erst dann, wenn es ein konkretes Ziel, ein Anfangs- und Enddatum, ein fixes Budget und festgelegte Randbedingungen gibt – so steht es in jedem Lehrbuch über Projektmanagement. Gerade bei kleineren und mittleren Projekten trifft man eine so mustergültige Ausgangssituation nur selten an.

Mit der Lösung am Ziel vorbei

Zwei eigentlich harmlose Begriffe können während der Auftragsklärung zu Missverständnissen führen und damit sogar den gesamten Projekterfolg gefährden: die Begriffe »Lösung« und »Ziel«. Im Eifer des Gefechts geraten sie gerne durcheinander und verursachen später oft gewaltige Probleme.

Achtung! Viele Projektleiter verwechseln Ziele und Lösungen. Sie glauben, dass sich während der Projektarbeit ständig ihre Ziele ändern. Entsprechend frustriert sind sie. Tatsächlich bleiben die Ziele konstant. Was sich ändert, sind die Lösungsansätze, um das Ziel zu erreichen. Dieses wirkliche Ziel jedoch haben sie nicht in Erfahrung gebracht.

Erinnern wir uns an Katharina. Die Geschäftsleitung hatte sie beauftragt, eine Lösung für die Projekt- und Zeitdatenerfassung zu finden: »Schnell, einfach, dezentral – am besten in Excel«, hatte der kaufmännische Leiter gefordert. Also setzte Katharina ihren Studenten darauf an, eine Excel-basierte Lösung zu basteln. Wenige Wochen später erhielt sie die Anweisung, das System nicht dezentral, sondern »zentral, für alle einsehbar« anzulegen. Kaum hatte sie diesen Schlag ins Kontor verdaut, kam die nächste Kehrtwende: »Wir haben eine Software gekauft, die nur noch angepasst werden muss.« Entnervt fuhr Katharina ihren Rechner herunter und ging erst einmal eine Runde shoppen, um ihren Frust abzubauen: »Diese Idioten! Wissen die denn überhaupt nicht, was sie wollen?«

Was war geschehen? Katharina hatte fälschlicherweise geglaubt, die Zeitdatenerfassung in Excel sei das Projektziel. Dabei war es nur eine mögliche Lösung für das Ziel. Das eigentliche Ziel ihres Auftraggebers lautete nämlich ganz anders: »Wir wollen Projekt- und Zeitdaten künftig akkurater erfassen, zentral auswerten und automatisiert in Rechnung stellen.« Um dieses Ziel zu erreichen, brachte der Auftraggeber verschiedene Lösungsmöglichkeiten ins Spiel: besagte Excel-Liste, eine zentrale Sharepoint-Lösung, schließlich eine spezielle Buchhaltungssoftware.

Praxistipp! Unterscheiden Sie zwischen Lösung und Ziel. Klären Sie immer die Ziele des Projektes, selbst wenn Ihr Auftraggeber zunächst nur die Lösung als Auftrag gibt. Fragen Sie beharrlich nach: Was wollen wir mit dem Projekt erreichen?

Lösungseuphorie zur Unzeit

Einmal angenommen, Sie sind Experte auf Ihrem Gebiet und bekommen ein Projekt übertragen, das gut zu Ihrem Wissen passt. Liegt es da nicht nahe, dass vor Ihrem geistigen Auge auch schon die ersten Lösungen entstehen? Begeistert fangen Sie an, Ideen zu entwickeln und zu diskutieren – bis Sie auf eine tolle Lösung stoßen. »Das ist es!«, denken Sie und stürzen sich auch schon in die Umsetzung. Auftragsklärung? Ist doch alles klar! Projektplanung? Wozu denn?!

So nachvollziehbar die Euphorie ist: Gepaart mit Unkenntnissen im Projektmanagement ergibt sie eine gefährliche Mischung. Anstatt sich vom Fachlichen mitreißen zu lassen, wäre es das Gebot der Stunde, erst einmal das Projekt vernünftig auf die Schiene zu setzen.

Achtung! Viele Projektleiter lassen sich von der Euphorie für eine tolle Lösung verleiten. Das kann gefährlich werden: Schnell gerät darüber das eigentliche Projektziel aus den Augen. Die Gefahr ist groß, eine bessere Lösung zu übersehen oder gar das Projekt in eine Sackgasse zu manövrieren.

Auch Katharina hatte sich zusammen mit ihrem pfiffigen Studenten in die Euphoriefalle manövriert. Die beiden waren von ihrer Excel-Lösung absolut begeistert und vertieften sich in ihre Arbeit – noch ein Makro hier, eine Pop-up Maske dort. An das Projektziel verlor Katharina indes keine Gedanken. Anstatt den Auftrag sauber zu klären, programmierte Sie munter drauflos und vergeudete unnötig Ressourcen.

Die Lösungseuphorie kann im Laufe eines Projekts immer wieder auftreten. Gelegenheit für inhaltlich spannende Diskussionen bietet jedes Projekt – und immer besteht die Gefahr, dass Ziele und Eckdaten des Projektes aus dem Blickfeld geraten. Die Folgen können für den weiteren Projektverlauf fatal sein.

So sollte zum Beispiel Marc in seinem Informationssystem vielfältige Anforderungen abbilden – und musste aufpassen, dass sich im Projektverlauf nicht immer neue Ideen und Wünsche einschlichen. Mit dem Begriff »Creeping Featuritis« (auf Deutsch: ausufernde Funktionalitäten) hat die IT-Branche sogar den Namen für diese weitverbreitete »Projektkrankheit« geprägt.

Aber auch die Redakteurin Saskia lief Gefahr, bei der Gestaltung ihrer Themenwoche schnell in die inhaltliche Ausgestaltung des Abendprogramms abzudriften. Ebenso musste Monika aufpassen, sich mit der Gestaltung ihrer Hausmesse nicht allzu sehr zu »verkünsteln«. Und dann Thomas, der einen neuen Lüfter verbauen sollte, und Matthias, der einen Speziallack entwickeln sollte: Ingenieure wie Thomas und Matthias vertiefen sich in der Regel lieber in die technischen Aspekte ihrer Projekte, als zu viele Gedanken an das Projektziel zu verschwenden.

Die Projektskizze – eine erste Landkarte

Wie können Sie nun konkret vorgehen, wenn Sie als Projektleiter einen klaren Kurs fahren möchten? Ein bewährtes Instrument ist eine *Projektskizze*. Sie ist vergleichbar mit einer Landkarte, deren Maßstab sehr grob ist, aber doch eine gute erste Orientierung gibt. Das Ziel ist darauf eingezeichnet. Damit steht auch die Richtung fest, in die das Projektteam gehen muss. So lässt sich verhindern, dass eine Mannschaft wochenlang marschiert und sich am Ende von ihrem Auftraggeber sagen lassen muss: »Das habe ich mir aber anders vorgestellt.« In Umrissen sind auf dieser Landkarte auch schon die großen Hindernisse eingezeichnet; für Wege und andere Details ist der Maßstab jedoch noch viel zu klein.

Erstellen Sie zunächst diese erste Landkarte. Wie in den folgenden Kapiteln dargelegt, lässt sich eine solche Projektskizze in fünf Schritten erarbeiten. In den ersten vier Schritten klären wir die Zielsetzung, legen die Eckdaten fest, setzen Prioritäten und formulieren in wenigen Worten den Projektkern. Im fünften Schritt fassen wir dann die vier Bausteine zur Projektskizze zusammen.

Abenteuer Projekte

1.2 Das Projektziel klären

Das erste Gespräch mit dem Auftraggeber

Es ist für jeden Projektleiter – selbst in kleineren Projekten – der Super-GAU: Im Laufe des Projekts tritt ein Problem auf, das sich nicht beheben lässt. Schwer angeschlagen wird das Projekt dann gerade noch über die Zeit gerettet, manchmal auch ganz zu Grabe getragen.

Marc und sein Chef, der Produktionsleiter eines mittelständischen Getränkeherstellers, unterhalten sich über das Projekt, das Marc übernehmen soll. Die beiden reden über die verschiedenen Systeme, die zur Auswahl stehen – über Kosten, Alternativen, Schnittstellen, Hardware … Keine Frage: Das sind spannende Themen, die irgendwann im Verlaufe des Projekts auch eine wichtige Rolle spielen. Im Eifer der Fachsimpelei hätte Marc jedoch beinahe vergessen, die Frage aller Fragen zu stellen: Wozu das Ganze überhaupt? Für wen ist das System gedacht? Was wollen wir mit dem Projekt erreichen?

Wir können uns leicht ausmalen, was beinahe passiert wäre: Marc hätte sich über Tage, vielleicht sogar Wochen hinweg größte Mühe mit seinem Projekt gegeben, am Ende aber höchstwahrscheinlich ein sattes Eigentor gelandet. Denn wie hätte er seinen Chef zufriedenstellen sollen, ohne die Erwartungen zu kennen? Dessen Wünsche zu treffen wäre reiner Zufall gewesen.

Gerade noch rechtzeitig hat Marc das Gespräch auf den entscheidenden Punkt gelenkt. So erfährt er, worum es wirklich geht: Der Produktionsleiter möchte bei der Überwachung der Getränkeabfüllung die Produktionsdaten künftig nicht mehr an einer Vielzahl von Anlagen abrufen müssen, sondern alle relevanten Informationen auf einen Blick erhalten.

Um einem Super-GAU im Projektverlauf zu entgehen, lohnt sich eine saubere Auftragsklärung. Sicher: Mit jedem Projekt betreten Sie Neuland, unerwartete Probleme werden daher immer auftauchen. Umso wichtiger ist es aber, das Vermeidbare zu vermeiden und das Projekt von vornherein geschickt einzufädeln. Hierzu gehört als erster Schritt die Klärung des Projektziels.

Die Zielsetzung klären

Wie gesagt: Es ist ganz normal, wenn das Projektziel am Anfang noch unklar ist. Nach einem kurzen Gespräch zwischen Tür und Angel verfügen Sie bestenfalls über ein ungefähres Bild. Nehmen Sie sich also die Zeit und setzen Sie sich noch einmal in Ruhe – und gut vorbereitet – mit ihrem Auftraggeber zusammen.

Um zur eigentlichen Zielsetzung des Projektes vorzustoßen, können folgende Leitfragen helfen (s. Checkliste 1):

Checkliste 1: **Fragen für den Zielkatalog**

Leitfrage 1:

Die Motivation – Wozu dient das Projektergebnis?

- Welches ist Sinn und Zweck des Projekts?
- Vor welchem Hintergrund erfolgt der Projektauftrag?
- Welches Ziel wird mit dem Projekt verfolgt?
- Was verspricht sich der Auftraggeber von dem Projekt?
- Wie dringend ist das Projekt? Was passiert, wenn nichts passiert?

Leitfrage 2:

Die Zielgruppe – Für wen ist das Projekt gedacht?

- Wer ist der Auftraggeber? Wer ist außerdem beteiligt?
- Wer ist vom Projekt betroffen? Inwiefern?
- Wem nützt ein erfolgreicher Projektabschluss?
- Wer wird das Projektergebnis nutzen bzw. einsetzen?
- Wer hat ggf. kein Interesse an einem Projekterfolg?

Leitfrage 3:

Die Inhalte – Was konkret soll erreicht werden?

- Welche Projektergebnisse sollen erreicht werden?
- Was soll am Ende entstehen? Was soll geliefert werden?
- Welche Aufgabenpakete sind zu erfüllen, um das Ziel zu erreichen?

- Welche Leistungen sind zu erbringen? Welche nicht?
- Welche grundlegenden Anforderungen gibt es ans Projekt?

Leitfrage 4:

Die Wirkung – Was soll mit dem Projekt bewegt werden?

- Welche grundlegenden Vorgaben/Rahmenbedingungen gibt es?
- Was genau ist erreicht, wenn das Ziel erfüllt ist?
- Woran macht der Auftraggeber fest, dass der Auftrag erledigt wurde?
- Wann gilt das Projekt als erfolgreich? Woran kann man das erkennen?
- Was sollte keinesfalls passieren?

Beim Gespräch mit dem Auftraggeber wird manche Antwort im ersten Anlauf unbefriedigend ausfallen. Dann gilt es, beharrlich zu sein und so lange nachzuhaken, bis das Ziel deutlich geworden ist.

 Praxistipp! Erraten Sie die Ziele Ihres Auftraggebers nicht, sondern fragen Sie gezielt nach. Beginnen Sie das Projekt nicht ohne die notwendige Zielklarheit.

Aus den Antworten können Sie nun den *Zielkatalog* für das Projekt zusammenstellen. Damit verfügen Sie über den ersten wesentlichen Baustein der Projektskizze. Wie ein solcher Zielkatalog aussehen kann, zeigt das folgende Beispiel von Marc.

 ## Marc & das Informationssystem: **Der Zielkatalog**

Marc soll als Projektleiter die Entwicklung eines Informationssystems vorantreiben. Nach dem Gespräch mit dem Produktionsleiter skizzierte er den folgenden Zielkatalog:

Motivation
- Zentraler Zugriff auf wichtige Produktionsinformationen
- Informationen sind heute – wenn überhaupt – nur schwer zugänglich.

- Nur wenige maschinenspezifische Funktionen sind miteinander verzahnt, eine Auswertung von Daten ist daher oft nur manuell möglich.
- Entscheidungsrelevante Daten (Analysen) sind nur schwer zu bekommen.
- Erkenntnisse aus Datenanalysen können nicht schnell genug im Produktionsprozess umgesetzt werden.
- Es fehlt an vergleichbaren Zahlen.

Zielgruppe
- Produktionsleiter (als Auftraggeber)
- Produktionsingenieure (effektive Produktionsüberwachung)
- Produktionsplaner (Steuerung der Produktionsplanung)
- Produktionsleiter (vereinfachtes Reporting)

Inhalte
- Auslesen der Daten aus den unterschiedlichen Abfüllanlagen
- Zusammenführen der Daten in einer zentralen Datenbasis
- Bereitstellung von entscheidungsrelevanten Daten (Berichte + Analysen)
- Entwurf eines Produktions-Cockpits mit wichtigen Produktionsdaten
- Einführung der Mitarbeiter in die neue Produktionsanwendung

Wirkung
- Verfügbarkeit entscheidungsrelevanter Daten
- Verfügbarkeit der Daten auf mobilen Endgeräten (Touchpad)
- Bereitstellung der Produktionsanwendung zum Halbjahresende
- Einführung ohne Unterbrechung des laufenden Betriebs

Hinweis: *Die Zielkataloge der anderen Praxis-Projekte finden Sie im Internet unter* http://www.marioneumann.com/praxis-projekte.

Keine Angst vor hohen Tieren

Es hört sich so einfach an: »Frag den Auftraggeber, wenn du einen klaren Auftrag haben möchtest.« Nur: Der Auftraggeber ist nicht irgendwer, sondern meistens der eigene Chef oder womöglich ein hoher Manager. Da ist es nachvollziehbar, wenn einen der Mut verlässt. Viele angehende Projektleiter halten es für ein Zeichen von Schwäche, wenn sie zu Beginn des Projekts noch jede Menge Fragen haben. Deshalb trauen sie sich nicht, ihren Auftraggeber damit zu belästigen.

Das Gegenteil ist der Fall! Ein guter Chef schätzt es, wenn Sie Fragen stellen. Das zeigt Interesse und Engagement. Unwirsche Reaktionen sind da eher selten.

Außerdem ist eine gute pragmatische Auftragsklärung Ihre beste Visitenkarte. Also: Fragen Sie!

Wenn der Auftraggeber kneift

Natürlich gibt es auch Fälle, in denen der Auftraggeber ablehnend reagiert und versucht, sich einer Auftragsklärung zu entziehen. Möglicherweise reagiert er genervt auf Ihr »Sicherheitsbedürfnis« oder zeigt sich ungehalten über die »unnötige Verzögerung«, die eine sorgfältige Auftragsklärung mit sich bringt.

Achtung! Wenn sich Ihr Auftraggeber einer sorgfältigen Auftragsklärung entzieht, ist das ein deutliches Warnsignal. Es kann entweder bedeuten, dass Ihr Auftraggeber selbst (noch) nicht genau weiß, was er mit dem Projekt eigentlich bezwecken will. Oder er legt sich prinzipiell nicht gerne fest, weil er damit ja auch eine gewisse Verantwortung übernehmen würde. Beides kann Sie früher oder später in ernsthafte Schwierigkeiten bringen.

Falls Ihr Auftraggeber selbst noch unsicher über die genaue Stoßrichtung des Projekts ist und sich deshalb noch nicht zu sehr festlegen möchte, ist das halb so schlimm. Das kommt vor und ist bei manchen Projektthemen sogar sinnvoll. In diesem Fall kommt es darauf an, die Zielsetzung im Projektverlauf immer weiter zu konkretisieren. Eine regelmäßige und enge Abstimmung mit dem Auftraggeber ist dann unerlässlich.

Kniffliger stellt sich der Umgang mit einem Auftraggeber dar, der sich prinzipiell nicht gerne festlegt. Dahinter steht häufig die Scheu vor der Verantwortung, die mit einem klar definierten Projektauftrag verbunden ist. Je präziser der Auftrag definiert ist, desto weniger kann der Auftraggeber sich später herausreden, etwa in dem Tenor: »Kein Wunder, dass das Projekt aus dem Ruder gelaufen ist – es hat sich ja keiner an den Auftrag gehalten.« Es ist immer wieder erstaunlich, mit wie viel »Tapferkeit« manche Führungskraft gesegnet ist und welche Angst vor der eigenen Courage sie hat.

Jetzt heißt es: »Cover Your Ass – rette deinen Arsch«. Um am Ende nicht den Schwarzen Peter in Händen zu haben, gilt es, sich doppelt und dreifach abzusichern: Achten Sie auf Transparenz. Kommunizieren Sie immer wieder Ziele,

Vorgehensweisen, Kosten, Pläne und Zwischenergebnisse. Suchen Sie sich gegebenenfalls einen zusätzlichen Verbündeten im Topmanagement. Mit einem starken Sponsor traut sich vielleicht auch Ihr ängstlicher Auftraggeber, klarer Stellung zu beziehen.

Zugegeben: Das alles ist lästig und erfordert viel Mehraufwand. In Ihrem eigenen Interesse sollten Sie jedoch auf solche Absicherungsmaßnahmen nicht verzichten.

Praxistipp! Bestehen Sie stets auf einem klaren Projektauftrag – auch wenn Ihr Auftraggeber ausweichend reagiert und sich der Verantwortung für eine klare Zielsetzung zu entziehen sucht. Teilen Sie ihm notfalls schriftlich mit, dass Sie – solange Sie nichts Gegenteiliges hören – auf der Basis des von Ihnen formulierten Zielkataloges arbeiten werden.

1.3 Die Eckdaten festlegen

Kosten und Termine: Zahlen auf den Tisch!

Jede Auftragsklärung wird an einem ganz bestimmten Punkt heikel: wenn es um Kosten und Termine geht. Der Auftraggeber hat im Gespräch mit Ihnen seine Ideen dargelegt. Schon jetzt ziehen Sie zweifelnd die Augenbrauen hoch. Als er dann aber seine Zeit- und Kostenvorstellungen nennt, trifft Sie der Schlag!

Kopfschüttelnd verlässt Saskia die Besprechung mit der Programmgeschäftsführung. »Dilettanten«, schimpft sie vor sich hin. »Es ist doch immer das Gleiche. Maximales Ergebnis, ohne großen Aufwand und am besten schon gestern.«

Was war passiert? Saskia hatte sich mit ihrem Chef und den beiden Programmgeschäftsführern getroffen, um die Themenwoche »Orient & Okzident« zu besprechen. Es ging um die Idee, die hinter dem Projekt stehen sollte, um die Ziele und um die Möglichkeiten, die sich daraus ergeben könnten. Eine tolle Einschaltquote war das Mindeste, was sich die Herren von diesem Projekt versprachen. Saskia ahnte nichts Gutes – vor ihrem geistigen Auge wuchs der Aufwand für dieses kleine Projekt ins Unermessliche. Als die Programmgeschäftsführer schließlich ihre Termin- und Kostenvorstellungen nannten, erschienen ihr die Anforderungen vollends unrealistisch: »Wie soll das denn gehen?«

Achtung! Selbst wenn die Kosten- und Terminvorstellungen utopisch sind, halten Sie sich besser erst einmal zurück. Solange Sie selbst keine belastbaren Zahlen vorlegen können, ziehen Sie in jeder Diskussion den Kürzeren.

Nach dem Gespräch muss Saskia an eine Episode denken, die acht Jahre zurückliegt. Zusammen mit ihrem Mann plante sie ihr Eigenheim. Er wollte eine kleine Werkstatt einrichten, sie träumte von einem Schlafzimmer mit Balkon, eine Dachgaube wäre auch ganz nett und ein Wintergarten sollte auf jeden Fall her. Dann nannte der Architekt den ungefähren Preis für das Traumhaus – und beiden war klar, dass sie kleinere Brötchen backen mussten.

Doch wie soll sie jetzt den Herren von der Programmgeschäftsführung klarmachen, dass ihre Vorstellungen überzogen sind?

Als Projektleiterin, so stellt Saskia fest, muss sie an drei Fronten gleichzeitig kämpfen: Umfang, Zeitraum und Aufwand. Das heißt, sie muss sich mit den Inhalten, den Terminen und den Kosten des Projekts befassen. Die drei Größen lassen sich oft nur schwer miteinander vereinbaren: Setzt man inhaltlich die Messlatte zu hoch, laufen Termine und Aufwand aus dem Ruder. Ist dagegen die Zeit zu knapp bemessen, schießen die Kosten in die Höhe und die Qualität der Ergebnisse leidet. Das eine ist also nur auf Kosten des anderen zu haben – die drei Größen konkurrieren miteinander. Dieses Phänomen ist auch als »Magisches Dreieck des Projektmanagements« bekannt.

Das Magische Dreieck

Das Magische Dreieck ist eine echte Herausforderung. Verkürzt zum Beispiel der Auftraggeber die Zeit für das Projekt, müssen Sie als Projektleiter entweder den Ressourceneinsatz erhöhen oder den Projektumfang reduzieren. Die Kunst liegt darin, alle drei Größen des Magischen Dreiecks während des gesamten »Projektabenteuers« im Auge zu behalten und erfolgreich zu managen. Damit Ihnen das

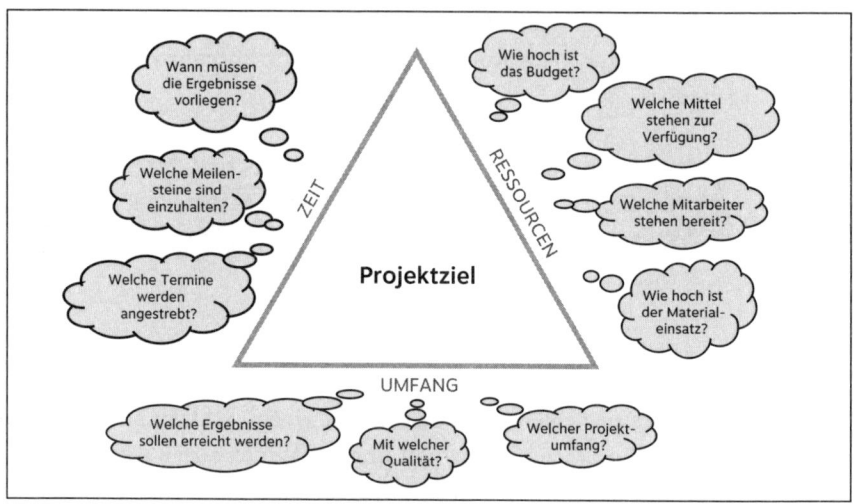

Abbildung 1: Das Magische Dreieck – auch ein Instrument
zur Strukturierung des Projekts

gelingt, sollten Sie bereits vor dem Beginn des Projekts für alle drei Felder Eckdaten festlegen und mit dem Auftraggeber abstimmen.

Das Magische Dreieck lässt sich auch als Instrument nutzen, um die zentralen Aspekte des Projekts zu strukturieren – gegliedert nach Ressourcen, Umfang und Zeit (siehe Abbildung 1). Die Strukturierung hilft, dem Auftraggeber die richtigen Fragen zu stellen, die Erwartungen mit ihm abzugleichen und die Eckdaten des Projekts verbindlich festzulegen.

Praxistipp! Betrachten Sie die Eckdaten als Vertrag. Als Projektleiter verpflichten Sie sich, in der vereinbarten Zeit und mit festgelegten Ressourcen einen definierten Projektumfang zu realisieren. Im Gegenzug akzeptiert Ihr Auftraggeber den Endzeitpunkt und erklärt sich bereit, die notwendigen Ressourcen zur Verfügung zu stellen.

In kleineren Projekten »vergisst« der Auftraggeber gerne, die Eckdaten zu erwähnen. Für ihn zählt die tolle Projektidee, über »Nebensächlichkeiten« wie Projektumfang oder Ressourcenbedarf sieht er hinweg. Für Ihren Auftraggeber mögen das vielleicht »Nebensächlichkeiten« sein, nicht aber für Sie!

Wichtige Eckdaten geben Orientierung

Wie lassen sich die Eckdaten konkret bestimmen? Sehen wir uns hierzu die drei Felder etwas genauer an. Das Magische Dreieck beschreibt …

… den *Umfang*, der mit einer bestimmten Qualität erreicht werden soll:

- Welche Leistungen sollen erbracht werden?
- Welche Ergebnisse sollen erzielt werden?
- Mit welcher Qualität sollen diese Ergebnisse erreicht werden?
- Welchen *Umfang* hat das Projekt? Was gehört dazu? Was nicht?

… den *Zeitraum*, in dem das Projekt abgeschlossen werden muss:

- Wann soll das Projekt beginnen?
- Bis wann müssen die Ergebnisse vorliegen?
- Welche Deadlines sind einzuhalten?
- Welche Termine werden angestrebt?

… den *Aufwand*, der maximal für das Projekt eingesetzt werden darf:

- Wie hoch ist das festgelegte Budget?
- Wie viele Mitarbeiter stehen zur Verfügung?
- Wie hoch darf der Materialeinsatz sein?
- Welche externen Leistungen müssen zugekauft werden?

Fragen Sie Ihren Auftraggeber auf jeden Fall nach konkreten Terminen, Begrenzungen für Ihr Budget oder Ihren Aufwand, gegebenenfalls auch nach Zusagen gegenüber Kunden. Aus der Antwort auf diese Fragen ergeben sich die Eckdaten des Projekts.

Saskia & die Themenwoche: **Die Eckdaten**

Im Fall der Themenwoche »Orient & Okzident«, die Saskia für das Sommerprogramm gestalten soll, ergab sich nach dem Gespräch mit der Programmgeschäftsführung folgendes Bild:

Umfang • **Sendekonzept:** Entwicklung eines Sendekonzeptes für eine Themenwoche mit dem Schwerpunkt »Orient & Okzident«

- **Sichtung:** Sichtung und Auswahl von bestehendem Filmmaterial, ggf. Übersetzung von ausländischem Material

- **Rechteerwerb:** Recherche und Erwerb der Senderechte zur Ausstrahlung von Reportagen und Dokumentationen

Zeitraum
- 9 Monate Projektlaufzeit
- Ankündigung/PR: KW 27
- Sendewoche: KW 35 (Sommerferien)

Aufwand
- Personalaufwand: 640 Arbeitsstunden
- Unterstützung durch eine studentische Hilfskraft
- Budget (Lizenzen): 10000,– €
- Budget (Übersetzung): 5000,– €

Hinweis: *Die Eckdaten der anderen Praxis-Projekte finden Sie im Internet unter* http://www.marioneumann.com/praxis-projekte.

Machbar oder nicht – das ist hier die Frage

Saskia wirft einen kritischen Blick auf die Eckdaten ihres Projektes. Die neunmonatige Projektlaufzeit ist zwar ehrgeizig, dürfte aber ausreichen. Viel mehr Sorgen bereiten ihr die knapp bemessenen Ressourcen. Dies könnte zulasten des Sendekonzeptes gehen, befürchtet sie. Doch die Herren der Programmgeschäftsführung drängen auf Zustimmung und wollen Saskia gleich auf diese Eckpunkte festnageln: »Na, das wird doch wohl in diesem Rahmen zu machen sein, oder!?«

Achtung! Machen Sie um Himmels Willen keine vorschnellen Versprechungen, die Sie später nicht einhalten können. Beißen Sie sich lieber auf die Zunge, statt pflichtbewusst die Hacken zusammenzuschlagen und »Jawohl« zu rufen.

Saskia bittet die Programmgeschäftsführung um etwas Geduld: »Ich kalkuliere das erst mal grob durch und melde mich spätestens nächste Woche bei Ihnen.« Richtig so! Solange Saskia die Konsequenzen nicht absehen kann, verspricht sie nichts. Stattdessen kündigt sie an, zunächst eine ordentliche Vorkalkulation zu machen.

Bestehen Sie zumindest auf einer groben Hausnummer!

Es ist gar nicht so selten: Ihr Auftraggeber hat zwar eine Idee, kann aber keine Zahlen nennen. Wie sich herausstellt, hat er tatsächlich keine Vorstellung davon, was das Projekt kosten dürfte und welcher Zeitrahmen realistisch wäre. Wunderbar! Dann erledigen Sie das doch einfach für ihn. Kalkulieren Sie grob die Eckdaten und stecken Sie gemeinsam mit dem Auftraggeber einen realistischen Zeit- und Kostenrahmen ab.

Doch was tun, wenn sich Ihr Auftraggeber weigert, über Termine und Kosten zu reden? »Kosten? Interne Projekte muss man doch nicht kalkulieren! Die Projekte kosten doch nichts, die Leute sind doch eh da.« Diese Haltung ist typisch, man spricht von den sogenannten »Eh-da-Ressourcen«. Kaufmännisch gesehen ist das jedoch blanker Unsinn: Kleine Projekte müssen meist zusätzlich zur normalen Arbeit erledigt werden. Da fallen schnell Überstunden an – und plötzlich verursacht das Projekt doch Kosten. Mancher Projektleiter leistet auch unbezahlte die Überstunden, weil er sich nicht traut, die fehlenden Ressourcen offen anzusprechen. Das mag eine Zeit lang gut gehen, aber irgendwann sind die Kräfte erschöpft.

 Praxistipp! Wenn Ihr Auftraggeber meint, man könne dieses kleine Projekt mal so eben »nebenher« machen, dann bringen Sie Zahlen ins Spiel. Besser eine grobe Hausnummer als gar nichts.

Gleichen Sie die Vorstellungen ab!

Am Anfang eines Projekts lässt sich immer wieder ein Phänomen beobachten, das reichlich Konfliktstoff birgt: Während der Auftraggeber noch über seine Idee spricht, entsteht im Kopf des Projektleiters bereits das Bild einer möglichen Lösung. Saskia malt sich die Sendungen ihrer Themenwoche aus, Thomas verbaut in Gedanken bereits den neuen Lüfter und Marc sieht vor seinem geistigen Auge die Berichte und Analysen seines Informationssystems.

Was jetzt passiert, kann fatale Folgen haben. In Ihrem Kopf ist eine Lösung entstanden – und wenn der Auftraggeber nun seine Termin- und Kostenvorstellungen nennt, denken Sie sofort: »Das haut doch niemals hin!« Auf die Idee, dass der Auftraggeber möglicherweise an eine andere, weniger aufwendige Lösung denkt, kommen Sie erst gar nicht. Stattdessen werfen Sie ihm entgegen, dass das nicht geht. Oder Sie verkneifen es sich und versuchen, die unmögliche Lösung, die Sie im Kopf haben, irgendwie umzusetzen. Beides ist nicht empfehlenswert!

Achtung! Sie glauben, die Vorgaben sind unrealistisch. Doch wissen Sie überhaupt, welche Lösung Ihrem Auftraggeber vorschwebt? Vielleicht passen die von ihm genannten Kosten und Termine nur nicht zu der Lösung, die Sie sich in ihrem Kopf zurechtgelegt haben.

Was tun? Gleichen Sie die Vorstellungen ab, verhandeln Sie und machen Sie es passend. Diskutieren Sie mit Ihrem Auftraggeber über die Bedingungen, unter denen Ihre Lösung möglich erscheint. Oder Sie specken Ihre Lösung ab und suchen nach einer Möglichkeit, den gewünschten Zeit- und Kostenrahmen einzuhalten.

1.4 Die Prioritäten aushandeln

Nicht alles ist gleich wichtig!

Im Projektverlauf kommt es häufig zu einem Konflikt, der zu einem echten Problem werden kann: Das Projekt verschlingt immer mehr Geld, doch Ihr Auftraggeber will nicht wahrhaben, dass er den Aufwand unterschätzt hat. Sie wiederum werfen ihm vor, er sei nicht bereit, genügend Ressourcen für ein gutes Ergebnis bereitzustellen.

Letztlich liegt die Ursache für diesen Streit im Magischen Dreieck begründet – dem ständigen Konflikt zwischen Sachziel, Terminziel und Kostenziel. Während dem Projektleiter eine gute Lösung am Herzen liegt, stehen für den Auftraggeber die Kosten oder eine strikte Deadline im Vordergrund. Die Prioritäten sind unterschiedlich gesetzt. Das Gefährliche daran ist, dass den Beteiligten das nicht bewusst ist. Sie haben es versäumt, das Thema bereits bei der Auftragsklärung offen anzusprechen und die Prioritäten auszuhandeln.

Im Nachhinein lässt sich das Versäumnis nur noch schwer korrigieren. Der naheliegende Rat an den Projektleiter könnte nun lauten: »Fragen Sie Ihren Auftraggeber, was ihm wichtiger ist – die Kosten oder die Qualität der Lösung.« Doch ist der Konflikt erst einmal ausgebrochen, können Sie nicht damit rechnen, auf diese scheinbar so einfache Frage eine vernünftige Antwort zu erhalten. In aller Regel kennt ein Auftraggeber dann nur eine Antwort: beides!

Nehmen wir einmal an, es ist Freitagabend und Sie wollen den Einkauf für ein Grillfest am Wochenende erledigen. Auf den Rost soll nur das beste Grillfleisch; für Ihren Einkauf haben Sie ein Budget von 290 Euro eingeplant. Sie machen sich um 17 Uhr auf den Weg und wollen nach zwei Stunden wieder zu Hause sein.

- **Sachziel (Umfang):** Zutaten für einen Grillabend einkaufen
- **Terminziel (Zeit):** Einkaufen in der Zeit von 17–19 Uhr
- **Kostenziel (Ressourcen):** Das Budget beträgt 290,– €

Solange Sie genügend Puffer eingeplant haben, sollte der Einkauf kein allzu großes Problem sein. Wenn Sie Ihren Plan jedoch – wie bei den meisten Projekten – »auf Kante« genäht haben, müssen Sie im Zweifel abwägen, welcher der drei Aspekte des Magischen Dreiecks Ihnen am wichtigsten ist.

- Falls Sie – aus welchen Gründen auch immer – um 19 Uhr zu Hause sein müssen, fahren Sie besser in den nächsten großen Supermarkt. Dann schaffen Sie es sicher in zwei Stunden. Sie nehmen dann in Kauf, dass Ihr Einkauf am Ende etwas teurer ausfällt und kein wirklich außergewöhnliches Fleisch auf dem Grill landet.
- Falls die Kosten im Vordergrund stehen, studieren Sie im Vorfeld des Einkaufs die Prospekte mit den Sonderangeboten. Eventuell fahren Sie dann sogar in mehrere Geschäfte, um möglichst günstig einzukaufen. Natürlich werden Sie dann für Ihren Einkauf wesentlich länger brauchen. Notfalls müssen Sie aus Kostengründen auch Abstriche bei der Qualität des Fleisches machen.
- Falls Sie unbedingt mit edlem Fleisch bei Ihren Freunden punkten wollen, entscheiden Sie sich möglicherweise für eine Bio-Metzgerei. Sie nehmen dann auch eine längere Anfahrt in Kauf und bezahlen einige Euro mehr als zunächst veranschlagt.

Genauso gilt es, im richtigen Projektleben zwischen Sach-, Termin- und Kostenziel abzuwägen und die Prioritäten zu setzen. Anders als beim Grillfest können

Sie die Abwägung jetzt nicht mit sich selbst ausmachen, sondern müssen die Prioritäten mit Ihrem Auftraggeber ausfechten und gemeinsam festlegen. Und das nicht erst, wenn der Konflikt ausgebrochen ist, sondern gleich zu Beginn bei der Auftragsklärung.

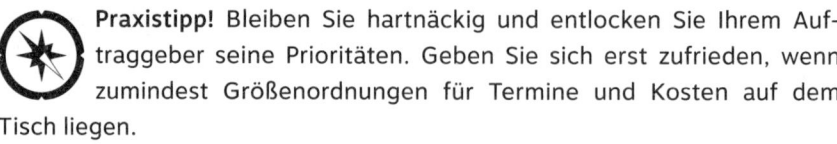 **Praxistipp!** Klären Sie frühzeitig, welche Seite des Magischen Dreiecks in Ihrem Projekt die wichtigste ist. So vermeiden Sie spätere Konflikte und können einfacher Entscheidungen treffen, wenn Sie die Ziele anpassen müssen.

Projektmanagement ist ein ständiger Kompromiss

Das Magische Dreieck hat sich als gute Hilfe bewährt, um mit dem Auftraggeber die Prioritäten auszuhandeln. Im gemeinsamen Gespräch lässt sich klären, wie die Prioritäten zwischen den drei Parametern verteilt sein sollen. Welche Größe ist unantastbar, weil eine Änderung untragbare Konsequenzen hätte? Bei welcher besteht hingegen ein gewisser Spielraum?

Um die Prioritäten anhand des Magischen Dreiecks zu definieren, helfen drei einfache Leitfragen:

- Erste Priorität: Was ist fix? (Z. B. Fertigstellungstermin)
- Zweite Priorität: Wo versuchen wir, das Optimum zu erreichen? (Z. B. bei den Kosten)
- Dritte Priorität: Wo haben wir die größte Flexibilität? (Z. B. bei der Qualität)

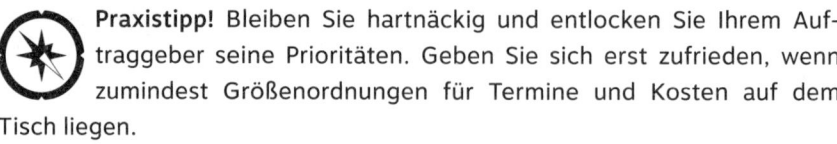 **Praxistipp!** Bleiben Sie hartnäckig und entlocken Sie Ihrem Auftraggeber seine Prioritäten. Geben Sie sich erst zufrieden, wenn zumindest Größenordnungen für Termine und Kosten auf dem Tisch liegen.

Manchmal fällt es dem Auftraggeber schwer, Prioritäten zu setzen. Dann hilft es, mit Paarvergleichen zu arbeiten, jeweils bezogen auf die Seiten des Magischen Dreiecks:

- »Wenn wir eine hervorragende Lösung finden, dafür aber deutlich die Termine überziehen – was wäre Ihnen wichtiger? Die tolle Lösung oder der Termin?«

- »Wenn wir die Wahl zwischen höheren Kosten oder einer Terminverschiebung hätten – was wäre Ihnen lieber?«
- »Wenn wir eine fantastische Lösung fänden, diese aber den Kostenrahmen sprengt – was wäre Ihnen wichtiger?«

Auf diese Weise gewinnen Sie eine klare Vorstellung davon, welche Reihenfolge Ihr Auftraggeber im Kopf hat. Bei der Priorisierung hilft dann die Prioritäten-Matrix:

Priorität	Hoch	Mittel	Niedrig
Konsequenzen	Keinesfalls verändern	Optimal hinbekommen	Flexibel handhaben
Zeit	●		
Ressourcen			●
Umfang		●	

Abbildung 2: Prioritäten-Matrix

Abbildung 2 zeigt die Prioritäten im Beispiel von Vanessas Projekt. Oberste Priorität hat für sie der Termin: Die Einführung der neuen Kontierungsrichtlinien muss zum Jahreswechsel erfolgen. Zweite Priorität hat das Ziel, die Kontierung bis dahin möglichst umfänglich umzusetzen. An dritter Stelle stehen die Ressourcen – sprich: Zur Not besteht die Bereitschaft, zusätzliche Kosten in Kauf zu nehmen. Dank dieser Festlegungen weiß Vanessa, wie sie in kniffligen Situationen reagieren muss, denn für sie ist nun klar: »Wir müssen den Termin halten und dabei so gut wie möglich das gewünschte Projektergebnis umsetzen. Zur Not können wir beim Budget nachlegen oder zusätzliche Ressourcen hinzuziehen.«

Anders sieht es bei Thomas aus, der den Lieferantenwechsel für den neuen Lüfter vorbereitet. Hier müssen die technischen Vorgaben vollumfänglich umgesetzt werden (erste Priorität). Die Zeit drängt, da der Lieferantenwechsel möglichst zügig vollzogen werden soll (zweite Priorität). Das Projekt soll durchgeführt werden, koste es, was es wolle (dritte Priorität).

Legen Sie zusammen mit Ihrem Auftraggeber die Prioritäten fest und füllen Sie dann die Prioritäten-Matrix aus. So erhalten Sie einen Kompass, der Sie durch das Projekt leitet und bei Konflikten mit dem Auftraggeber die richtige Richtung weist.

1.5 Die Projektskizze erstellen

Die Projektzielsetzung auf den Punkt bringen

Jedes Projekt braucht Ziele. Häufig ähneln die Projektziele allerdings eher einer groben Idee. Die Unklarheit verhindert ein einheitliches Verständnis unter den Beteiligten und sorgt schnell für Missverständnisse. Da sind Konflikte und Frusterlebnisse programmiert.

Warum fällt es so schwer, zu Beginn des Projekts eindeutige Ziele zu formulieren? Meistens liegt der Grund darin, dass der Auftraggeber selbst nur eine sehr vage Vorstellung von den Projektergebnissen hat. Da heißt es dann:

- »Die Produktionsabläufe sollen besser überwacht werden.«
- »Wir wollen im Sommer eine Themenwoche machen.«
- »Wir möchten eine Hausmesse für unsere Kunden veranstalten.«
- »Die Landesgesellschaften sollen endlich einheitlich abrechnen.«
- »Wir haben einen neuen Lieferanten für unsere Lüfter.«
- »Der Kunde will einen Speziallack für extreme Witterungsbedingungen.«
- »Wir müssen unsere Projekt- und Zeitdaten künftig akkurat erfassen.«

Bei jeder dieser Formulierungen handelt es sich allenfalls um Wünsche, Absichtserklärungen oder gute Vorsätze. Von klaren Projektzielen kann da nicht die Rede sein.

Praxistipp! Setzen Sie sich mit Ihrem Auftraggeber zusammen. Formulieren Sie gemeinsam mit ihm das Projektziel. Fassen Sie den Kern des Projektauftrags in maximal zwei bis drei Sätzen zusammen. Mehr als 50 Worte sollten es nicht sein.

Letztlich geht es hier um wenige Zeilen Text, die es jedoch in sich haben. Im Fachjargon wird dieser kurze Text als »Project Objective Statement«, kurz POS, bezeichnet. Diese knapp gefasste »Projektzielerklärung« zwingt dazu, sich auf den Kern des Projekts zu konzentrieren und das Wesentliche auf den Punkt zu bringen.

Die Projektzielsetzung auf den Punkt bringen

Entwerfen Sie die Projektzielerklärung und legen Sie den Text Ihrem Auftraggeber vor. In aller Regel wird er die Zeilen mit großem Interesse lesen und dann gemeinsam mit Ihnen weiter daran feilen. Eine perfekte Reaktion! So zwingen Sie Ihren Auftraggeber dazu, Farbe zu bekennen. Anhand Ihres Textes merkt er schnell, ob der Projektauftrag an einigen Stellen noch unklar ist. Das gemeinsame Feilen am Text räumt Ungereimtheiten aus; am Ende dieses Prozesses herrscht Klarheit. Spätestens jetzt weiß auch Ihr Auftraggeber, was er will!

Beim Verfassen der Projektzielerklärung kann folgende Frage helfen: »Was machen wir weshalb bis wann mit welchen Prioritäten oder welchen Erfolgskriterien?« Auch die Projektleiter unserer Praxisprojekte haben sich an dieser Leitfrage orientiert und ihre Projektzielerklärungen formuliert:

Projektzielerklärung: **Marc & das Informationssystem**

Entwicklung und Einführung eines zentralen Informationssystems zur Überwachung der gesamten Abfüllanlagen. Dabei sollen alle wichtigen Produktionsdaten ausgelesen werden und anschließend konsolidiert an verschiedenen Monitoren entlang der Anlagen abrufbar sein. Das Projekt soll bis Ende November abgeschlossen sein.

Projektzielerklärung: **Saskia & die Themenwoche**

Gestaltung einer Themenwoche »Orient & Okzident« für das Sommerprogramm im nächsten Jahr zur Steigerung der Einschaltquoten in der Hauptsendezeit. Dabei sollen thematisch aufeinander abgestimmte Dokumentationen das Programm einer kompletten Sendewoche bestimmen. Ausgestattet mit einem Budget von 10 000 Euro sollen die Senderechte guter Dokumentationen erworben und zu einem attraktiven Programm zusammengestellt werden.

Projektzielerklärung: **Monika & die Hausmesse**

Vorbereitung und Durchführung einer exklusiven Hausmesse im Frühjahr kommenden Jahres zur Gewinnung und Bindung von Großkunden. Neben Fachvorträgen und Produktpräsentationen neuester Technologien soll ein ausgefallenes Rahmenprogramm für einen exklusiven Charakter sorgen. Es wird mit ca. 250 Besuchern gerechnet.

Projektzielerklärung: **Vanessa & die Buchhaltung**

Einführung einer über alle Standorte hinweg gültigen internationalen Kontierungsregelung zur einheitlichen Verbuchung von Zahlungsvorgängen. Mit dem Beginn des neuen Fiskaljahres müssen alle Landesgesellschaften in der Lage sein, ihre Buchungen gemäß der neuen Regelung durchzuführen.

Projektzielerklärung: **Thomas & der neue Lüfter**

Austausch eines Lüfters in den bestehenden Produktserien aufgrund eines angestrebten Lieferantenwechsels. Die Wirksamkeit des neuen Lüfters muss getestet und die technischen Spezifikationen müssen angepasst werden. Die Re-Zertifizierung durch den TÜV muss bis Jahresende vorliegen, die Produktion entsprechend umgestellt werden.

Projektzielerklärung: **Matthias & der Speziallack**

Entwicklung eines Speziallacks für die Firma XY zur Versiegelung von Holzoberflächen bis zum 31. Mai. Dieser Speziallack muss bestimmten, teilweise extremen Witterungsverhältnissen – wie sie in Teilen Skandinaviens vorherrschen – besonders gut standhalten. In verschiedenen Versuchsreihen soll die optimale Zusammensetzung des Lackes gefunden werden.

Projektzielerklärung: **Katharina & die Zeiterfassung**

Einführung eines Prozesses zur korrekten Erfassung von Projekt- und Zeitdaten bis Jahresende. Elektronisch erfasst werden sollen alle durch die Projektmitarbeiter geleisteten Arbeitsstunden. Die Daten sollen für die Rechnungstellung, die Auswertung der Auslastung sowie die Prognose der Geschäftsentwicklung von IT-Dienstleistungen herangezogen werden.

Die Projektskizze verfassen

Jetzt haben wir alle wesentlichen Informationen zusammengetragen: Zielsetzung, Eckdaten, Prioritäten und Projektzielerklärung. Sie bilden das Fundament unseres Projekts. Damit sind wir nun in der Lage, die Projektskizze zu verfassen.

Praxistipp! Stellen Sie die grundlegenden Informationen Ihres Projektes in Form einer Projektskizze dar. Auch wenn die Skizze lediglich zusammenfasst, was Sie in den vergangenen Schritten erarbeitet haben, lohnt sich der Aufwand: Als Projektleiter halten Sie damit eine Landkarte in Händen, an der Sie sich orientieren können.

Wie eine solche Projektskizze aussehen kann, zeigt das Beispiel von Saskia und ihrer Themenwoche.

Saskia & die Themenwoche: **Die Projektskizze**

Saskia hat den Projektauftrag für das Projekt »Orient & Okzident« nach den Gesprächen mit der Programmgeschäftsführung wie folgt dokumentiert:

Auftraggeber	Programmgeschäftsführung		Projektleiterin:	Saskia
Zeitvorgaben	Starttermin:	01.11.	Sendetermin:	KW 35
Kostenrahmen	Arbeitsaufwand:	ca. 640 Stunden	Budgetrahmen:	40000,- €

Ausgangslage In den Sommermonaten leidet der Sender traditionell unter schlechten Einschaltquoten. Spezielle Sendeformate könnten für ein höheres Interesse und bessere Quoten sorgen.

Projektziel (POS) Produktion einer crossmedialen Themenwoche mit dem Arbeitstitel »Orient & Okzident« für das Sommerprogramm im nächsten Jahr zur Steigerung der Einschaltquoten in der Hauptsendezeit. Dabei sollen thematisch aufeinander abgestimmte Dokumentationen das Programm einer kompletten Sendewoche bestimmen. Ausgestattet mit einem Budget von 40 000 Euro sollen die Senderechte guter Dokumentationen erworben und zu einem attraktiven Programm zusammengestellt werden.

Projektauftrag Die Motivation

- Vergrößerung des Zuschauerinteresses
- Beitrag zur Imagebildung des Senders (und der Redaktion)
- Steigerung der Attraktivität des Sommerprogramms

Die Zielgruppe

- Zuschauer in der Altersgruppe 30–50

Die Inhalte

- Sichtung des verfügbaren Filmmaterials
- Einbindung aller Gewerke des Hauses
- Entwicklung eines cross-medialen Sendekonzeptes
- Werbung/Marketing über alle denkbaren Kanäle

Die Wirkung

- Höhere Einschaltquoten zur Hauptsendezeit – trotz Sommerpause
- Positive Medienresonanz (qualitativ + quantitativ)
- Einhaltung des Kostenrahmens

Eine solche Projektskizze lohnt den Aufwand! Sie hat eine Reihe von Vorteilen:

Orientierung. Die Projektskizze stellt das Vorhaben nachvollziehbar dar und gibt damit allen Beteiligten eine Orientierung, wohin die Reise gehen soll.

Absicherung. Dem Projektleiter dient die Projektskizze auch zur Absicherung. Schriftlich festgehaltene Beschlüsse sind kaum angreifbar, während man sich an den Inhalt mündlicher Gespräche nach längerer Zeit oft nicht mehr gut erinnern kann – oder vielleicht sogar die Versuchung besteht, mündliche Gesprächsergebnisse willentlich neu zu interpretieren.

Entscheidungshilfe. Selbst kleine Projekte laufen selten nach Plan. Im Projektverlauf müssen immer wieder Entscheidungen getroffen oder aus mehreren Alternativen die beste ausgewählt werden. Das fällt deutlich leichter, wenn man sich an einem gut dokumentierten Projektauftrag orientieren kann.

Kontinuität. Die schriftliche Dokumentation sorgt für Kontinuität, wenn während des Projekts Ansprechpartner oder Entscheider wechseln. Neue Anforderungen lassen sich mit Verweis auf den schriftlich formulierten Projektauftrag abwehren.

Verbindlichkeit. Die Projektskizze mit dem schriftlich formulierten Projektauftrag schafft Verbindlichkeit für alle Projektbeteiligten. Das gilt insbesondere für den Auftraggeber: Hat er den Text gelesen, gemeinsam mit Ihnen Missverständnisse geklärt und Unklarheiten beseitigt und dem Auftrag schließlich zugestimmt, verfügen Sie über ein verlässliches Fundament für Ihre Projektarbeit. Das erspart Ihnen viele Probleme im weiteren Projektverlauf. Und selbst wenn der Auftraggeber nicht reagieren sollte, haben Sie mit der Vorlage der Projektskizze Ihr Möglichstes getan, um für Zielklarheit und Verbindlichkeit zu sorgen.

Projektabschluss. Anhand der Projektskizze können Sie am Ende feststellen, ob Sie Ihr Projekt erfolgreich abgeschlossen haben. Denn nur anhand eines klar definierten Projektauftrags lässt sich überprüfen, ob die gewünschten Ergebnisse erreicht wurden.

1.6 Das Projekt richtig anpacken

Jedes Projekt hat so seine Tücken

Kein Projekt gleicht dem anderen. Jedes Projekt hat so seine eigenen Tücken, Hindernisse und Gefahren – und stellt den Projektleiter vor besondere Herausforderungen. Wer glaubt, nach »Schema F« vorgehen zu können, dürfte

sein blaues Wunder erleben. Projekte können sehr unterschiedlich sein. Das beginnt bereits bei der Unterscheidung, ob ein Projekt für interne Zwecke oder für einen externen Auftraggeber ausgeführt wird. Bei einem externen Projekt handelt es sich um einen Kundenauftrag, mit dem das Unternehmen Geld verdienen muss – das Projekt soll mehr einbringen, als es kostet.

Bei einem internen Projekt entstehen dagegen keine unmittelbaren Einnahmen. Weil kein zahlender Kunde und kein verbindlicher Vertrag existieren, wird es oft weniger ernst genommen als ein Kundenprojekt. Zumindest erscheint die Frage nach der Wirtschaftlichkeit in einem anderen Licht. So sind beispielsweise bei Monikas Hausmesse zwar das Budget und damit die Kosten bekannt, der Nutzen dieser Marketingveranstaltung lässt sich jedoch nur schwierig bewerten und noch schwieriger monetär erfassen. Auch Vanessas Vereinheitlichung der Kontierungsregeln oder Katharinas Zeitdatenerfassung sind klassische interne Projekte, wie sie täglich in den Unternehmen vorkommen.

Es macht also einen Unterschied, ob ein Projekt einen internen oder externen Auftraggeber hat. Noch mehr jedoch wirkt sich die Aufgabenstellung auf den Ablauf eines Projektes aus – und kann zu großen Unterschieden bei den einzelnen Projektphasen führen. Das zeigt ein Vergleich der Projekte von Marc und Vanessa:

Im Zuge der *Zieldefinition* beschäftigt sich Marc bei der Entwicklung des Informationssystems zunächst mit den wichtigsten Kennzahlen entlang der Abfüllanlagen und nimmt die Anforderungen der Maschinenbediener auf. Dann fängt für ihn die *Projektplanung* an. Das Ergebnis seiner Zeit- und Kostenkalkulation ist ein Angebot an den Produktionsleiter. Nach der Auftragserteilung beginnt er mit der Programmierung (*Realisierung*).

Vanessa durchläuft mit ihrem Organisationsprojekt (Vereinheitlichung der Kontierung) zwar die gleichen Projektphasen, geht dabei allerdings andere Wege. Für sie steht eine ausführliche Problemanalyse im Mittelpunkt der *Zieldefinition*. In der *Projektplanung* versucht sie abzuschätzen, wie viel Aufwand in dem Projekt steckt, ohne das Soll-Konzept schon vorwegzunehmen. Die *Realisierung* ist für sie zweigeteilt: Sie besteht aus der Konzeption und der Detailgestaltung der neuen Kontierungsrichtlinie.

Deutlich wird: Auch wenn die Projektphasen die gleichen sind, muss jedes Projekt auf seine Weise angepackt und durchgeführt werden. Jedes Projekt hat damit seine eigenen Tücken.

Marc & das Informationssystem: **IT-Projekte**

Selbst kleine IT-Projekte sind häufig vom Scheitern bedroht. Ziel ist in der Regel, durch den Einsatz neuer Informationstechnik die Effizienz zu steigern. Meist stehen die Projektleiter unter einem enormen Zeitdruck, weil das neue System schnell Ergebnisse liefern soll.

Gerade bei mutmaßlich kleineren IT-Projekten ist die Haltung weit verbreitet, man könne das doch selbst machen. In vielen Fällen ist das eine Fehleinschätzung. Die Aufgabe erweist sich als wesentlich komplexer als angenommen. Kurzerhand erhält der Projektleiter einen temporären Mitarbeiter an seine Seite gestellt, oft kommen dann auch Studenten oder Praktikanten zum Einsatz. Das hilft meist wenig, weil der Fehler bereits bei der Zieldefinition gemacht wurde und die anfängliche Fehlentscheidung das Projekt in eine Sackgasse manövriert hat. Das Ergebnis sind dann häufig Eigenentwicklungen, die den firmeninternen Standards nicht genügen und damit auch später in kein Konzept mehr passen.

Wir erinnern uns: Marc hat die Aufgabe, ein neues Informationssystem zur Überwachung der Getränkeabfüllung zu entwickeln. Auch sein Projekt geriet gleich zu Beginn der Umsetzung in eine Krise, weil er anfangs auf eine sorgfältige Projektklärung verzichtet hatte. Alles musste ja so schnell gehen, der Produktionsleiter hätte das fertige System am liebsten schon vorgestern gehabt. Mit »Kleinigkeiten« wie einer ordentlichen Projektskizze hält man sich da erst gar nicht auf – Hauptsache, das Projekt wird endlich gestartet!

Einige Tücken

- IT-Projekte sind anfällig für übertriebenen Optimismus. Die Versuchung, einfach loszulegen, ist groß und allgegenwärtig.
- In IT-Projekten entstehen oft viel zu komplizierte Lösungen, weil man Anforderungen umsetzt, ohne sie ernsthaft zu hinterfragen. Heraus kommt dann eine aufgeblähte Lösung – die »eierlegende Wollmilchsau«.

- Als Projektleiter müssen Sie Ihr IT-Projekt zu einem Zeitpunkt planen, zu dem weder die Anforderungen klar sind noch ein Konzept steht.
- Zu Anfang wird häufig versäumt, Struktur in das Stimmengewirr der Beteiligten zu bringen – mit der Gefahr, dass das Projekt schnell aus dem Ruder läuft.

 ## Saskia & die Themenwoche: **Konzeptionsprojekte**

Der Weg vom leeren Blatt zu einem überzeugenden Konzept kann lang und mühselig sein. Und das Schlimme daran: Konzeptionsprojekte werden von den Beteiligten oft gar nicht als Projekte wahrgenommen. Die Folge: Sie verrennen sich schnell in inhaltlichen Details, anstatt das Projekt vernünftig auf die Schiene zu setzen.

Wir erinnern uns: Saskia hat die Aufgabe, für das Sommerprogramm ihres Senders eine Themenwoche mit dem Titel »Orient & Okzident« zu gestalten. Vergleichbare Konzepte wie Saskias Themenwoche werden in Unternehmen ständig entwickelt, meist ohne zu merken, dass es sich dabei eigentlich um ein kleineres Projekt handelt. Da ruft der Chef seinen Mitarbeiter ins Büro und erzählt von neuen Herausforderungen, Plänen und Ideen. Dafür müsse aber erst einmal ein Konzept her. »Machen Sie mal!«, heißt es dann lapidar. Zurück am Arbeitsplatz sitzt der Mitarbeiter über einem leeren Blatt Papier und weiß erst einmal nicht weiter.

In den meisten Projekten geht es darum, einen Plan abzuarbeiten. Selbst wenn dieser Plan revidiert werden muss, sind die Vorgaben klar. Ganz anders bei einem Konzept: Hier hat der Konzeptentwickler große Gestaltungsspielräume – und das ist die besondere Herausforderung. Oft weiß der Auftraggeber selbst nicht so genau, was er eigentlich haben will.

Konzepte sind meistens Grundlage und Vorarbeit für wichtige Projekte. Erst wenn das Konzept klar und schlüssig ist, können Entscheider abschätzen, ob bei einer Realisierung die Chancen die Risiken überwiegen. In einem guten Konzept werden Szenarien entworfen, Lösungswege aufgezeichnet, Nutzenpotenziale sichtbar gemacht und Stolperfallen markiert.

Monika & die Hausmesse: **Veranstaltungsprojekte**

Bei klassischen Veranstaltungsprojekten wie etwa einem Konzert wird die Gesamtorganisation meist an spezialisierte Agenturen übergeben. Anders bei firmeninternen Events oder bei Veranstaltungen wie einer Messeteilnahme: Hier übernehmen oft Mitarbeiter des eigenen Unternehmens Planung und Umsetzung. Häufig fehlt es dann jedoch an der notwendigen Erfahrung.

Wir erinnern uns: Monika hat die Aufgabe, eine exklusive Hausmesse zu veranstalten; ausgewählte Kunden sollen die Messe besuchen und die neuen Produktgenerationen des Unternehmens kennenlernen. Der Termin steht von Anfang an fest – und so ist Monika gezwungen, ihre gesamte Vorbereitung auf diesen Tag hin auszurichten.

Sobald eine Firma beschließt, an einer Messe teilzunehmen oder in Eigenregie einen größeren Event durchzuführen, entsteht automatisch ein Projekt. Das Ergebnis dieses Projekts ist die Veranstaltung. Für Museen, Konzertorganisatoren, Promotoren oder Messeveranstalter gehören solche

Projekte zum Alltag. Bei Unternehmen herrscht im Vorfeld einer größeren Veranstaltung dagegen oft der Ausnahmezustand.

Es kommt darauf an, das Veranstaltungsprojekt wie eine Kreuzfahrt anzugehen. Die Kreuzfahrt ist die Veranstaltung – und Ziel ist, das Schiff über die zeitweise unruhige See in den sicheren Zielhafen zu navigieren. Mag sein, dass der eine oder andere seekrank wird. Doch der Projektleiter trägt dafür Sorge, dass niemand über Bord geht – und die Reise allen Teilnehmern am Ende als ein fabelhaftes Ereignis in Erinnerung bleibt.

Einige Tücken

- Es gibt eine klare Deadline, die nicht verschoben werden kann. Dadurch geraten Veranstaltungsprojekte schnell unter einen enormen Zeitdruck.
- Ein Veranstaltungsprojekt besteht in der Regel aus vielen verschiedenen Komponenten. Da ist die Gefahr groß, wichtige Aspekte zu vergessen.
- Unmittelbar vor bzw. während des Events muss alles »wie am Schnürchen« laufen, sonst bricht auf der Veranstaltung das Chaos aus.
- In Veranstaltungsprojekte sind viele Leute involviert – meistens verstärkt gegen Ende des Projekts. Das muss koordiniert werden.

Vanessa & die Buchhaltung: **Verbesserungsprojekte**

KVP, Six Sigma, Lean Management oder einfach nur eine gute Idee, wie man etwas verbessern könnte: Damit beginnen häufig Verbesserungsprojekte. Meist sind sie nur als kleinere Maßnahmen gedacht, die sich ohne größeren Aufwand umsetzen lassen. Das Problem ist nur: Die kleinere Maßnahme wächst sich oft zu einem veritablen Projekt aus – und darauf sind die Beteiligten nicht vorbereitet.

Wir erinnern uns: Vanessa soll mit ihrem Projekt den »Wildwuchs« in der Buchhaltung in den Griff bekommen. Hierzu sollen künftig alle Landesgesellschaften ihre Buchungen gemäß einer einheitlichen Kontierungsrichtlinie durchführen. Ein typisches Verbesserungsprojekt.

Generell geht es in einem Verbesserungsprojekt darum, Produkte, Services, Prozesse oder einzelne Tätigkeiten in einem Unternehmen zu verbessern. Dabei setzt man weniger auf große und langwierige Projekte als auf kleine, schnell umsetzbare Maßnahmen. Die Folge ist oft, dass mehrere Maßnahmen oder »Kleinprojekte« parallel laufen und nicht ausreichend koordiniert werden.

Die Auftraggeber von Verbesserungsprojekten haben meist sehr konkrete Vorstellungen davon, was sie erreichen wollen. Das können eine Steigerung der Produktivität, eine Verbesserung der Qualität oder Einsparungen bei Kosten und Personal sein. Der Projektleiter sollte diese Erwartungen von Anfang an auf seiner Agenda haben – und schnell anhand von belastbarem Zahlenmaterial erste Erfolge nachweisen können.

Einige Tücken

- Noch wichtiger als der Projektauftrag ist die konkrete Beschreibung des Problems, das im Zuge des Verbesserungsprojekts behoben werden soll.
- Verbesserungsprojekte stehen oft unter einem enormen Druck, Probleme schnell zu beseitigen und spürbare Verbesserungen zu erzielen.
- Ein Verbesserungsprojekt stellt immer den Status quo infrage. Das kann Widerstand unter den Betroffenen erzeugen.
- Der Auftraggeber erwartet schnell belastbare Zahlen für die eingetretene Verbesserung. Darauf solle man sich von Anfang an einstellen.

Thomas & der neue Lüfter: **Entwicklungsprojekte**

Neue Produkte, Prozesse oder Systeme entwickeln – darin liegt das Ziel von Entwicklungsprojekten. Oft finden sie unter großem Zeitdruck statt (um zum Beispiel den Termin für eine geplante Markteinführung einzuhal-

ten) und enden mit der Übergabe an die Produktion oder den Vertrieb. Da eine Neuentwicklung häufig weite Bereiche des Unternehmens betrifft, kann ein solches Vorhaben schnell sehr schwierig werden.

Wir erinnern uns: Thomas hat die Aufgabe, einen Lieferantenwechsel vorzubereiten – und wurde in diesem Zusammenhang mit einem Entwicklungsprojekt betraut. Ziel ist die Anpassung der eigenen Anlagen an den Lüftertyp eines neuen Anbieters. Thomas steht dabei gehörig unter Druck, auch weil die Entwicklungsabteilung selbst am Limit arbeitet: Bei Märkten, die sich immer schneller verändern, und technologischem Fortschritt, der immer rasanter wird, müssen Unternehmen ständig neue Produkte entwickeln und bestehende verbessern. Das erfordert wiederum schnelle und effiziente Prozesse für die Umsetzung von Produktentwicklungen.

Im Gegensatz zu Forschungsprojekten haben Entwicklungsprojekte immer ein klar definiertes Entwicklungsziel. So auch für Thomas: Sein Ziel ist ein für die Produktion freigegebener Lüfter, der künftig in allen Anlagen verbaut werden kann.

Einige Tücken

- Entwicklungsprojekte helfen dabei, langfristig Kosten zu sparen und wettbewerbsfähig zu bleiben. Ihre große Bedeutung setzt alle Beteiligten unter großen Druck.
- Produkte sollen immer schneller am Markt sein und müssen trotzdem hohen qualitativen Ansprüchen genügen – hierauf muss sich der Leiter eines Entwicklungsprojektes einstellen.
- Zum Projektleiter eines Entwicklungsprojekts wird häufig der Mitarbeiter mit dem größten Fachwissen ernannt. Ihm fällt es oft schwer, den Spagat zwischen fachlichen Aufgaben und Managementaufgaben hinzubekommen.
- Der Erfolg von Entwicklungsprojekten wird maßgeblich durch die Kompetenz und Erfahrung des Projektleiters bestimmt.

Matthias & der Speziallack: **Forschungsprojekte**

Forschungsprojekte sind meist ergebnisoffen: Zu Beginn steht nicht fest, was am Ende herauskommt. Diese Projekte verfolgen das Ziel, auf kreativem und experimentellem Weg neue Kenntnisse und Fertigkeiten zu erlangen. Die große Gefahr: Das Projekt wird ineffizient, weil die »Forscher« sich allzu sehr in ihre Versuchsreihen vertiefen.

Wir erinnern uns: Matthias steht vor der Aufgabe, in einer Versuchsreihe eine bestimmte Farbzusammenstellung zu entdecken. Ein typisches Forschungsprojekt. Ziel ist, neue Erkenntnisse zu gewinnen, um die speziellen Anforderungen eines Kunden erfüllen zu können – eine Aufgabe, die Erfahrung und Intuition gleichermaßen erfordert. Matthias' Projekt unterscheidet sich insofern von den anderen Projekten, als es nicht ein schrittweises »Abarbeiten« ist, sondern ein laufendes Suchen, Entdecken und Lernen.

Da das Forschungsziel meist noch unklar ist und sich Kreativität und Ideenfindung der Mitarbeiter nicht wirklich vorausplanen lassen, sind die Rahmengrößen bei einem Forschungsprojekt mit noch größeren Unsicherheiten behaftet als bei anderen Projekten. Umso wichtiger ist es, die begrenzten Ressourcen zielgerichtet einzusetzen. Um zeit- und termingerecht Forschungsergebnisse zu liefern, ist ein professionelles Projektmanagement unabdingbar.

Einige Tücken

- Die Ergebnisoffenheit eines Forschungsprojekts ist ein Phänomen, mit dem ein Projektleiter erst einmal klarkommen muss.
- In Forschungsprojekten betritt man oft völliges Neuland, das heißt, viele Aktivitäten lassen sich am Anfang noch gar nicht voraussehen.
- Die Arbeit in Forschungsprojekten fühlt sich mitunter an wie das Stochern im Nebel oder die Suche nach der Nadel im Heuhaufen.
- Jedes Forschungsprojekt trägt ein vergleichsweise hohes Risiko, teilweise oder ganz zu scheitern. Es gilt zu erkennen, wann ein Projektabbruch geboten ist.

Katharina & die Zeiterfassung: **Veränderungsprojekte**

Der Wettbewerb zwingt Unternehmen, ihre Prozesse laufend zu überprüfen und bei Bedarf zu restrukturieren. Daraus entstehen Veränderungsprojekte, die häufig auf der Ebene der Abteilungen oder Bereiche initiiert werden. Vielfältige Risiken bringen diese Projekte immer wieder zum Scheitern.

Wir erinnern uns: Katharina hat die Aufgabe, ein System einzuführen, das im Unternehmen künftig die Projekt- und Zeitdaten zuverlässig erfassen soll. Bald merkt sie, dass es sich hier um ein Veränderungsprojekt handelt: Es geht nicht nur darum, eine technische Lösung für die Erfassung der Daten zu finden. Vielmehr muss sie auch die betroffenen Mitarbeiter vom Sinn und Zweck der geplanten Änderung überzeugen. Eine Zeitdatenerfassung löst nun einmal Befürchtungen aus – und es ist völlig normal, wenn Katharinas Kollegen mit Ängsten und Widerstand reagieren.

Wer sich in Veränderungsprojekten ausschließlich auf die »harten Faktoren« beschränkt, also beispielsweise auf die Einführung einer Software, vernachlässigt die Bedürfnisse der Mitarbeiter, die diese Veränderung ja mittragen müssen. Fühlen sich die Mitarbeiter überfordert oder übergangen, bekommt der Projektleiter schnell große Probleme. Wie Studien belegen, scheitern die meisten Veränderungsvorhaben an unzureichender und ungenauer Information der Mitarbeiter: Sie tragen das Projekt nicht mit, weil ihnen Sinn und Zweck der Veränderung unklar bleiben.

Ein weiterer Grund, warum viele Veränderungsvorhaben scheitern, liegt in einem unverhältnismäßig großen Zeitdruck. Zu viel soll zu schnell erreicht werden. Die Mitarbeiter sollen mitmarschieren und Maßnahmen umsetzen, bevor sie überhaupt Zielrichtung und Ausmaß der Veränderung begreifen konnten.

Einige Tücken

- Veränderungsprojekte müssen »vermarktet« werden, bevor sie beginnen – nur so lassen sich die betroffenen Mitarbeiter auf die Reise mitnehmen.
- In Veränderungsprojekten hat nicht die Problemlösung Vorrang –

sondern die Notwendigkeit, die Betroffenen von der Veränderung zu überzeugen.

- Veränderungsprojekte scheitern meist nicht an den Widerständen, sondern an einem falschen Umgang mit ihnen.
- Ein Veränderungsprojekt ist erst dann erfolgreich abgeschlossen, wenn die Veränderung wirklich greift.

Survival-Tipps: **Unklare Zielsetzung**

Gehen Sie davon aus, dass Projektideen selten hundertprozentig durchdacht sind. Vertrauen Sie auch nicht darauf, dass sich der Auftrag im Laufe der Zeit schon klären wird. Meist geschieht dies, wenn überhaupt, viel zu spät – und kostet dann richtig viel Zeit und Nerven.

- Machen Sie sich klar, dass Sie mit Ihrem Projekt Neuland betreten. Widmen Sie sich deshalb der Auftragsklärung mit einer besonderen Sorgfalt.
- Sorgen Sie für einen klaren Projektauftrag und klare Projektziele. Je schneller Sie diese Klarheit herbeiführen, desto erfolgreicher wird Ihr Projekt.
- Erraten Sie die Ziele Ihres Auftraggebers nicht, sondern fragen Sie gezielt nach. Beginnen Sie das Projekt nicht ohne die notwendige Zielklarheit.
- Bleiben Sie hartnäckig und entlocken Sie Ihrem Auftraggeber seine Prioritäten. Geben Sie sich erst zufrieden, wenn zumindest Größenordnungen für Termine und Kosten auf dem Tisch liegen.
- Machen Sie keine vorschnellen Versprechungen, die Sie später nicht einhalten können.
- Formulieren Sie den Projektauftrag schriftlich und lassen Sie diese »Projektskizze« vom Auftraggeber und gegebenenfalls von den anderen Entscheidungsträgern bestätigen.
- Betrachten Sie die Auftragsklärung nicht nur als einen einmaligen Akt zu Projektbeginn, sondern als einen fortlaufenden Prozess. So ist es möglich, den Projektauftrag immer wieder an neue Erkenntnisse und eine veränderte Sachlage anzupassen.

2. DIE PLANUNG

Wie Sie Chaos durch Struktur ersetzen

Zyniker behaupten: »Planen heißt, den Zufall durch den Irrtum ersetzen.« Solche Spöttelei ist ein beliebter Einwand gegen jedwede Planung – auch und gerade in kleineren Projekten. Sie suggeriert, alle Planung sei ohnehin für die Katz. Denkt man einen Moment darüber nach, wird man jedoch feststellen: Der Tausch von Zufall gegen Irrtum ist gar kein so schlechtes Geschäft. Wer will sein Projekt schon gerne dem Zufall überlassen?

Häufig wird behauptet, einen guten Projektplan erkenne man daran, dass er sich eins zu eins in die Tat umsetzen lasse. Auch dieser Gedanke führt in die Irre. Eine Projektplanung ist kein Test für hellseherische Fähigkeiten, sondern ein Hilfsmittel, um bei der Projektarbeit zügig und zielstrebig voranzukommen. Ein solcher Plan ist auch offen für sinnvolle Veränderungen – etwa dann, wenn im Projektverlauf neue Erkenntnisse auftauchen. Allerdings darf diese Offenheit nicht als Hintertür für Verschiebungen und Verschleppungen missbraucht werden.

Halten wir fest: Der Projektplan ist kein starres Gebilde, das jeden Schritt exakt vorhersagen will. Er beschreibt jedoch die Richtung und legt die wichtigsten Schritte des Projekts fest. Damit ist er ein wichtiges Hilfsmittel für den Projektleiter und alle anderen Projektbeteiligten.

Bei kleineren Projekten ist die Versuchung groß, auf eine solche Planung zu verzichten. »Das kriegen wir schon hin«, so lautet die Devise. Meist stellt der Projektleiter dann aber schon nach wenigen Tagen fest, dass ihm die Vielzahl der notwendigen Aktivitäten über den Kopf wächst. Er verliert den Überblick, bringt anstehende Aufgaben durcheinander und verschwitzt wichtige Termine. Schnell wird ihm klar: Das Projekt muss besser strukturiert werden!

Doch wie strukturiert und organisiert man ein Projekt? Antwort hierauf gibt die zweite Etappe unseres Projektabenteuers. Wir werden feststellen: Mit einigen wenigen, einfachen PM-Tools lässt sich die Planung kleinerer und mittlerer Projekte in nur wenigen Stunden bewältigen.

Zunächst verschaffen wir uns einen groben Überblick über das Projekt. Dazu unterteilen wir es in seine wichtigsten Etappen, es entsteht der *Meilensteinplan* (Kapitel 2.1). Nun stellt sich die Frage, ob die Meilensteine überhaupt realistisch erreichbar sind. Was hängt alles an den einzelnen Meilensteinen, wie viel müssen wir da jeweils tun? Antwort darauf gibt der *Projektstrukturplan*, dem wir uns in Kapitel 2.2 widmen.

Auch in kleineren Projekten sind oft viele Aktivitäten notwendig, die häufig voneinander abhängen. Um den Überblick zu behalten, lernen wir in Kapitel 2.3 ein weiteres Planungsinstrument kennen: den *Ablaufplan*. Mit seiner Hilfe legen wir die Reihenfolge fest, in der wir die verschiedenen Aktivitäten abarbeiten müssen.

In Kapitel 2.4 folgt einer der spannendsten Aspekte in diesem Buch: Wir kommen dem Rätsel auf die Spur, warum 80 Prozent aller Projekte mit der Einhaltung des Endtermins kämpfen. Was läuft da schief bei der Terminplanung? Warum werden Dauer und Aufwand der Aktivitäten so oft falsch eingeschätzt?

Die letzten Abschnitte der Etappe widmen sich der Frage, wie wir den Plan am besten darstellen (Kapitel 2.5) und bei Bedarf anpassen und optimieren können (Kapitel 2.6).

2.1 Der Meilensteinplan

Das Projekt zunächst in Etappen gedacht

Unerfahrene Projektleiter kämpfen vor allem mit einem Problem: Der normale Arbeitsalltag nimmt sie so stark in Anspruch, dass sie ihr Projekt vernachlässigen und den Überblick über diesen »Nebenkriegsschauplatz« verlieren. Entscheidend ist es deshalb, das Projekt von Anfang an im richtigen Tempo anzugehen und die wichtigen Etappenziele nicht aus dem Auge zu verlieren.

Marketingexpertin Monika gerät mit ihrer geplanten Hausmesse immer mehr in Schwierigkeiten. In den vergangenen Wochen hat sie verschiedene Marketingkampagnen angeschoben, einige Journalistengespräche geführt und die Jahrespressekonferenz vorbereitet. Da blieb für die Hausmesse einfach keine Zeit. Das rächt sich nun. Ohne es zu merken, ließ sie einige wichtige Termine verstreichen, was sie nun gewaltig in die Bredouille bringt. Sowohl der Messebauer als auch die zuarbeitenden Kollegen aus den Fachabteilungen hätten eine gewisse Vorlaufzeit gebraucht, um vernünftig arbeiten zu können. Nun ist die Zeit viel zu knapp. Hektisch versucht Monika, zu retten, was zu retten ist.

Zugegeben: Bei kleineren Projekten hält sich die Komplexität in Grenzen – und das Risiko, den Überblick zu verlieren und sich zu verzetteln, ist nicht so groß wie in umfangreichen Großprojekten. Die viel größere Gefahr liegt im Tagesgeschäft, das den »Nebenerwerbs-Projektleiter« immer wieder dazu zwingt, seine Arbeit am Projekt hinauszuschieben.

Das Problem spürt nicht nur Monika. So liegt Saskias eigentlicher Job darin, jede Woche mit einer Dokumentation auf Sendung zu gehen. Soll sie nun die normale Sendewoche vernachlässigen, nur um sich verstärkt um ihre Themenwoche zu kümmern? Die ist doch ohnehin erst für den nächsten Sommer geplant. Ganz ähnlich Vanessa: Sie verantwortet den Monatsabschluss ihres Unternehmens, der sie gegen Monatsende regelmäßig für mehrere Tage voll in Anspruch nimmt. Da ist an Projektarbeit einfach nicht zu denken.

Es passiert ganz schnell: Der Projektleiter steckt im Tagesgeschäft – und unversehens gerät er mit seinem Projekt in Verzug.

Das Projekt in überschaubare Etappen einteilen

Erfahrene Projektleiter kennen das Problem. Bevor sie das Vorhaben im Detail strukturieren, machen sie deshalb eine Planung quasi auf einer höheren Ebene: Sie notieren die zeitkritischen Ereignisse im Projekt, deren termingerechte Einhaltung für den Projekterfolg entscheidend ist. Diese Ereignisse sind die »Meilensteine« des Projekts. Gibt es hier Verzögerungen, zieht dies in der Regel Verspätungen bei weiteren wichtigen Terminen nach sich. Der große Vorteil eines solchen Meilensteinplans liegt darin, diese Verschiebungen transparent zu machen und allen Beteiligten vor Augen zu führen.

Zur Orientierung! Ein Meilenstein (englisch milestone) ist ein Ereignis von besonderer Bedeutung im Projekt. Solche Ereignisse sind vor allem: das Vorliegen eines Liefergegenstands, ein Zwischenergebnis, eine Prüfung oder eine Abnahme. Sie markieren das Ende wichtiger Etappen auf dem Weg zum Projektziel.

Typische Meilensteine sind zum Beispiel Projektstart und Projektende, das Ende der Konzeptionsphase, der Launch eines Piloten, der Go-Live einer Software oder die Entscheidung für ein Produkt. Meist werden Meilensteine am Ende einer Projektphase oder eines umfangreicheren Arbeitspaketes gesetzt. Einen Meilenstein zu erreichen ist deshalb ein schöner Erfolg, über den sich das Projektteam freuen kann. Bei Projekten, die sich über einen längeren Zeitraum hinziehen, sind diese Erfolgserlebnisse willkommene Motivationsspritzen für alle Beteiligten.

Die Meilensteinplanung ist ein ebenso einfaches wie wirkungsvolles Planungsmittel. Sie hat ihren Ursprung im Wunsch des Topmanagements, einen schnellen, unkomplizierten Überblick über das Projekt zu erhalten, anstatt sich durch einen komplizierten Zahlenwust kämpfen zu müssen. Genau diese Anforderung erfüllt die Meilensteinplanung: Man erhält mit wenig Aufwand den vollen Überblick über ein Projekt.

Machen Sie sich dieses Planungswerkzeug ebenfalls zunutze – und verschaffen Sie sich damit erst einmal einen groben Überblick über Ihr Projekt. Die Meilensteinplanung teilt das Projekt in Etappen ein und gibt an, welche Projektetappe bis wann erreicht wird. Die Leitfrage lautet: Bis wann muss ich spätestens eine Etappe abgeschlossen haben, um den Endtermin nicht zu verfehlen?

Praxistipp! Legen Sie den Projektstart, wichtige Zwischenergebnisse (zum Beispiel Abnahme des Fachkonzepts, Verfügbarkeit des Prototyps) und das Projektende als Meilensteine fest. Dann können alle Beteiligten auf einen Blick nachvollziehen, wie das Projekt abläuft und welche Etappen bis wann erreicht werden müssen.

Nehmen wir als Beispiel das Lüfter-Projekt von Thomas. Er gliedert sein Projekt in sechs Etappen und überlegt, bis wann diese Zwischenziele erreicht sein müssen:

- Bis wann haben wir die Spezifikation fertig?
- Bis wann haben wir die neuen Lüfter getestet?
- Bis wann haben wir Zeichnungen und Stücklisten angepasst?
- Bis wann haben wir die Inbetriebnahmeprüfung absolviert?
- Bis wann haben wir die Produktionsabläufe angepasst?
- Ab wann können die Lüfter in den Anlagen verbaut werden?

Das Projekt hat somit sechs Meilensteine. Noch bevor Thomas in die Details geht und sich überlegt, was im Einzelnen zu tun ist, hat er das Vorhaben erst einmal in überschaubare Teilprojekte zerlegt.

Praxistipp! Legen Sie für jeden Meilenstein fest, welche Aufgaben erfüllt und welche Ergebnisse erreicht sein müssen. Bestimmen Sie einen Meilensteinverantwortlichen, der darauf achtet, dass diese Ergebnisse erreicht werden.

Der Meilensteinplan ist nicht einfach nur ein grober Terminplan, der womöglich schnell in Ihrer Schreibtischschublade verschwindet. Er gibt auch laufend Auskunft, wie weit Sie mit dem Projekt vorangekommen sind. Wenn Verzögerungen auftreten, merken Sie das bereits vor dem nächsten Meilensteintermin – und nicht erst am Projektende, wenn es längst zu spät ist.

Schritt für Schritt entsteht ein Meilensteinplan

Einen Meilensteinplan zu erstellen ist einfach: Sie gliedern das Projekt in Etappen und überlegen dann, wie viel Zeit Sie für die einzelnen Etappen benötigen. Sie müssen also nur zwei Fragen beantworten:

- Welches sind die Etappen meines Projektes?
- Wie lange dauert die jeweilige Etappe?

Gliedern Sie das Projekt nicht zu fein, bei kleineren und mittleren Projekten genügen drei bis sieben Meilensteine. Nur so bleibt das Projekt auch schön übersichtlich!

Betrachten wir die einzelnen Schritte noch etwas näher am Beispiel des Projekts von Thomas. Zunächst notiert er die Meilensteine in Form von Ergebnissen (»Spezifikation fertig«, »Produkttests abgeschlossen«). So lässt sich später klar feststellen, ob der Meilenstein erreicht ist oder nicht. Daneben notiert Thomas die Hauptaufgaben, die in der jeweiligen Projektetappe erledigt werden müssen:

Meilenstein	Hauptaufgabe
Spezifikation fertig	Spezifikation erstellen und rausgeben
Produkttests abgeschlossen	Neue Lüfter verbauen und testen
Einbau der Lüfter vorbereitet	Zeichnungen und Stücklisten anpassen
Inbetriebnahmeprüfung absolviert	Inbetriebnahmeprüfung durchführen
Produktion vorbereitet	Material bestellen, Produktion vorbereiten
Produktion freigegeben	Mitarbeiter instruieren, Produktion starten

Abbildung 3: Meilensteinplan mit Hauptaufgaben

Im nächsten Schritt überlegt Thomas, wie viel Zeit die Hauptaufgaben in Anspruch nehmen dürften. Hierzu nutzt er Erfahrungswerte, anhand deren er die voraussichtliche Dauer möglichst realistisch einschätzt. Es ergibt sich folgendes Bild:

Meilenstein	Hauptaufgabe	Dauer
Spezifikation fertig	Spezifikation erstellen und rausgeben	2 Wochen
Produkttests abgeschlossen	Neue Lüfter verbauen und testen	4 Wochen
Einbau der Lüfter vorbereitet	Zeichnungen und Stücklisten anpassen	6 Wochen
Inbetriebnahmeprüfung absolviert	Inbetriebnahmeprüfung durchführen	2 Wochen
Produktion vorbereitet	Material bestellen, Produktion vorbereiten	2 Wochen
Produktion freigegeben	Mitarbeiter instruieren, Produktion starten	2 Wochen

Abbildung 4: Meilensteinplan mit geschätzter Dauer

Thomas ist nun in der Lage, für die einzelnen Projektetappen erste halbwegs realistische Endtermine zu berechnen. Daraus ergibt sich folgender Meilensteinplan:

Meilenstein	Hauptaufgabe	Termine
Projektstart		01.06.
Spezifikation fertig	Spezifikation erstellen und rausgeben	15.06.
Produkttests abgeschlossen	Neue Lüfter verbauen und testen	15.07.
Einbau der Lüfter vorbereitet	Zeichnungen und Stücklisten anpassen	31.08.
Inbetriebnahmeprüfung absolviert	Inbetriebnahmeprüfung durchführen	15.09.
Produktion vorbereitet	Material bestellen, Produktion vorbereiten	30.09.
Produktion freigegeben	Mitarbeiter instruieren, Produktion starten	15.10.
Projektende		15.10.

Abbildung 5: Meilensteinplan mit Endterminen

Für Thomas hat sich der Meilensteinplan schon gelohnt, bevor er überhaupt mit der eigentliche Projektarbeit beginnt: Sein Auftraggeber möchte den Lieferanten gerne schon zum 1. September wechseln. Wie der Plan nun zeigt, dürfte eher ein Termin Mitte Oktober realistisch sein. Thomas ist klar, dass er jetzt erst einmal ein Gespräch mit dem kaufmännischen Geschäftsführer führen muss, um die Projektziele neu zu verhandeln. Mit dem Meilensteinplan im Gepäck ist er für das Gespräch gut gewappnet.

Warnung vor Suggestiv-Effekten

Thomas kann selbstsicher in das Gespräch mit seinem Auftraggeber gehen. Er arbeitet seit vielen Jahren in der Entwicklungsabteilung seines Unternehmens – und es ist nicht das erste Mal, dass er ein Bauteil bei einer der Anlagen austauscht. Er weiß aus Erfahrung, was alles gemacht werden muss und wie viel Zeit die einzelnen Arbeitspakete typischerweise in Anspruch nehmen. So kann er auch sicher sein, dass er die Dauer und die daraus resultierenden Termine in seinem Meilensteinplan realistisch abgeschätzt hat.

Das sieht bei Monika anders aus. Die Marketingexpertin organisiert zum ersten Mal eine Hausmesse, und nicht nur das: Das gesamte Unternehmen betritt mit diesem Vorhaben Neuland. In dieser Situation lässt sich häufig ein Phänomen beobachten, bei dem sich objektive Beobachter immer wieder verwundert die Augen reiben: Der Meilensteinplan geht voll auf – er passt hundertprozentig zu den Vorstellungen des Auftraggebers.

Was heißt das? Wenn die Geschäftsleitung verlangt: »Wir wollen eine Hausmesse im Frühsommer veranstalten«, bedeutet das übersetzt: Endtermin des Projektes ist der 15.06. Die Ansage kommt Anfang des Jahres, also bleiben genau fünf Monate Zeit, um eine solche Hausmesse zu organisieren. Eine unerfahrene Projektleiterin wie Monika unterteilt daraufhin das Projekt in die wichtigsten Etappen und überlegt sich, wie lange die Hauptaufgaben dauern. Und siehe da: Das Projekt geht voll auf! Welch glückliche Fügung!

Nein, das ist keine Fügung, es ist ein Suggestiv-Effekt. Der schriftliche Plan suggeriert hier allen Beteiligten eine Sicherheit, die in Wirklichkeit nicht existiert. Dass die Hausmesse im Sommer stattfindet, besagt lediglich der Plan, den sich die Projektleiterin zurechtgelegt hat. Anstatt sich die fehlende Erfahrung einzugestehen, tendiert sie unbewusst dazu, sich das Projekt schönzurechnen. Die Wahrscheinlichkeit ist deshalb groß, dass die Zeiten unrealistisch geschätzt sind und der Termin für die Hausmesse nicht gehalten werden kann.

Achtung! Ein schriftlicher Plan suggeriert eine hohe Glaubwürdigkeit, die möglicherweise nicht berechtigt ist. Seien Sie vorsichtig, wenn Sie mit Ihrem Projekt Neuland betreten und den Aufwand für die Hauptaufgaben nicht zuverlässig abschätzen können.

Ohne die notwendige Erfahrung können Sie gar nicht überblicken, wie lange die Beteiligten für die einzelnen Arbeitspakete benötigen werden. Wie wollen Sie dann Ihre Meilensteintermine realistisch abschätzen können?

Hinweis: *Die Meilensteinpläne zu den sieben Praxisprojekten finden Sie im Internet in der begleitenden Projektdokumentation unter* www.marioneumann.com/praxis-projekte.

2.2 Der Projektstrukturplan

Alle wichtigen Projektarbeiten auf einen Blick

In Projekten gibt es immer wieder Momente, in denen die Beteiligten stutzen und sich fragen: »Wo ist eigentlich ...?« Oder: »Wer kümmert sich eigentlich um ...?« Plötzlich stellt sich heraus, dass man bestimmte Teilaufgaben schlicht vergessen hat. Wenn es dann auffällt, kann es im schlimmsten Fall zu spät sein.

Matthias ist gerade auf dem Weg zur Arbeit, als ihm der Schrecken in die Glieder fährt. Das hätte nicht passieren dürfen! Nach wochenlangen Tests hat er mit seinem Team zwei vielversprechende Lacke entwickelt. Nun müssen diese Lacke in größerer Menge hergestellt werden, damit der Kunde sie testen kann. Dazu bedarf es einer Misch- und Dosieranlage, welche die verschiedenen Lackkomponenten präzise dosiert und zuverlässig mischt. Normalerweise hätte er diese Charge mit einem Vorlauf von ein bis zwei Wochen in der Produktion anmelden müssen – was er jedoch schlicht vergessen hat. »Hoffentlich«, betet Matthias, »drückt der Produktionsleiter beide Augen zu und schiebt die Mischung meiner Speziallacke irgendwie ein.«

Auch Saskia kämpft mit einer vergessenen Aufgabe. Sie hat eine aufwendige BBC-Dokumentation erworben, die für ihre Themenwoche ins Deutsche übersetzt werden muss. Das erledigt normalerweise eine Agentur, die auf solche Übersetzungen spezialisiert ist. Dummerweise vergaß Saskia, die Agentur rechtzeitig vorzuwarnen. Als sie gestern Abend dort anrief, um den Auftrag zu vergeben, hat ihr Gesprächspartner nur müde gelächelt: Man sei derzeit völlig ausgelastet und könne sich frühestens in drei Wochen darum kümmern. Viel zu spät!

Saskia muss sich jetzt um eine andere Agentur bemühen. Das bedeutet viel Aufwand – ohne die Garantie, dass es dann wirklich schneller geht. Wie sie es dreht und wendet: Sie muss feststellen, dass ihr Projekt ein gewaltiges Terminproblem hat. Und das nur wegen einer kleinen Aufgabe, um die sich jemand hätte rechtzeitig kümmern müssen.

Achtung! Ein Meilensteinplan reicht nicht aus, um sicher durch das Projekt zu navigieren. Es besteht die große Gefahr, wichtige Aktivitäten und Teilaufgaben zu vergessen. Das kann leicht die gesamte Planung zunichte machen.

Der Meilensteinplan hat zwei große Vorteile: Er verschafft einen ersten guten Überblick über das Projekt und er ist einfach zu handhaben. Sein Nachteil liegt jedoch darin, dass der Detaillierungsgrad selbst für kleinere Projekte nicht ausreicht. Dadurch werden wichtige Aktivitäten, Teilaufgaben oder sogar ganze Arbeitspakete leicht übersehen.

Wir benötigen also ein weiteres Instrument, das die erforderlichen Aktivitäten erfasst. Insbesondere wenn Sie mit Ihrem Projekt Neuland betreten und bestimmte Aufgaben noch nie bearbeitet haben, benötigen Sie einen Überblick über die Details. Dazu verhilft Ihnen der *Projektstrukturplan*. Dahinter steht die Idee, das Projekt in kleinere Teile zu gliedern und dann schrittweise weiter zu verfeinern.

Das Herzstück eines Projekts

Der Meilensteinplan liegt vor, nun gehen wir tiefer ins Detail. Wir erfassen jetzt alle notwendigen Aktivitäten, die zur Erreichung der Projektziele notwendig sind. Daraus resultiert der Projektstrukturplan, kurz auch PSP genannt. Er bildet das Herzstück eines jeden Projektes. Seine Funktion ist, das Projekt zu strukturieren und die Arbeit des Teams in überschaubare Aktivitäten zu organisieren. Abbildung 6 zeigt beispielhaft einen Projektstrukturplan mit drei definierten Ebenen.

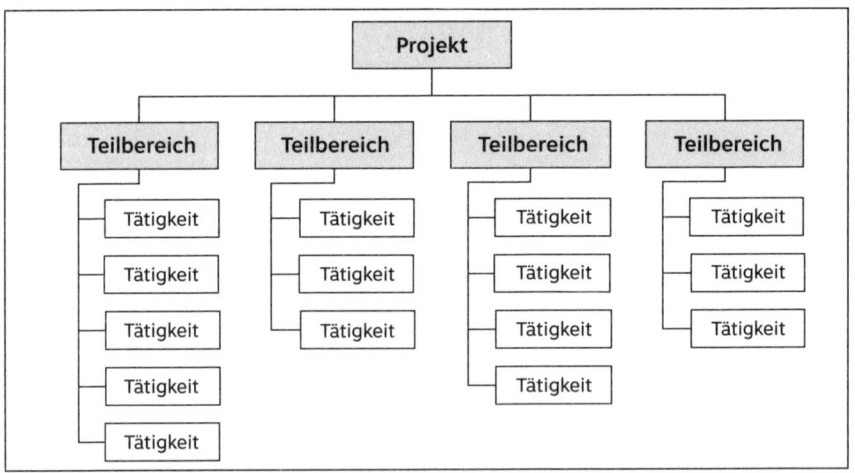

Abbildung 6: Systematik eines Projektstrukturplans

Die erste Ebene fasst das Projekt als Ganzes zusammen, darunter folgen die Teilbereiche (Ebene 2) und die Tätigkeiten (Ebene 3). Indem wir das Projekt auf der dritten Ebene in einzelne Aufgaben, Tätigkeiten und Aktivitäten zerlegen, machen wir es besser plan- und steuerbar.

 Zur Orientierung! Ziel des Projektstrukturplans ist, eine vollständige und strukturierte Übersicht über alle im Projekt anfallenden Aufgaben, Tätigkeiten und Vorgänge zu erhalten.

Erfahrene Projektleiter bezeichnen den Projektstrukturplan gerne als den Plan der Pläne, weil er ihnen in vielerlei Hinsicht nützliche Dienste erweist. Diese Erkenntnis hat sich jedoch in vielen Unternehmen noch nicht herumgesprochen. So kommt es, dass viele Projektleiter auf einen Projektstrukturplan verzichten – vielleicht weil sie den Aufwand scheuen, vielleicht auch, weil sie nicht recht wissen, wie der Plan aussehen soll. Damit vergeben sie die Chance, dem Projekt frühzeitig eine Struktur zu geben, die von allen Beteiligten akzeptiert wird.

Praxistipp! Erstellen Sie den Projektstrukturplan in einem Workshop, zu dem Sie alle Personen einladen, die zu den einzelnen Aktivitäten etwas zu sagen haben. Die Teilnehmer sollten die Aufgabenbereiche des Projekts möglichst komplett abdecken.

Die Systematik von Projektstrukturplänen

Wenn Sie für Ihr Projekt einen Projektstrukturplan aufstellen wollen, müssen Sie sich zunächst für eine Systematik entscheiden, nach der Sie Ihr Projekt gliedern. Dafür gibt es unterschiedliche Möglichkeiten:

- **Gliederung in Teilprojekte:** Diese Variante kommt eher in großen Projekten zum Einsatz. Teilt der Projektleiter sein Großprojekt in Teilprojekte auf, bilden die Teilprojekte automatisch die erste Gliederungsebene seines Projektstrukturplans. Für jedes Teilprojekt entsteht in der Folge dann ein eigener Projektstrukturplan. In Großprojekten können die Projektstrukturpläne sehr umfangreich werden; meist werden dann zusätzliche Gliederungsebenen benötigt.

- Gliederung in Projektphasen: Viele Projektleiter entscheiden sich für eine Strukturierung nach Phasen. Meist lassen sich diese Phasen eins zu eins aus den Etappen des Meilensteinplans ableiten. Diese Form der Gliederung empfiehlt sich insbesondere dann, wenn das Projekt mehrere Projektphasen nacheinander durchläuft. Viele Entwicklungsprojekte durchlaufen klare Projektphasen. Auch Marc, der ein Informationssystem für die Überwachung der Getränkeabfüllung entwickeln soll, unterteilt sein Projekt in Phasen.

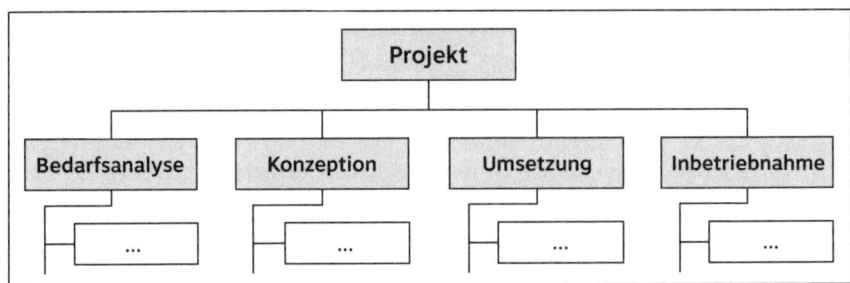

Abbildung 7: Beispiel eines PSP – gegliedert nach Projektphasen

- Gliederung nach Objekten: Wenn das Projektziel ein materieller Gegenstand (zum Beispiel ein Produkt) ist, entscheiden sich Projektleiter häufig für eine Strukturierung nach Objekten, also Teilobjekten des zu realisierenden Gegenstands. Auch Marc hätte für sein Informationssystem eine objektorientierte Systematik wählen können; dann hätte er das Endprodukt – die Software – in zu entwickelnde Teilprodukte gegliedert.

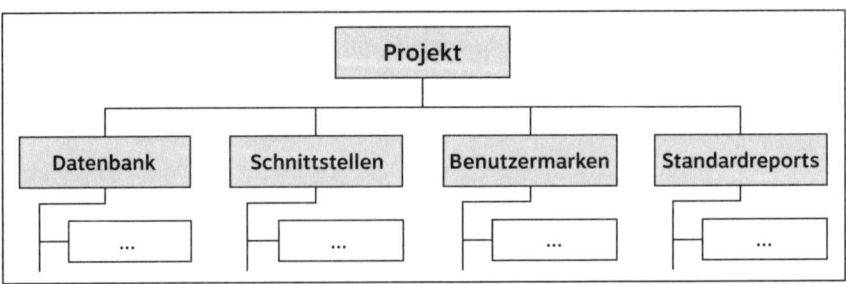

Abbildung 8: Beispiel eines PSP – gegliedert nach Objekten

Abenteuer Projekte

Diese Gliederungsform bietet sich auch an, wenn eine Vielzahl von ähnlich gearteten Objekten auf ähnliche Art und Weise vom Projekt betroffen sind. Thomas ist hier ein gutes Beispiel, der den neuen Lüfter gleich in zehn oder mehr Anlagen verbauen muss: Er könnte jede Anlage als Teilbereich betrachten, für die der Verbau des neuen Lüfters eigenständig organisiert werden muss.

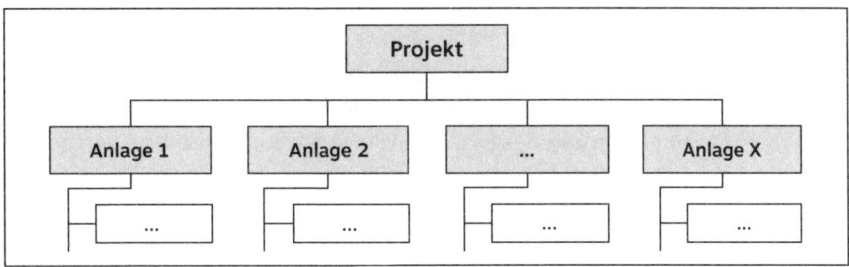

Abbildung 9: Beispiel eines PSP – gegliedert nach Objekten

Nach demselben Schema lässt sich eine Dienstleistung zerlegen. Während bei einer Produktentwicklung das geplante Endprodukt in Teilprodukte geteilt wird, kann man analog dazu bei einem Dienstleistungsprojekt die zu erbringende Leistung nach verschiedenen Teilleistungen organisieren.

- **Gliederung nach Funktionen:** Bei eher abstrakten Projekten, wie beispielsweise Veränderungsprojekten, greifen Projektleiter gerne auf eine Gliederung nach Funktionen – wie etwa Einkauf, Vertrieb, Marketing oder Controlling – zurück. Aufgelistet werden darunter die Tätigkeiten, die auf den jeweiligen Funktionsbereich entfallen.

Kriterium	Teilbereich	Beispiele
Projekt	Teilprojekte	Prozessdesign, Programmierung, Infrastruktur …
Ablauf	Projektphasen	Voruntersuchung, Konzeption, Spezifikation …
Objekte	Teilprodukte	Datenbank, Schnittstellen, Benutzermasken …
Leistung	Teilleistungen	Analyse, Konzeption, Implementierung …
Geographie	Länder, Orte, …	USA, Deutschland, Frankreich, England …
Organisation	betroffene Bereiche	Marketing, Vertrieb, Accounting …
Funktionen	mitwirkende Bereiche	Marketing, Vertrieb, Accounting …
Prozesse	betroffene Prozessschritte	Wareneingang, Produktion, Kommissionierung …
Rollen	beteiligte Personen	Projektleiter, Architekt, Spezialisten …

Abbildung 10: Kriterien zur Gliederung von Projektstrukturplänen

Ein Projektstrukturplan lässt sich nach den unterschiedlichsten Kriterien gliedern. Nach welcher Systematik möchten Sie vorgehen? Sie können eine der genannten Gliederungen (vgl. Abbildung 10) wählen oder eine eigene Systematik finden. Entscheidend ist nur eines: Am Ende müssen durch eine systematische Strukturierung des Projekts alle notwendigen Aktivitäten vollständig erfasst sein.

Praxistipp! Fügen Sie »Projektmanagement« im Projektstrukturplan als eigenen Teilbereich hinzu, um dort sämtliche Projektmanagement-Aktivitäten abzubilden. Dazu gehören Aktivitäten wie die Durchführung des Kick-off-Workshops, die Risikobewertung, die Meilenstein-Meetings oder die Endabnahme.

Aktivitäten haben immer ein Verb

Sobald Sie sich mit Ihrem Team auf eine Struktur verständigt haben, beginnt das Auflisten sämtlicher notwendiger Aktivitäten. Doch Vorsicht, auch dieser Schritt birgt für unerfahrene Projektleiter seine Tücken. Abbildung 11 zeigt einen typischen Projektstrukturplan, der am Ende mehr Probleme schafft als löst.

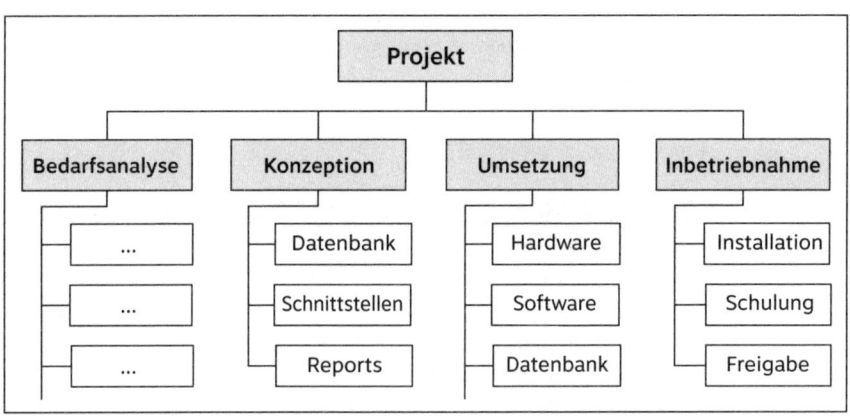

Abbildung 11: Ein Projektstrukturplan mit irreführenden Aktivitäten

Wenn Sie die einzelnen Aktivitäten allein mit Hauptwörtern beschreiben, entstehen schnell Missverständnisse. Wenn da zum Beispiel nur das Stichwort »Hardware«

steht, gehen die einen davon aus, dass sie eine neue gekaufte Hardware installieren müssen, während der Rest des Teams glaubt, die Hardware aufrüsten zu müssen.

Aus dem Projektstrukturplan muss klar hervorgehen, was getan werden muss! Und das geht nur, wenn Sie die Aktivitäten mithilfe von Verben beschreiben. Also statt nur »Hardware« zu notieren, präzisieren Sie: »Hardware gemäß Anforderung aufrüsten«. Hinter einem Hauptwort wie »Hardware« können sich mehrere Aktivitäten verbergen wie etwa:

- Anforderungen an Hardware ermitteln
- Aufrüstteile bestimmen und bestellen
- Hardware gemäß Anforderung aufrüsten
- Funktionstests für Hardware durchführen

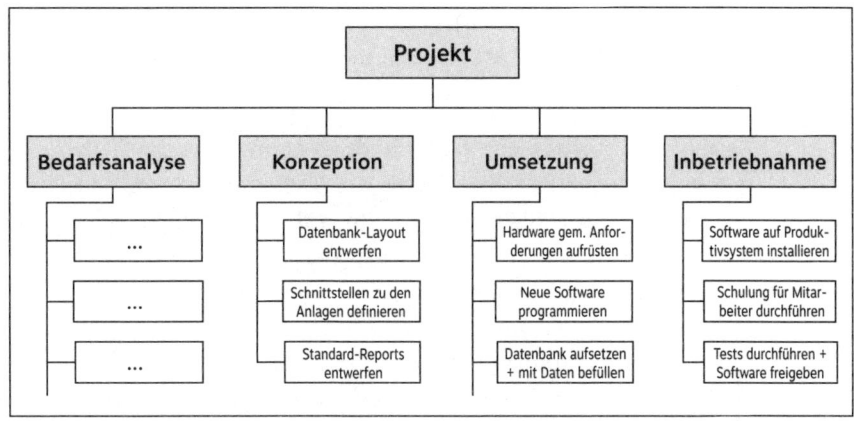

Abbildung 12: Projektstrukturplan mit beschriebenen Aktivitäten

Der Projektstrukturplan in Abbildung 12 beschreibt die Aktivitäten klar und unmissverständlich. Jeder Beteiligte erkennt daraus, was im Einzelnen zu tun ist.

Den richtigen Detaillierungsgrad finden

Erinnern wir uns: Der Projektstrukturplan hat vor allem die Funktion, im Projektverlauf keine wichtige Aufgabe zu übersehen. Es müssen deshalb sämtliche Aktivitäten erfasst werden, die für das Projekt notwendig sind. Doch wie weit muss man dabei ins Detail gehen? Reicht es, wenn Thomas beim Punkt Hardware lediglich »Hardware aufrüsten« schreibt? Oder sollte er die Aktivität weiter aufteilen in Tätigkeiten wie »Anforderungen ermitteln«, »Aufrüstteile bestimmen und bestellen« und »Funktionstests durchführen«?

Um den richtigen Detaillierungsgrad zu finden, haben sich in der Praxis folgende Regeln bewährt:

- *Eine Tätigkeit wird so lange zerlegt, bis nur noch eine Person (oder Personengruppe) damit befasst ist.* Man kann davon ausgehen, dass diese Person dann auch weiß, was zu tun ist. Die einzelnen »Handgriffe«, die zu dieser Tätigkeit gehören, müssen daher nicht mehr aufgeführt werden.
- *Eine Tätigkeit wird zerlegt, wenn sie länger als eine Woche dauert.* Andernfalls wäre die Gefahr zu groß, im Falle eines Problems nicht mehr rechtzeitig gegensteuern zu können. Dauert eine Aktivität vier Wochen, fällt eine Verzögerung möglicherweise auch erst nach vier Wochen auf. Das lässt sich vermeiden, wenn man diese Aktivität in Wochenaktivitäten aufteilt.

Je mehr Aktivitäten wir auflisten, desto geringer ist die Gefahr, etwas zu vergessen. Andererseits sollten Sie bei den Aktivitäten auch nicht zu sehr ins Detail gehen – denn sonst laufen Sie Gefahr, sich zu verzetteln. Folgende Faustformel kann da helfen: Der Projektstrukturplan legt fest, was zu tun ist – und nicht, wie es zu tun ist! Es geht um Arbeitspakete, und nicht um einzelne Handgriffe!

Praxistipp! Egal ob es 30 oder 300 Aktivitäten sind: Die Aktivitätenplanung ist für jedes Projekt eine absolut notwendige Grundlage. Wer den Überblick über sein Projekt behalten will, muss von Anfang an sämtliche Aktivitäten kennen.

Den Projektstrukturplan erarbeiten

Grundsätzlich gibt es zwei Vorgehensweisen, einen Projektstrukturplan zu erarbeiten. Zum einen können Sie von den einzelnen Aktivitäten ausgehen und diese schrittweise zu Teilbereichen zusammenfassen, bis das Projektziel erreicht ist. Dieses Vorgehen eignet sich vor allem für große und schwer überschaubare Projekte.

Zum anderen können Sie auch die umgekehrte Vorgehensweise wählen, die sich bei kleineren Projekten oder Teilprojekten bewährt hat: Sie gehen vom Projektziel aus und überlegen, was im Einzelnen getan werden muss. Daraus ergeben sich die Teilbereiche auf der zweiten Ebene und schließlich die Definition der Aktivitäten auf der untersten Ebene.

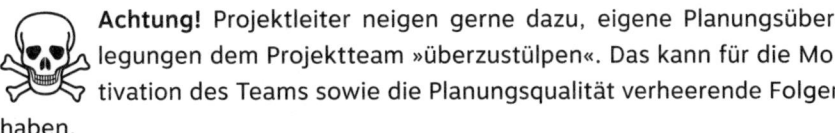 **Achtung!** Projektleiter neigen gerne dazu, eigene Planungsüberlegungen dem Projektteam »überzustülpen«. Das kann für die Motivation des Teams sowie die Planungsqualität verheerende Folgen haben.

Der Projektstrukturplan sollte nicht im stillen Kämmerlein entstehen, sofern Sie nicht mit Ihrem Projekt als Einzelkämpfer unterwegs sind. Vielmehr bietet er eine gute Gelegenheit, die beteiligten Akteure an einen Tisch zu holen und das Projekt gemeinsam zu planen. Teilnehmen sollten vor allem die Experten aus den Fachbereichen, um das notwendige fachliche Know-how zu einzelnen Teilaspekten zu erhalten. Achten Sie darauf, dass die Workshop-Teilnehmer die Aufgabenbereiche des Projekts möglichst komplett abdecken.

Praxistipp! Erstellen Sie den Projektstrukturplan gemeinsam mit Teammitgliedern und Fachexperten. So lernen alle den »Plan der Pläne« kennen und verfügen über den gleichen Wissensstand. Je früher die Beteiligten in die Planung einbezogen werden, desto größer ist die Chance, einen realistischen Plan aufzustellen.

Nutzen Sie während des Workshops eine Pinnwand und Post-it-Notes oder Metaplan-Karten, um die Erstellung des Plans zu visualisieren. Auf jeder Karte wird eine Aktivität notiert. Die Karten können auf Zuruf geschrieben und direkt den Teilbereichen zugeordnet werden. Die Post-it-Notes oder Metaplan-Karten lassen sich jederzeit ändern oder neu zuordnen. So entsteht in der Interaktion der Beteiligten schnell ein erster solider Projektstrukturplan.

Vermeiden Sie Diskussionen um konkrete Lösungen. Vor allem unter Technikern und Ingenieuren besteht die Neigung, vorschnell in technischen Lösungen zu denken. Dabei besteht die Gefahr, viel zu früh und mit den falschen Mitarbeitern über technische Detailfragen zu sprechen.

Praxistipp! Achten Sie darauf, dass bei der Erstellung des Projektstrukturplans vorrangig über das Was und nicht das Wie gesprochen wird, um erst einmal die erforderlichen Arbeitspakete zu identifizieren. Die konkreten technischen Lösungen werden dann später innerhalb der Arbeitspakete entwickelt.

Hinweis: *Die einzelnen Projektstrukturpläne zu den sieben Praxisprojekten finden Sie in der begleitenden Projektdokumentation im Internet unter* www.marioneumann.com/praxis-projekte.

2.3 Der Ablaufplan

Alle Tätigkeiten in der richtigen Reihenfolge

Selbst in kleineren Projekten kommt man schnell auf eine stattliche Anzahl von Aktivitäten. In der Hektik des Arbeitsalltags kann es dann schnell passieren, dass eine Tätigkeit nicht rechtzeitig abgeschlossen wird. Dadurch werden andere Tätigkeiten ausgebremst, weil sie vom Ergebnis jener Tätigkeit abhängig sind. Im schlimmsten Fall entsteht eine Art »Schneeballeffekt« – eine Verzögerung zieht die nächste nach sich. Bis vor ein paar Minuten dachte Monika, sie habe die Vorbereitung ihrer Hausmesse im Griff. Doch jetzt hat eine Mail aus dem Einkauf alles durcheinandergebracht. Plötzlich steht sie gewaltig unter Druck – und muss sich um Dinge kümmern, die eigentlich noch gar nicht auf ihrer Agenda standen.

Was ist geschehen? Dank des Projektstrukturplans hat Monika alle wichtigen Projektarbeiten im Blick. Dazu gehört zum Beispiel, dass sie für die Ausstattung der Räumlichkeiten einen Messebauer beauftragen muss. Klar ist auch, dass sie ein Raumkonzept vorlegen muss, das der Messebauer dann umsetzt. So weit, so gut. Eines geht aus dem Plan jedoch nicht hervor: Der Einkauf braucht dieses Raumkonzept schon jetzt, damit er mit der Ausschreibung beginnen kann. Genau diese Mitteilung hat Monika soeben aus der Einkaufsabteilung erhalten.

Vorbei ist es mit dem Gefühl, das Projekt im Griff zu haben! Mit heißer Nadel strickt Monika ein Raumkonzept, nur damit der Einkauf agieren kann.

Achtung! Der Projektstrukturplan allein reicht nicht aus, um sicher durch das Projekt zu navigieren. Die große Gefahr liegt darin, die Abhängigkeiten zwischen den einzelnen Tätigkeiten nicht zu beachten – was massive Auswirkungen auf den Zeitplan haben kann.

Der Projektstrukturplan gliedert das Projekt in einzelne Teilbereiche und führt alle zur Zielerreichung notwendigen Aktivitäten auf. Nun geht es darum, die einzelnen Aktivitäten in die richtige Reihenfolge zu bringen. Das Werkzeug hierfür ist der Ablaufplan.

Im Kern geht es darum, die logischen und sachlich erforderlichen Abhängigkeiten zu ermitteln:

- Welche Aktivitäten können unabhängig voneinander durchgeführt werden?
- Welche Aktivitäten sind unmittelbar Voraussetzungen für Folgeaktivitäten?
- Welche Tätigkeiten können parallel abgearbeitet werden?

Um den Ablaufplan zu erstellen, recherchiert der Projektleiter in enger Zusammenarbeit mit den Fachleuten die Abhängigkeiten und Randbedingungen der geplanten Arbeiten. Das Team bestimmt, welche Aktivitäten sequenziell ablaufen und welche unabhängig voneinander parallel stattfinden können. Das setzt natürlich fachliches Know-how zu den einzelnen Aktivitäten voraus.

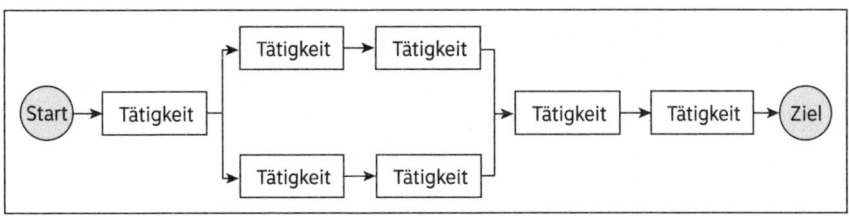

Abbildung 13: Systematik eines Ablaufplans

Der Begriff »Ablaufplan« ist in der Literatur nicht eindeutig definiert. Vielfach wird er als eine vereinfachte Form der sogenannten Netzplantechnik beschrieben. Er folgt damit den Regeln der Netzplantechnik, die im Folgenden kurz zusammengefasst sind:

- Abhängigkeiten werden durch Pfeile dargestellt, vorzugsweise von links nach rechts.
- Ein Vorgang (Tätigkeit) kann mehrere Vorgänger und/oder Nachfolger haben.
- Ein Ablaufplan darf – im Gegensatz zu Prozessdiagrammen – keine Schleifen enthalten, das heißt, es darf keine Verzweigungen zu bereits absolvierten Punkten des Ablaufplans geben.
- Der Ablauf vom Projektstart (Startknoten) bis zum Projektende (Zielknoten) darf nicht unterbrochen sein, das heißt, es darf keine Sackgassen geben.

Praxistipp! Für die Visualisierung eignen sich wieder Pinnwand und Karten. Nehmen Sie sich Ihren Projektstrukturplan zur Hand und ordnen Sie die dort verwendeten Karten neu an. Verbinden Sie die einzelnen Aktivitäten mit Pfeilen. Aus dieser Übung ergibt sich fast von selbst ein Ablaufplan, der den Verlauf des Projektes grafisch dokumentiert.

Monika hat aus ihrem Debakel mit dem Raumkonzept gelernt und erstellt auch einen Ablaufplan. Nun erkennt sie: Eine Vielzahl von Einzelaktivitäten müssen koordiniert werden, damit alles zur rechten Zeit am rechten Ort ist. Schauen wir uns dazu aus ihrem Ablaufplan einen kleinen Ausschnitt an, in dem sie die Aktivitäten aus dem Teilbereich »Einladungen« und deren Beziehungen zueinander dargestellt hat:

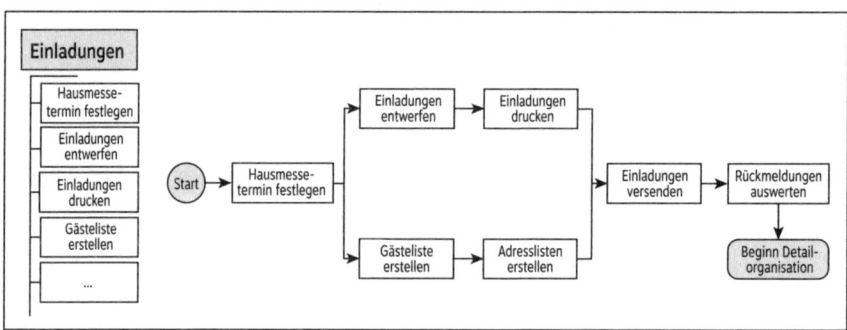

Abbildung 14: Ausschnitt eines beispielhaften Ablaufplans

Monikas Planung gewinnt enorm an Übersicht. Sie sieht nicht nur, was getan werden muss. Jetzt erkennt sie auch, in welcher Reihenfolge die einzelnen Aktivitäten abgearbeitet werden müssen und welche Abhängigkeiten zu berücksichtigen sind. Sobald der Termin für die Hausmesse festgelegt ist, so zeigt der Ablaufplan (siehe Abbildung 14), können die Einladungen entworfen und anschließend in der Druckerei produziert werden. Parallel dazu kann der Vertrieb damit beginnen, eine Gästeliste zu erstellen. Im nächsten Schritt kann die Vertriebsassistenz daraus die Adressliste zusammenstellen, die für den Seriendruck der Anschreiben benötigt wird. Sind die Einladungen gedruckt und die Adressliste vorbereitet, kann der Versand der Einladungen folgen.

Es sei an dieser Stelle erwähnt, dass es die Netzplantechnik gar nicht gibt, sondern dass davon mehrere Varianten existieren. Wir beschränken uns auf einen Ablaufplan, der die zeitlichen und logischen Abhängigkeiten unserer Aktivitäten darstellt. Die aufwendigeren Varianten würden es erlauben, eine Fülle an Berechnungen anzustellen – was jedoch für kleinere oder mittelgroße Projekte überdimensioniert wäre und die Planung unnötig verkomplizieren würde. Außerdem führt man solche Berechnungen, wenn sie denn überhaupt notwendig sind, besser mit einer Projektmanagement-Software durch.

Die Meilensteine richtig setzen

Der Begriff »Meilenstein« taucht im Projektmanagement sehr häufig auf. Zu Recht: Meilensteine sind wichtige Kontrollpunkte im Projektverlauf. Oft werden sie auch als Prüfpunkte bezeichnet, weil sie eine gute Möglichkeit bieten, den Projektfortschritt festzustellen.

Meilensteine stehen meist am Ende einer Projektphase und dokumentieren damit das Erreichen eines bestimmten Zwischenergebnisses (zum Beispiel »Pflichtenheft liegt vor«). Ebenso können sie die Startbedingung für wichtige Arbeitsschritte sein (zum Beispiel »Vorbereitungen abgeschlossen«). Darüber hinaus können auch innerhalb einer Projektphase Meilensteine gesetzt werden.

Natürlich ist es denkbar, alle Phasen und Aktivitäten eines Projektes einfach nacheinander abzuarbeiten und gar keine Meilensteine zu setzen. In der Regel sind Meilensteine jedoch sehr sinnvoll, weil sie zeitnah Abweichungen vom Plan erkennen lassen. Sehen wir uns dazu das Beispiel von Monika an. Sie hat nun in ihrem Ablaufplan die Meilensteine eingezeichnet. In dem Ausschnitt, der den Versand der Einladungen zur Hausmesse dokumentiert, sind es die drei Meilensteine »Einladungsprozess starten«, »Einladungen versendet« und »Beginn Detailorganisation« (siehe Abbildung 15).

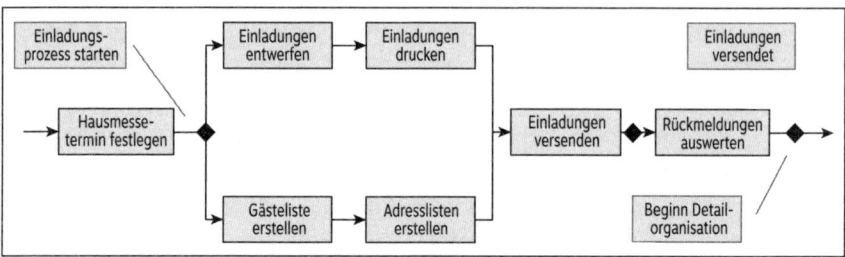

Abbildung 15: Ablaufplan mit beispielhaften Meilensteinen

Wie das Beispiel verdeutlicht, stellen die Meilensteine Kontrollpunkte dar und strukturieren den Ablauf. Bevor etwa der Einladungsprozess beginnt, soll der Termin für die Hausmesse festgelegt sein. Um diesen Ablaufschritt sicherzustellen, baut Monika dahinter den Meilenstein »Einladungsprozess starten« in ihren Ablaufplan ein. Damit ist klar: Mit dem Entwurf der Einladungen und dem Erstellen der Gästeliste wird erst begonnen, wenn die zurückliegenden Aktivitäten erledigt sind, also der Messetermin festgelegt ist. Erst dann darf der Meilenstein passiert werden.

Meilensteine sind Zeitpunkte, drücken also niemals eine Zeitdauer aus. Während Aktivitäten und Tätigkeiten eine bestimmte Zeit dauern, stellen Meilensteine Ereignisse oder Kontrollpunkte dar. »Einladungen versenden« ist in Monikas Ablaufplan eine Aktivität, ein Vorgang, der eine gewisse Zeit braucht. »Einladungen versendet« ist dagegen ein Ereignis. Ein Kontrollpunkt, an dem geprüft werden kann, ob die Einladungen auch wirklich alle versendet wurden.

Während der Vorbereitung der Hausmesse hat es Monika mit einer Vielzahl von Phasen und Arbeitspaketen zu tun. Der Ablaufplan mit den Meilensteinen hilft ihr, hier den Gesamtüberblick zu behalten. Anhand der Meilensteine kann sie laufend überprüfen, ob sie zeitlich gut im Plan liegt: Werde ich den nächsten Meilenstein erreichen? Wenn nicht, welche Auswirkung hat das auf die folgenden Projektphasen?

Praxistipp! Meilensteine sind wichtig, doch übertreiben Sie es nicht! Nur an wirklich wichtigen Prüfpunkten sollte ein Meilenstein stehen. Achten Sie darauf, nicht hinter jede Tätigkeit einen Meilenstein zu setzen.

Meilensteine sind wichtige Wegmarken. Vor allem wenn sie den Abschluss einer Projektphase signalisieren, stehen auch sehr grundsätzliche Fragen an: Bekommen Sie als Projektleiter die Freigabe? Wird das Projekt weitergeführt? Oder muss neu geplant werden? Welche Alternative wird weiterverfolgt?

Praxistipp! Meilensteine geben nicht nur Struktur, sie können auch motivierend für alle Beteiligten sein. Wer freut sich nicht, wenn ein Meilenstein zum geplanten Termin erreicht wurde? Arbeiten Sie nicht auch ab und zu ein wenig härter, wenn eine Deadline ansteht?

Hinweis: *Die einzelnen Ablaufpläne zu den sieben Praxisprojekten finden Sie in der begleitenden Projektdokumentation im Internet unter* www.mario-neumann.com/praxis-projekte.

2.4 Die Kunst der Schätzung

Kosten und Termine in den Griff bekommen

Es ist der spannendste und zugleich gefährlichste Moment in jedem Projekt: die Feststellung des voraussichtlichen Aufwands. Spannend deshalb, weil so manchem Auftraggeber die Gesichtszüge entgleiten, wenn er erfährt, wie aufwendig die Umsetzung seiner ach so tollen Idee ist. Und gefährlich, weil dem Projektleiter plötzlich klar wird, wie unrealistisch womöglich die Terminvorgaben seines Auftraggebers sind.

»Wie viel Zeit brauchst du dafür?«, fragt Katharina. »Hm, ich schätze so circa 20 Stunden«, überlegt Timo. Die Rede ist von Katharinas Projekt der Zeitdatenerfassung. Ihrem Kollegen Timo hat sie eine wichtige Teilaufgabe übertragen: Gemeinsam mit allen Teamleitern des Unternehmens soll er die wichtigsten Projekt- und Tätigkeitsarten auflisten und daraus ein Datenmodell entwickeln. »Es ist Mitte Januar und Timo veranschlagt 40 Stunden«, denkt Katharina, »bis Ende Februar sollte das zu schaffen sein.« Also vereinbart sie mit ihm die Lieferung des Datenmodells bis Ende Februar.

»Jede Menge Zeit«, denkt auch Timo. Er schiebt die Arbeit hinaus und macht sich erst am 3. Februar daran. Was er nicht bedacht hat: Im Februar ist Karneval und an den närrischen Tagen geht im Unternehmen nichts. Außerdem hat er sich zu einem dreitägigen Seminar angemeldet, das er ungern absagen möchte. Da er für das Projekt nur etwa zwei Stunden am Tag Zeit hat, gerät er in Zeitnot. Ende Februar gesteht er Katharina, dass er leider nicht rechtzeitig fertig wird. »Das darf doch wohl nicht wahr sein!?« Die Projektleiterin ist außer sich. »Du hattest sechs Wochen Zeit. Und jetzt besitzt du die Frechheit, mir Ende Februar mitzuteilen, dass du diese lächerlichen 40 Stunden nicht unterbringen konntest?«

Der Fall ist typisch. In Projekten ist man mit Terminen schnell bei der Hand. »Schafft ihr das bis Ende des Jahres?« – »Ja, ja, kein Problem.« Das ist leicht dahingesagt – und öffnet dem Fiasko Tür und Tor. Viele dieser Termine sind in Wirklichkeit unrealistisch und stürzen das Projekt in Schwierigkeiten.

Terminpläne vermitteln eine trügerische Sicherheit. Die Deadline ist noch so weit weg. Unter den Beteiligten herrscht das Gefühl, jede Menge Zeit zu haben. Sie versäumen es, die entscheidende Frage zu stellen: »Wann muss ich spätestens loslegen, damit ich pünktlich fertig werde?«

Diese Frage nicht zu beantworten ist gerade bei kleineren und mittleren Projekten besonders gefährlich. Die Beteiligten haben ja weiterhin ihr laufendes Geschäft, die Projektarbeit läuft daher nur nebenbei. Im Schnitt bleiben dann für das Projekt vielleicht noch ein oder zwei Stunden pro Tag. Hinzu kommen Tage, die ganz ausfallen – zum Beispiel aufgrund von Geschäftsreisen oder Urlaub. Wenn man das alles berücksichtigt, kann es verblüffend lange dauern, bis eine harmlos klingende 20-Stunden-Aufgabe erledigt ist.

Beispiel Timo. Da er sich täglich nur zwei Stunden ums Projekt kümmern kann, benötigt er für sein auf 40 Stunden veranschlagtes Arbeitspaket bereits 20 Arbeitstage – also den ganzen Februar. Wenn er dann noch die närrischen Tage und sein dreitägiges Seminar berücksichtigt, müsste er bereits acht Tage vor dem 1. Februar mit seiner Tätigkeit beginnen.

Konkret heißt das: Wenn Timo am 3. Februar mit der Projektarbeit anfängt und glaubt, »locker« bis Ende Februar fertig zu werden, hinkt er in Wirklichkeit dem Terminplan bereits um satte zwei Wochen hinterher. Um pünktlich fertig zu werden, hätte er unmittelbar nach dem Gespräch mit Katharina beginnen müssen!

Achtung! Terminprobleme liegen meistens nicht an zu engen Terminvorgaben, sondern an einer mangelhaften Terminplanung. Viele Projektbeteiligte machen sich nicht klar, wann sie loslegen müssen, um mit ihrer Projektaufgabe pünktlich fertig zu werden.

Wie lässt sich einschätzen, ob ein Termin tatsächlich eingehalten werden kann? Viele Experten empfehlen hierzu Netzplantechniken. Das führt dann oft dazu, dass ziemlich wilde Berechnungen angestellt werden – und das alles nur, um am Ende diverser Zahlenkolonnen mathematisch festzustellen, ob der Termin für eine Aktivität gehalten werden kann oder nicht. In kleineren und mittleren Projekten bedeutet dieses Vorgehen, mit Kanonen auf Spatzen zu schießen. Außerdem kann alle Mathematik nicht das Grundproblem lösen, den notwendigen Aufwand richtig zu schätzen.

Aufwand und Dauer unterscheiden

Was viele Projektbeteiligte nicht wissen: Eine wesentliche Ursache für die Terminprobleme liegt darin, dass sie eine feine, aber wichtige Unterscheidung übersehen – nämlich die Unterscheidung zwischen Aufwand und Dauer einer Aufgabe.

Achtung! Es ist eine alte PM-Weisheit: Wer Dauer und Aufwand nicht unterscheidet, läuft Gefahr, mit seinen Aktivitäten zu spät zu starten. Oft glauben die Beteiligten, »locker« bis zum vereinbarten Termin fertig zu werden, obwohl sie de facto schon meilenweit dem Plan hinterherhinken. Zurück zu Katharinas Projekt. Ihr Mitarbeiter Timo hat schlicht unterschätzt, dass er für eine Tätigkeit von 40 Stunden volle sechs Wochen braucht. Der Zeitaufwand von 40 Stunden scheint ihm problemlos machbar, an die Dauer der Aufgabe verschwendet er jedoch keinen Gedanken. Ein sehr häufiger Fehler!

Dauer und Aufwand sind nur dann gleich, wenn der Bearbeiter keine anderen Verpflichtungen hat und sich ohne jede Ablenkung der Aufgabe widmet. Das ist natürlich unrealistisch – in der Realität ist die Dauer einer Tätigkeit viel größer als der kalkulierte Aufwand. Wie gesagt: Wenn Urlaub, Geschäftsreisen oder Seminare berücksichtigt werden, kann aus 40 Stunden Aufwand schnell eine Dauer von fünf bis sechs Wochen werden. Jeder Projektmitarbeiter muss sich daher genau überlegen, wann er spätestens mit einer Aufgabe beginnen muss, damit er pünktlich fertig wird.

Kleine und mittlere Projekte finden meist zusätzlich zum normalen Tagesgeschäft statt, das heißt, die Projektarbeit ist oft so etwas wie ein besserer Nebenjob. Bevor ein Projektmitarbeiter Dauer und Aufwand abschätzt, sollte er sich deshalb erst einmal klarmachen, wie viel Zeit am Tag ihm für Projektarbeit überhaupt zur Verfügung steht. Das Ergebnis ist oft sehr überraschend: Da erstreckt sich dann eine Aufgabe von wenigen Stunden über einen Zeitraum von Tagen, vielleicht sogar Wochen.

In der Praxis bleibt es oft bei der Schätzung des Aufwands – an die Dauer wird nicht gedacht. Wie im Beispiel von Timo geraten viele Projektmitarbeiter dadurch in Verzug, noch ehe sie ihre Aufgabe überhaupt anpacken. Wenn die Termine dann näher rücken, verfallen sie in Hektik und versuchen, auf den letzten Drücker noch irgendein Ergebnis zu erzielen. Ein erfahrener Projektleiter weiß um diese Problematik: Er weist seine Teammitglieder nicht nur auf den Endtermin einer Aufgabe hin, sondern auch auf den spätestmöglichen Anfangszeitpunkt.

Praxistipp! Geben Sie für eine Tätigkeit stets Aufwand und Dauer an – den Aufwand in Stunden, die Dauer in Arbeitstagen. So stellen Sie sicher, den Unterschied zwischen Aufwand und Dauer immer zu beachten.

Weitere Risiken für die Terminplanung

Die Gleichsetzung von Aufwand und Dauer ist ein Kardinalfehler, der sich im Grunde leicht vermeiden lässt. Man muss sich den Unterschied nur einmal klarmachen! Daneben leiden Terminpläne immer wieder noch unter einigen weiteren Faktoren:

- Schätzungen sind politisch bestimmt, um ein Projekt zu verhindern oder zu fördern.

- Der Aufwand wird zu niedrig angesetzt, um den Projektauftrag überhaupt zu bekommen.
- Der Projektleiter gibt aus Angst vor dem Auftraggeber eine Schätzung ab, die diesem gefällt.
- Mangelnde Fachkenntnisse und menschliche Faktoren wie übertriebener Optimismus oder Pessimismus beeinträchtigen die Qualität der Aufwandsschätzung.

Aufwand und Dauer richtig abschätzen

Wie können Sie die Dauer für ein Arbeitspaket einfach und doch zuverlässig ermitteln? Klar ist: Das kann keine Angelegenheit zwischen Tür und Angel sein. Vielmehr erfordert es Einzelgespräche mit Mitarbeitern, welche die jeweilige Tätigkeit wirklich einschätzen können.

Die folgende Übersicht beschreibt eine in der Praxis bewährte Vorgehensweise. Sie illustriert zugleich, wie Katharina durch das Gespräch hätte führen können. Aufwand und Dauer von Timos Arbeitspaket wären auf diese Weise deutlich geworden – das Terminproblem hätte sich vermeiden lassen.

Checkliste 2: **Aufwand schätzen, Dauer ermitteln**

Historische Erfahrung

Wie groß war der Aufwand bei ähnlichen Projekten? Was sagen Experten dazu?
Im letzten Projekt hat eine vergleichbare Aktivität beispielsweise 5 Tage à 6 Stunden gebraucht (= 30 Std.).

Projektbezogene Variablen

Was ist in diesem Projekt anders? Welche Faktoren erhöhen den Aufwand zusätzlich?
Die Aktivität ist in diesem Projekt etwas komplizierter geworden als im letzten Projekt. Daher erscheinen 1/3 Zuschlag (+ 10 Std.) angemessen.

Aufwand	Wie hoch schätzen Sie den Zeitaufwand, den ein durchschnittlicher Mitarbeiter braucht, der zu 100 Prozent produktiv nur an dieser einen Aktivität arbeitet?

Aufwand

Wie hoch schätzen Sie den Zeitaufwand, den ein durchschnittlicher Mitarbeiter braucht, der zu 100 Prozent produktiv nur an dieser einen Aktivität arbeitet?

Insgesamt: 30 Std. + 10 Std. = 40 Std.

Projektbezogene Variablen

Wie wirken sich Erfahrung, Fähigkeiten, Produktivität und Verfügbarkeit des Mitarbeiters auf die Dauer der Aktivität aus? Was wirkt sich noch auf die Dauer der Aktivität aus?

Mitarbeiter Timo hat eine mittlere Erfahrung, daher kann der Standardwert angenommen werden. Timo arbeitet zurzeit jedoch an drei Projekten gleichzeitig. Daher stehen ihm effektiv nur 2 Stunden pro Tag für die Aktivität zur Verfügung.

Wie viele Arbeitstage wird es dauern, bis der Mitarbeiter die Aufgabe erledigt hat?

Mitarbeiter Timo braucht voraussichtlich 20 Arbeitstage zur Erledigung dieser Aufgabe, vorausgesetzt, ihm stehen 2 Stunden pro Tag für das Projekt wirklich zur Verfügung.

Umweltbezogene Variablen

Wie wirkt sich der persönliche Kalender des Mitarbeiters auf die Dauer aus? Wie steht es um Besprechungen, Urlaube oder Weiterbildungen, die berücksichtigt werden müssen?

An den närrischen Tagen geht im Unternehmen nur wenig, auch Timo ist im Karneval aktiv. Damit fallen fünf Tage weg. Außerdem hat Timo im Februar drei Tage Seminar. Damit verlängert sich die Dauer um weitere acht Tage.

Dauer

Wie viele Arbeitstage muss der Mitarbeiter einplanen, um rechtzeitig fertig zu werden?

Der Mitarbeiter Timo sollte 28 Arbeitstage vor der Deadline spätestens mit der Erledigung der Aufgabe beginnen.

Praxistipp! Erfragen Sie Schätzwerte niemals zwischen Tür und Angel. Vereinbaren Sie stattdessen einen Termin, um die Schätzungen im Einzelgespräch mit den Betroffenen vorzunehmen. Indem Sie Ihre Projektmitarbeiter an der Aufwandsschätzung beteiligen, erhalten Sie bessere Ergebnisse: Wer den Aufwand seiner Aufgabe selbst mitschätzt, bemüht sich um realistische Werte und ist motiviert, eine Punktlandung zu schaffen.

Variable Dauer – statische Dauer

Ein Kollege, dessen trockenen Humor ich sehr schätze, brachte es einmal auf den Punkt: »Ein Kind wird nicht schon nach einem Monat geboren, nur weil du neun Frauen gleichzeitig schwängerst.« Dieser Vergleich bringt die Krux einer guten Planung auf den Punkt: Es gibt Aktivitäten, die eine statische Dauer haben. Der vierstündige Kickoff-Workshop dauert nun einmal vier Stunden, egal wie viele Kollegen daran teilnehmen. Vermutlich dauert er sogar länger, wenn er allzu viele Teilnehmer hat – aber das nur am Rande.

Achten Sie bei der Planung auf Aktivitäten mit einer statischen Dauer. Diese Aktivitäten lassen sich nicht beschleunigen, auch nicht durch den Einsatz zusätzlicher Ressourcen. Häufig hängt die Dauer dieser Aktivitäten auch von Faktoren ab, die Sie nicht beeinflussen können – was für das Projekt ein gewisses Risiko birgt. Zum Beispiel wird sich die Lieferzeit für ein Produkt nicht dadurch verringern, dass Sie das Produkt bei mehreren Lieferanten gleichzeitig bestellen (was natürlich völliger Blödsinn wäre). Die Lieferzeit beschleunigt sich auch nicht, wenn Sie zusätzliches Personal dafür einsetzen. Kurzum: Die Lieferzeit ist statisch und kann von Ihnen kaum beeinflusst werden.

Ganz anders bei Aktivitäten mit einer variablen Dauer. Hier können Sie die Dauer beeinflussen. Wenn Sie mit Spitzhacke und Schaufel eine Baugrube ausheben, können Sie den Vorgang beschleunigen, indem Sie zusätzliche Leute engagieren. Oder im Beispiel von Monikas Hausmesse: Je mehr Mitarbeiter sie dazu bewegt, bei der Organisation der Messe mitzuhelfen, desto zügiger wird sie bei verschiedenen Aktivitäten vorankommen.

Für jede Aktivität Aufwand und Dauer schätzen

Es ist eine unangenehme und mühsame Aufgabe – doch sie muss im Rahmen der Projektplanung erledigt werden: Für jede Aktivität im Ablaufplan müssen Sie Aufwand und Dauer schätzen. Nur so erhalten Sie eine zuverlässige Terminplanung.

Beantworten Sie also für jede Aktivität folgende Fragen:

- Wie viel Zeitaufwand muss man in die Aktivität stecken, um sie abzuarbeiten?
- Wie lange dauert es, bis die Aktivität erledigt ist?

Nehmen Sie sich nun Ihren Ablaufplan vor und ergänzen Sie bei jeder Tätigkeit die geschätzten Angaben zu Aufwand (in Stunden) und Dauer (in Arbeitstagen):

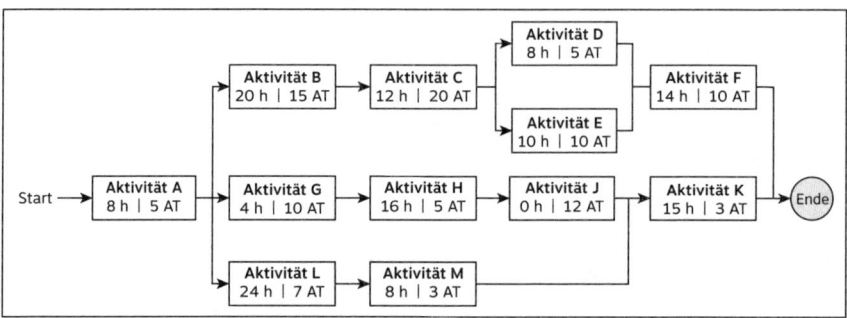

Abbildung 16: Erweiterter Ablaufplan mit Angaben zu Aufwand und Dauer

Praxistipp! Schätzung bleibt Schätzung! Auch bei größter Sorgfalt sind die Ergebnisse doch nur Schätzwerte. Der Lauf der Dinge hält sich nicht zwingend an Ihre Prognosen. Sehen Sie die Plandaten als eine »Abschätzung der Zukunft« – und rechnen Sie mit Abweichungen.

Vertrauen Sie nicht blind auf den geschätzten Verlauf – und sehen Sie deshalb an kritischen Stellen des Ablaufs Puffer und Notfallpläne vor.

Wo sind diese kritischen Stellen? Sie liegen entlang des sogenannten »kritischen Pfades«. Der »kritische Pfad« ist der Weg durch den Ablaufplan mit der längsten Dauer vom Projektstart bis zum Projektende. Er bestimmt die Gesamtdauer des Projekts; Verzögerungen schlagen hier direkt auf die Gesamtdauer des Projekts durch. Die Aktivitäten aller anderen Pfade verfügen hingegen automatisch über eine gewisse Pufferzeit. Hier können Verspätungen auftreten, ohne dass sie die gesamte Projektdauer beeinflussen.

Rechnen Sie also alle möglichen Pfade vom Beginn bis zum Ende durch. Welcher dauert am längsten? Damit haben Sie den kritischen Pfad ermittelt (siehe Abbildung 17).

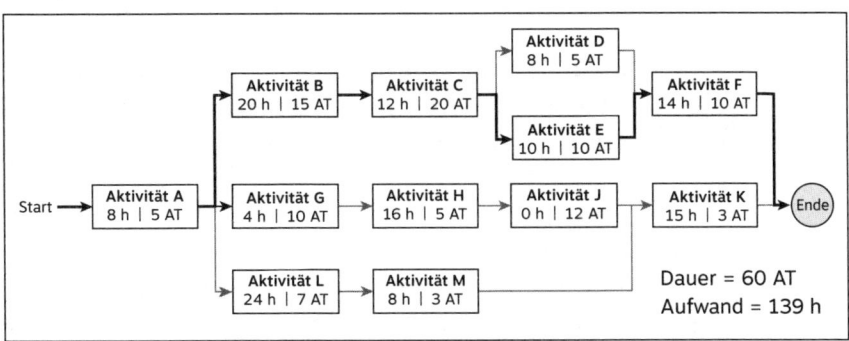

Abbildung 17: Ablaufplan mit Angaben zum kritischen Pfad

Die Aktivitäten auf dem kritischen Pfad haben allesamt keine zeitliche Reserve. Soll die geplante Projektdauer nicht gefährdet werden, müssen sie pünktlich fertig werden. Jeder Vorgang, der hier länger als geplant dauert, verlängert die Projektdauer. Benötigt das Projektteam für einen kritischen Vorgang beispielsweise einen Tag mehr, als ursprünglich vorgesehen, verzögert sich zwangsläufig das gesamte Projekt um einen Tag. Umgekehrt gilt: Schaffen Sie es, bei den kritischen Vorgängen Zeit einzusparen, können Sie die Laufzeit des gesamten Projektes verkürzen.

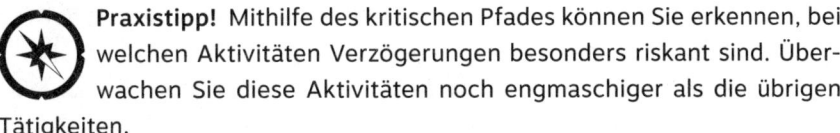 **Praxistipp!** Mithilfe des kritischen Pfades können Sie erkennen, bei welchen Aktivitäten Verzögerungen besonders riskant sind. Überwachen Sie diese Aktivitäten noch engmaschiger als die übrigen Tätigkeiten.

Schönwetterplanung vermeiden – Puffer einbauen

Eine Planung sollte stets realistisch und nachvollziehbar sein. Jeder erfahrene Projektleiter weiß aber auch, dass die Dinge nie exakt nach Plan verlaufen werden. Lieferschwierigkeiten, Krankheitsfälle, widrige Bedingungen, menschliches Versagen – das Projektabenteuer birgt jede Menge Überraschungen. In solchen Situationen kann ein gewisser Zeitpuffer Gold wert sein. Es hat sich daher bewährt, insbesondere vor wichtigen Meilensteinen eine Reserve einzuplanen, um Unvorhergesehenes abzufangen und so den Meilenstein trotzdem termingerecht erreichen zu können.

Praxistipp! Bauen Sie gezielt Puffer ein, und zwar an den Stellen, an denen Ihnen Verzögerungen am meisten wehtun. Nur so verhindern Sie, dass Sie Ihren Projektplan schon bei kleinen Schwierigkeiten gefährden.

Angenommen, Katharina möchte das Konzept, das Timo für sie ausarbeiten soll, an einem Freitag der Geschäftsführung präsentieren. Dann wäre es fahrlässig, das Ende von Timos Arbeitspaket für Donnerstag festzulegen. Denn sollte sich Timo dann auch nur um einen Tag verspäten, könnte sie die Präsentation nicht halten und würde sich vor der Geschäftsführung bis auf die Knochen blamieren.

Also »puffert« Katharina im Vorfeld alle Tätigkeiten, die den Präsentationstermin gefährden könnten. Statt einer Bearbeitungsdauer von 20 Tagen plant sie für Timos Arbeitspaket 24 Tage ein. Dann hat sie Montag bis Donnerstag als Puffer. Ähnliches gilt für andere kritische Termine, die sie unbedingt einhalten muss – etwa weil bestimmte Experten oder andere notwendige Ressourcen nur zu diesem Zeitpunkt zur Verfügung stehen.

Achtung! Beachten Sie das »Studenten-Syndrom«: Wie viele Menschen neigen Studenten dazu, eine Aufgabe so spät wie möglich zu beginnen. Erst wenn der Abgabetermin näher rückt, machen sie sich mit maximaler Energie ans Werk – und geben in letzter Minute ab. Ein großzügigerer Abgabetermin ändert an diesem Verhalten gar nichts. Behalten Sie also den Puffer als »stille Reserve« für sich.

Einmal angenommen, Timo wird mit seiner Arbeit nicht fertig und Katharinas Präsentationstermin vor der Geschäftsführung platzt tatsächlich. Dann steht das Projekt erst einmal still. Die Geschäftsleitung tagt nämlich nur im 14-tägigen Rhythmus und ohne deren Zustimmung kann Katharina nicht weiterarbeiten.

Doch es bleibt nicht bei der 14-tägigen Verzögerung. Inzwischen nähert sich das Monatsende und Timo muss sich um den Abschluss kümmern – die Projektarbeit bleibt liegen. Danach verabschieden sich einige Mitarbeiter, die für das Projekt benötigt werden, in die Ferien. So potenziert sich Timos kleine Verzögerung zu einem gewaltigen Problem!

 Achtung! Wenn eine kritische Tätigkeit zu spät fertig wird, verzögern sich Folgeaktivitäten oft überproportional. Dieser »Schneeballeffekt« kann ein Projekt schnell vor unlösbare Probleme stellen.

Der Effekt lässt sich an einem einfachen Beispiel illustrieren. Wenn Sie die Abfahrt Ihres ICEs um 15 Minuten verpassen, werden Sie wahrscheinlich mindestens eine Stunde zu spät zu Ihrem Termin erscheinen – je nachdem, wie lange Sie auf den nächsten Zug warten müssen. Für die Projektarbeit bleibt festzuhalten: Selbst wenn der Endtermin für eine Tätigkeit nur um einen Tag überschritten wird, kann sich die darauf folgende Tätigkeit schon um ein Mehrfaches verschieben. Etwa dann, wenn Mitarbeiter bereits anderweitig verplant und nicht so schnell wieder verfügbar sind.

 Praxistipp! Puffern Sie alle Tätigkeiten vor Terminen, die Sie unbedingt einhalten wollen. Es ist immer peinlich, wenn ein Projektleiter einen Meilenstein versäumt – und die Beteiligten schließen daraus, er sei nicht in der Lage, sein Projekt vernünftig zu managen.

Bestimmen Sie also den kritischen Pfad Ihres Projektes und bauen Sie die Puffer ein. Nun sind Sie in der Lage, realistische Angaben zur Gesamtdauer und zum Aufwand des Projekts zu machen. Damit gelangen Sie an den wohl spannendsten und zugleich gefährlichsten Moment Ihres Projekts. Spannend deshalb, weil manchem Auftraggeber die Gesichtszüge entgleiten, wenn er erfährt, wie aufwendig die Umsetzung seiner ach so tollen Idee ist. Und gefährlich, weil Ihnen plötzlich klar wird, wie unrealistisch womöglich die Terminvorgaben Ihres Auftraggebers sind.

 Praxistipp! Keine Sorge – jeder Auftraggeber lässt mit sich reden. Sie müssen ihn nur davon überzeugen, dass er in der von ihm geplanten Zeit nicht die Qualität erhält, die er sich eigentlich wünscht.

Das Unheil der EDA-Ressourcen

In einer Stadtverwaltung in Norddeutschland kommt es zu einer bizarren Situation. Der Oberbürgermeister schwärmt von einem intelligenten Druck- und Kopierkonzept in der Verwaltung. Damit könne man 50 000 Euro jährlich einsparen, hat ihm ein offenbar gut geschulter Berater eingeflüstert. Mit dem Geld, argumentiert das Stadtoberhaupt, könne man die dringend notwendige Sanierungen in den Schulen und Kitas zumindest teilweise finanzieren.

Also erhält der IT-Leiter den Auftrag, das Projekt in die Tat umzusetzen. Dieser benennt einen Projektleiter, der sich ans Werk macht. Er erstellt eine erste grobe Projektplanung und berechnet dabei auch Dauer und Aufwand, die notwendig sind, um das gewünschte Druck- und Kopierkonzept umzusetzen. Er staunt nicht schlecht, als er auf insgesamt knapp 2500 Arbeitsstunden kommt. Von wegen »kleines Projekt«, das man mal so eben nebenher umsetzen kann! Grob überschlagen wird das Projekt etwa neun Monate dauern. Veranschlagt man die Arbeitsstunde mit 80 Euro, ergeben sich Personalkosten in Höhe von 200 000 Euro.

Jetzt kommt es zum Schwur. Der Projektleiter legt seinem IT-Leiter die Zahlen auf den Tisch. Der jedoch wiegelt ab. So könne man nicht rechnen. »Unsere Mitarbeiter kosten doch gar nichts, die sind ja eh da.« Womit wir bei den schon erwähnten »Eh-da-Ressourcen« (auch »EDA-Ressourcen«) sind. Gemeint sind damit Mitarbeiter, von denen es heißt, sie seien ja »eh da« und würden daher nichts kosten. Das ist natürlich ausgemachter Unsinn. Kein Unternehmen beschäftigt Mitarbeiter, damit sie »eh da« sind. In der Praxis wird man feststellen, dass diese Eh-da-Ressourcen selten an Langeweile leiden – so auch nicht der Projektleiter und seine Mitarbeiter.

Es ist also absolut korrekt, wenn ein Projektleiter die Personalkosten errechnet. Wenn für ein Projekt der Zeitaufwand ermittelt und Kosten kalkuliert werden, verbindet sich damit immer die Frage, ob sich das Vorhaben überhaupt lohnt. Sind Kosten von 200 000 Euro sinnvoll, um jährliche Einsparungen von 50 000 Euro zu erzielen? Bei genauerer Betrachtung müsste besagter Oberbürgermeister das Vorhaben schleunigst abblasen, wenn er sich nicht der Verschwendung von Steuergeldern schuldig machen möchte.

Achtung! In vielen Projekten verfliegen Euphorie und Optimismus, wenn erst einmal belastbare Zahlen auf dem Tisch liegen. Kristallisiert sich nämlich heraus, dass die »kleine« Zusatzaufgabe doch mehr Zeit und Energie beansprucht als gedacht, kippt die anfängliche Euphorie schnell in Frust um. Die eigentliche Arbeit leidet, Überstunden werden zur Regel.

Viele Projekte verwalten ihre Ressourcen nach dem EDA-Prinzip. Mitarbeiter werden nach Verfügbarkeit zugeordnet und dabei in der Planung schon hoffnungslos überlastet. Solange die Ressourcen das Budget nicht belasten, wird deren Arbeit im Projekt auch nicht im Detail geplant – und das ist einer der Hauptgründe für gescheiterte Projekte.

2.5 Balken- und Terminpläne

Die Arbeit verteilen: Wer macht was bis wann?

Eigentlich ist es selbstverständlich: Ein Projektleiter braucht von seinen Mitarbeitern die feste Zusage, dass sie die jeweilige Aufgabe übernehmen. Erst dann darf er die Kapazitäten verplanen. Dennoch gibt es Projektleiter, die sich mit einem einfachen »Jaja, kein Problem« abspeisen lassen. Eine Haltung, die fatale Folgen haben kann.

Wenn im Projektmanagement von einem Projektplan gesprochen wird, versteht man darunter meist das Gantt-Diagramm, benannt nach dem US-amerikanischen Unternehmensberater Henry L. Gantt (1861–1919). Das Gantt-Diagramm ist ein einfaches, aber sehr effektives Planungsinstrument. Es stellt die zeitliche Abfolge von Aktivitäten grafisch in Form von Balken auf einer Zeitachse dar – und wird daher oft einfach nur Balkendiagramm genannt.

Ein solches Gantt-Diagramm ist auch für einen Laien auf den ersten Blick verständlich. Es ist übersichtlich, praktisch und vor allem schnell erstellt. Zudem gibt es diverse Softwareprodukte, deren zentrale Funktionalität darin besteht, einen Projektplan in Form eines Gantt-Diagramms darzustellen.

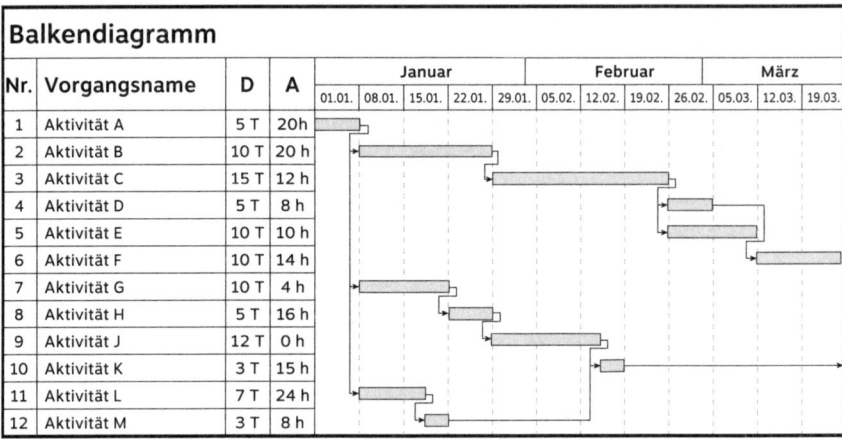

Nr.	Vorgangsname	D	A	Januar					Februar				März		
				01.01.	08.01.	15.01.	22.01.	29.01.	05.02.	12.02.	19.02.	26.02.	05.03.	12.03.	19.03.
1	Aktivität A	5 T	20h												
2	Aktivität B	10 T	20 h												
3	Aktivität C	15 T	12 h												
4	Aktivität D	5 T	8 h												
5	Aktivität E	10 T	10 h												
6	Aktivität F	10 T	14 h												
7	Aktivität G	10 T	4 h												
8	Aktivität H	5 T	16 h												
9	Aktivität J	12 T	0 h												
10	Aktivität K	3 T	15 h												
11	Aktivität L	7 T	24 h												
12	Aktivität M	3 T	8 h												

Abbildung 18: Beispiel eines Gantt-Diagramms

Das Gantt-Diagramm ist im Grunde einfach nur ein Kalender, der auf einen Blick die zeitliche Abfolge aller Aktivitäten visualisiert. Auf der linken Seite listen Sie untereinander sämtliche Vorgänge (Aktivitäten) auf. Zu jedem Vorgang tragen Sie als Balken die Bearbeitungsdauer ein, die Sie dem Ablaufplan entnehmen. Dabei entspricht die Balkenlänge der jeweiligen Bearbeitungsdauer. Die horizontale Zeitachse ist in Kalendereinheiten aufgeteilt – meist Tage oder Wochen. Wenn Sie nun noch die Meilensteine eintragen, erhalten Sie ein einfaches, aber äußerst informatives Planungsinstrument.

Das Gantt-Diagramm hat einen großen Vorteil: Als Projektleiter behalten Sie alle Aktivitäten im Blick. Sie »verschlafen« keinen Vorgang, weil Sie vor Augen haben, wann die einzelnen Vorgänge beginnen müssen. Ebenso achten Sie darauf, eine Aktivität nicht zu überziehen – schließlich zeigt der Balken unmissverständlich den Endtermin an. Darüber hinaus ist das Gantt-Diagramm auch ein gutes Instrument, um mit den Projektbeteiligten klare Zielvereinbarungen zu treffen.

Doch Vorsicht: Übertragen Sie nicht einfach die Daten aus dem Ablaufplan eins zu eins in das Gantt-Diagramm. Das wäre die reinste Schönwetter-Planung! Denn im Ablaufplan haben Sie zwar Bearbeitungsdauer und Arbeitsaufwände abgeschätzt, wissen aber noch nicht sicher, ob Ihnen die geplanten Ressourcen für die einzelnen Aktivitäten tatsächlich zur Verfügung stehen.

Zeichnen Sie die Balken erst, wenn Sie feste Zusagen haben und sicher sein können, dass die nötigen Ressourcen und Kapazitäten auch wirklich zur Verfügung stehen.

Praxistipp! Denken Sie an Urlaubstage, Geschäftsreisen, Seminare und andere Anlässe für eine längere Abwesenheit. Wenn zu bestimmten Zeiten nichts oder nicht viel läuft, muss das im Gantt-Diagramm berücksichtigt werden.

Etliche Projektleiter bewahren das Gantt-Diagramm in der Schublade, im PC oder im Leitz-Ordner auf. Dort hat es nichts zu suchen! Es entfaltet seine Wirkung nur, wenn Sie es täglich vor Augen haben. Hängen Sie das Diagramm deshalb in Ihrem Arbeits- oder Projektraum auf und machen Sie es auch den Projektmitarbeitern zugänglich. So haben alle Beteiligten stets vor Augen, was wann zu tun ist und wo das Projekt steht.

Mut zur Unvollkommenheit

Projektplanung wird häufig als ein einmaliger Akt verstanden, den man zu Projektbeginn mit der gebührenden Akribie vollzieht. Daraus resultiert dann, so die Theorie, ein verbindliches Dokument, in dem alles Wesentliche festgelegt ist und auf das man sich fortan beziehen kann. Ein schönes, geradezu romantisches Idealbild! Es hat nur den kleinen Nachteil, dass es dazu keine passende Realität gibt. Kein Projekt wird eins zu eins so umgesetzt, wie es einmal geplant wurde. Klüger und praktischer ist es daher, den Projektplan als ein »Work in Progress« zu betrachten, der immer wieder überprüft und fortgeschrieben wird.

Achtung! Der größte Fehler für eine gute Projektplanung liegt weniger darin, nicht sorgfältig genug zu planen. Viel gravierender dürfte es sein, einen Plan zu erstellen und ihn dann als erledigt und abgeschlossen zu betrachten.

2.6 Das Unmögliche möglich machen

Was tun, wenn der Projektplan nicht aufgehen will?

Wenn Sie als Projektleiter Ihre Pläne dem Auftraggeber präsentieren, wird der mit einiger Wahrscheinlichkeit fragen: »Lässt sich das Projekt nicht auch noch etwas schneller abschließen?« Wenn Sie nun nachgeben und versuchen, das Unmögliche möglich zu machen, gefährden Sie den Projekterfolg.

Thomas hat nach langem Hin und Her eine Idee entwickelt, wie man den neuen Lüfter künftig in den eigenen Anlagen verbauen kann. Zusammen mit seinem Team erstellte er einen Projektplan, der eine achtmonatige Laufzeit vorsieht. Als er den Plan der Geschäftsführung präsentiert, fordert man ihn auf, die Projektlaufzeit doch um zwei Monate zu kürzen. Zähneknirschend gibt Thomas nach. Er wehrt sich nicht wirklich. Ein typischer Anfängerfehler! Wer realistisch geplant hat, kann die Laufzeit eines Projekts nicht einfach um ein Viertel zusammenstreichen.

Ein Auftraggeber hat sich in der Regel nicht mit den Details eines Projektplans befasst. Deshalb liegt es in der Natur der Sache, dass der Plan von seinen Vorstellungen abweichen kann. Nur: In diesem Fall muss der Projektleiter ihm klipp und klar sagen, wenn ein Änderungswunsch nicht umsetzbar ist. Andernfalls bringt er das Projekt absehbar in Schwierigkeiten.

Achtung! An einem einmal zugesagten Endtermin lässt sich kaum mehr rütteln. Selbst wenn sich Teile des Projektes verzögern, lässt sich ein neuer Termin kaum mehr festsetzen. Der Druck ist erheblich, diesen einmal zugesagten Endtermin in jedem Fall zu halten.

Ganz abgesehen davon: Welchen Eindruck hinterlässt ein Projektleiter bei seinem Management, wenn er mal eben so wie auf einem türkischen Basar die Projektlaufzeit um 25 Prozent reduziert? Thomas hätte der versammelten Geschäftsführung aufzeigen müssen, dass er realistisch geplant hat und die Laufzeit nicht einfach kürzen kann. Anstatt kampflos die Straffung des Terminplans hinzunehmen, hätte er durch Verhandlungen das Optimum für sein Projekt herausholen müssen – beispielsweise ein höheres Budget, einen geringeren Projektumfang oder mehr personelle Ressourcen. Dank seines solide erarbeiteten und nachvollziehbaren Projektplans hätte er gute Argumente auf seiner Seite gehabt. Den anwesenden Managern wäre es schwergefallen, die Forderungen abzulehnen.

Praxistipp! Erstarren Sie nicht in Angst vor dem Auftraggeber! Verschweigen Sie ihm nicht, wenn seine Vorstellungen in Teilen unrealistisch sind – und legen Sie ihm einleuchtend dar, warum Ihre Detailplanung von seinen Vorstellungen abweicht.

Was nicht passt, wird passend gemacht

Dem ersten Fehler folgt der zweite auf dem Fuße. Zurück in seinem Büro tritt Thomas vor seinen an der Wand hängenden Projektplan und überlegt, wie er die Laufzeit von acht auf sechs Monate kürzen soll: Wie lange dürfen die einzelnen Projektphasen unter den neuen Gegebenheiten dauern? Kurzerhand notiert er bei verschiedenen Aktivitäten neue Zeiten und Termine. Zufrieden blickt er auf sein Werk: »Super, das geht voll auf! Die Anlagen können wir schon nach sechs Monaten mit dem neuen Lüfter ausliefern!«

Achtung! Ein kurzerhand veränderter Plan sieht nur auf den ersten Blick genauso plausibel und solide aus wie der Ursprungsplan. Was man dabei gerne übersieht: Die ursprüngliche Planung basierte auf realistisch geschätzten Zeiten, während sich der neue Plan nach den wenig durchdachten Vorgaben des Chefs richtet.

Es ist eine weitverbreitete Unsitte: Wenn ein Terminproblem auftaucht, macht man den Plan kurzerhand passend! Der Projektleiter geht die Hauptaufgaben durch, kürzt Termine und reduziert den Aufwand – so lange, bis der Plan die neuen Vorgaben erfüllt. Fast immer bringt er sich und sein Team damit in Teufels Küche, weil sich die veränderten Zeiten und Termine als unrealistisch erweisen.

Praxistipp! Bevor Sie die Dauer einer Aktivität antasten, sollten Sie überlegen, ob hier eine Kürzung überhaupt möglich ist – und wenn ja, bis zu welchem Umfang. Auf Papier lässt sich leicht kürzen, die Realität ist da weniger flexibel.

Bei Thomas kommt es, wie es kommen muss. In den folgenden Wochen und Monaten gerät er mit seinem Projekt zunehmend in Bedrängnis. Er reißt einen Meilenstein nach dem anderen, die Verzögerungen potenzieren sich. In seiner Not verhängt er Urlaubssperren, ordnet Überstunden an – und opfert damit endgültig die Motivation seines Teams, das schon längst nicht mehr an den Endtermin glaubt.

Alles eine Frage der Wahrscheinlichkeiten

Welchen gravierenden Fehler Thomas mit seinem Eingriff in den Projektplan beging, lässt sich sehr schön an einem Beispiel illustrieren. Nehmen wir an, Sie fahren mit dem Auto von Stuttgart nach Hamburg. Wie lange braucht man dafür? Diese Frage lässt sich nicht exakt beantworten, selbst Navigationsgeräte sind sich da uneinig. Kein Wunder, denn letztlich hängt die Autofahrt nach Hamburg von vielen Faktoren ab – Route, Fahrstil, Tageszeit, Baustellen, Staus und vieles mehr. Wenn Sie viele Male nach Hamburg fahren, ergibt sich eine Gauß'sche Normalverteilung (Abbildung 19). Sie besagt in diesem Fall, dass Sie von Stuttgart bis Hamburg im Schnitt etwas sieben Stunden benötigen.

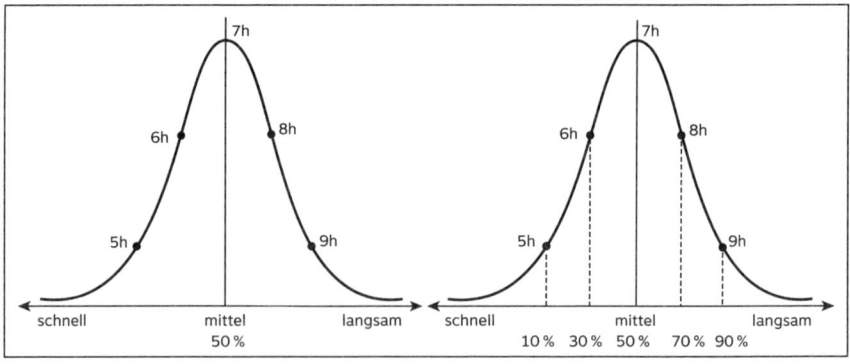

Abbildung 19: Gauß'sche Normalverteilung für eine Autofahrt

Abenteuer Projekte

Nun ist es möglicherweise so: Wenn Sie eine Zeitdauer von sieben Stunden bis Hamburg einplanen, haben Sie ein gutes Gefühl. Ihnen erscheint die Wahrscheinlichkeit hoch, rechtzeitig anzukommen. Nur: Dieses Gefühl trügt! Die Wahrscheinlichkeit liegt nur bei 50 Prozent – wie die Mathematik eindeutig besagt: In 50 Prozent der Fälle brauchen Sie sieben Stunden und weniger, um nach Hamburg zu kommen (linker Teil der Kurve). In ebenso vielen Fällen sind es jedoch sieben Stunden und mehr (rechter Teil der Kurve) – das Restrisiko liegt also bei 50 Prozent.

Bleiben wir bei diesem Beispiel. Nehmen wir an, wir wollen rechtzeitig im Hamburger Hafen sein, um dort ein Kreuzfahrtschiff zu besteigen. Kein vernünftiger Mensch würde sieben Stunden vor Ablegen des Schiffes in Stuttgart losfahren. Wer will schon seinem Kreuzfahrtschiff hinterherwinken? Die meisten Menschen bauen in dieser Situation einen Puffer ein und planen zum Beispiel mit zehn Stunden Fahrtzeit. Die Wahrscheinlichkeit, rechtzeitig anzukommen, erhöht sich dann auf über 90 Prozent – und das Restrisiko, das Kreuzfahrtschiff zu verpassen, liegt unter 10 Prozent.

Zurück zu Thomas und seinem Projekt. Er begeht einen kapitalen Fehler, indem er die Zeitdauer verschiedener Aktivitäten einfach kürzt. »Dafür brauchen wir nicht zehn Tage, das schaffen wir auch in sieben Tagen«, murmelt er, als er zum Rotstift greift. »Und dort sind 15 Tage etwas hoch gegriffen, das kriegt man auch in acht Tagen hin.« Auf diese Weise verkürzt er die Projektdauer von acht auf sechs Monate. Zufrieden lächelnd steht Thomas vor seinem neuen Projektplan: »Ja, so machen wir das!«

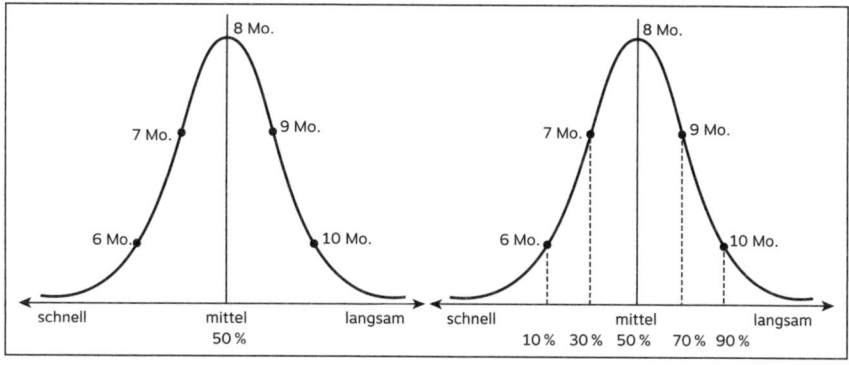

Abbildung 20: Gauß'sche Normalverteilung für ein Praxisprojekt

Am Beispiel unserer Autofahrt nach Hamburg haben wir gelernt, wie falsch Thomas die Situation einschätzt. Wenn Sie jemand fragt, ob man Hamburg mit dem Auto auch in sechs Stunden erreichen kann, werden Sie auf die Verteilungskurve deuten und antworten: »Ja, das kann man schaffen. Allerdings ist die Wahrscheinlichkeit nicht sehr hoch, dass es am Ende klappt.«

Genauso verhält es sich beim Projekt von Thomas. Natürlich kann er es in sechs Monaten schaffen – der neue Plan zeigt ihm diese Möglichkeit ja an. Was er aber völlig übersieht, ist die Wahrscheinlichkeit, dass es am Ende klappt. Wie Abbildung 16 zeigt, liegt diese Wahrscheinlichkeit gerade einmal bei 10 Prozent. Das Projekt ist von Anfang an ein Himmelfahrtskommando!

Die Entdeckung verborgener Reserven

Ausreichend Puffer einplanen – das klingt gut, hat aber in der Praxis einen gravierenden Schönheitsfehler. Die Wahrscheinlichkeit ist groß, dass der Auftraggeber die Notwendigkeit einer solchen Reserve nicht einsehen will und dem Projektleiter die Pufferzeiten am Ende wieder abtrotzt. Jetzt verfügt der Projektleiter zwar nach wie vor über einen realistischen Plan. Der ist jedoch auf Kante genäht.

Es gibt einen Ausweg, der in der Praxis noch viel zu wenig genutzt wird. Praktisch immer enthält der Projektplan noch verborgene Reserven, die sich durch eine Optimierung der geplanten Abläufe erschließen lassen. Meist genügen einige wenige Maßnahmen, um die – vom Auftraggeber gestrichenen – Pufferzeiten wieder zurückzuholen. Der Projektleiter diskutiert hierzu mit seinem Team eine Reihe von Fragen (s. Checkliste 3).

Checkliste 3: **Fragen zur Projektoptimierung**

Leitfrage 1:
Zeit – Wie lässt sich die Laufzeit reduzieren?

• Gibt es Zeitreserven, die wir kürzen oder ganz herausnehmen können?

Abenteuer Projekte

- Können wir durch eine andere Vorgehensweise Zeit einsparen?
- Lassen sich Aufgaben schneller erledigen als ursprünglich vorgesehen?
- Welche Arbeitspakete lassen sich parallel statt nacheinander erledigen?
- Welche Arbeitsschritte können wir zusammenlegen?

Leitfrage 2:

Ressourcen – Wie lassen sich Ressourcen besser einsetzen?

- Können wir durch eine konstante Auslastung der Ressourcen dafür sorgen, dass wir konzentrierter und schneller arbeiten können?
- Sorgen bessere Arbeitsbedingungen für mehr Effizienz?
- Können wir die Ressourcen aufstocken, um mit mehr Personen die Projektarbeit zu bewältigen?
- Lässt sich durch den Einsatz von erfahrenen Kollegen Zeit einsparen?
- Kommen wir durch bestimmte Hilfs- und Arbeitsmittel schneller voran?
- Können wir gezielt Anreize setzen (z. B. Bonus), damit das Team die »Extrameile« geht?

Leitfrage 3:

Umfang – Was lässt sich am Umfang optimieren?

- Können wir bestimmte Arbeiten weglassen, ohne das Projektergebnis zu gefährden?
- Können wir auf bestimmte Inhalte beziehungsweise Funktionalitäten verzichten?
- Können wir an bestimmten Stellen Qualitätseinbußen hinnehmen, ohne den Projektauftrag zu gefährden?
- Können wir auf bereits vorhandene Ergebnisse aus anderen Projekten zurückgreifen, um das Rad nicht neu erfinden zu müssen?
- An welchen Stellen greift das Pareto-Prinzip (80:20 Regel)?

Aus den Antworten ergibt sich ein Bündel an Maßnahmen, die das Team nun bewertet und priorisiert. Ihr besonderer Charme liegt darin, dass sie das Projekt beschleunigen, ohne zusätzliche Kosten zu verursachen. Das Team kann sie deshalb umsetzen, ohne viel darüber zu reden oder gar den Auftraggeber einzubeziehen. So lassen sich die Pufferzeiten wiedererlangen, die es dem Projektleiter und seinem Team erlauben, souverän in das Projektabenteuer aufzubrechen.

Wenn die »kostenlosen« Maßnahmen nicht ausreichen, um den notwendigen Puffer aufzubauen, sollte der Projektleiter einen Schritt weiter gehen und mit seinem Team auch Maßnahmen erörtern, die zusätzliche Ressourcen erfordern. Hierbei helfen folgende Fragen:

- Können wir mit zusätzlichen Ressourcen unsere Schlagkraft erhöhen?
- Gibt es Arbeitspakete, die wir an externe Dienstleister vergeben können?
- Lassen sich Lieferanten dazu bewegen, früher zu liefern?
- Können wir Experten einkaufen, die uns mit ihrem Know-how weiterhelfen?

Klar ist, dass die hieraus resultierenden Maßnahmen eventuell eine Budgeterhöhung nach sich ziehen und deshalb mit dem Auftraggeber abgestimmt werden müssen.

Survival-Tipps: **Fehlende Projektplanung**

Die Projektleiter kleiner Projekte neigen dazu, auf eine Planung zu verzichten. Das ist nicht nur naiv, sondern bringt sie schnell in Teufels Küche – vergessene Aktivitäten, verschwitzte Termine und erdrückende Arbeitslast. Natürlich können Sie versuchen, ohne Plan loszulegen. Aber wollen Sie wirklich alles dem Zufall überlassen?

- Denken Sie daran, was Projekte eigentlich bedeuten: schwierige Aufgaben, neue Lösungswege und möglicherweise viele Beteiligte. Wer das in den Griff bekommen möchte, kommt um eine Planung nicht herum.
- Verschaffen Sie sich frühzeitig einen ersten Überblick über Ihr Projekt. Legen Sie bei wichtigen Zwischenergebnissen Meilensteine fest.
- Identifizieren Sie alle notwendigen Aktivitäten und bilden Sie diese in einem Projektstrukturplan ab. Stimmen Sie den Plan mit den Beteiligten ab – und organisieren Sie auf dieser Basis die Arbeit im Projekt.

- Bestimmen Sie die Vorgehensweise, wie die einzelnen Aktivitäten der Reihe nach abgearbeitet werden sollen. Erstellen Sie hierzu einen Ablaufplan, in dem Sie eine sachlich und zeitlich korrekte Reihenfolge der Aktivitäten festlegen.
- Schätzen Sie für jedes Arbeitspaket die Dauer und den anfallenden Arbeitsaufwand – und tragen Sie diese Daten in den Terminplan ein.
- Visualisieren Sie den Ablauf des Projektes mit einem Balkenplan; hängen Sie diesen über Ihren Schreibtisch und nutzen Sie ihn für die Steuerung Ihres Projektes.
- Möglicherweise stellen Sie bei der Planung fest, dass die Zielvorgaben kaum zu erreichen sind. Werfen Sie die Flinte nicht ins Korn – klopfen Sie stattdessen Ihr Projekt gezielt auf Optimierungspotenziale ab.
- Machen Sie sich klar: Die Planung ist keine Vorhersage, ein Projektablauf lässt sich nicht vorausberechnen. Vielmehr ist die Planung Ihr wichtigstes Werkzeug, um den Überblick nicht zu verlieren.

3. DER RISIKO-CHECK

Wie Sie unliebsame Überraschungen vermeiden

Eine böse Überraschung jagt die nächste. Gestern Vormittag konnte Monika ein Arbeitspaket nicht abschließen, weil die Messebaufirma gepfuscht hatte. Am Nachmittag meldete sich der Vorstand mit Extrawünschen, die so nie vereinbart waren. Und heute? »Wir wissen nie, welche Katastrophe noch über uns hereinbrechen wird«, stöhnt die Marketingexpertin.

Die Situation, in die Monika wenige Wochen vor ihrer Hausmesse gerät, ist für viele Projekte typisch: Plötzlich funktioniert nichts mehr so, wie es gedacht und geplant war. Ständig neue Überraschungen. Dabei wird übersehen, dass 80 Prozent dieser unguten Überraschungen gar keine Überraschungen sein müssten: Es sind Risiken, die man im Vorfeld hätte erkennen und zum großen Teil vermeiden können. Rückblickend weiß auch Monika: »Manche Dinge hätten wir uns eigentlich denken können!«

Vor Risiken verschließt man gerne die Augen. Das gilt für große Projekte, in denen die Beteiligten selbst offensichtliche Risiken gerne einfach nicht wahrhaben wollen. Und umso mehr gilt es für kleinere Projekte: »Das wird schon hinhauen«, lautet hier meistens die Devise.

Ein Fehler! Gleich ob Hausmesse oder Informationssystem, ob neuer Speziallack oder eine Zeiterfassung – auch bei kleineren Projekten können jederzeit gravierende Probleme auftauchen. Projektrisiken verschwinden nicht, nur weil man sich weigert, sie zur Kenntnis zu nehmen. »Sich auf sein Glück zu verlassen kann ein vollkommen vernünftiger Weg sein, mit manchen Risiken umzugehen, aber nicht mit allen«, sagt Tom DeMarco in seinem Buch *Bärentango*. »Aber nicht mit allen« – auf diesen Nachsatz kommt es an.

Viele Projektleiter spekulieren darauf, das Glück werde sich der Risiken schon annehmen. Ganz wohl ist ihnen dabei jedoch nicht. Meist ahnen sie bereits kurz nach der Auftragsklärung, dass ihr Projekt eben doch einige kritische Punkte birgt. Aber anstatt auf ihre innere Stimme zu hören, verdrängen sie das ungute Gefühl. Warum die Pferde unnötig scheu machen?

Verlassen Sie sich besser nicht auf Ihr Glück. Decken Sie die Risiken Ihres Projektabenteuers lieber schon jetzt auf, anstatt sich später überraschen zu lassen. Hierbei hilft diese Etappe: Zunächst erfahren Sie in Kapitel 3.1, warum Risiken gerne kollektiv ignoriert werden – und Sie lernen eine Reihe von Risiken kennen, die häufig übersehen werden. In Kapitel 3.2 schlägt die Stunde der Schwarzseher: Wir nutzen deren skeptischen Blick, um weitere mögliche Schwierigkeiten vorherzusehen. Liegen die Risiken alle auf dem Tisch, können wir sie bewerten (Kapitel 3.3): Welche sind wirklich kritisch, welche eher vernachlässigbar? Abschließend treffen wir Vorkehrungen, um möglichst ungeschoren durch das Projekt zu kommen (Kapitel 3.4).

Nun können Sie beruhigt durchatmen: Sie sind für das Projektabenteuer gut vorbereitet!

3.1 Typische Projektrisiken

Risiken, die gerne übersehen werden

Hinter jeder Ecke lauert ein Risiko. Im Grunde weiß das jeder, der die Leitung eines Projekts übernimmt. Trotzdem fallen viele Projektleiter aus allen Wolken, wenn ein solches Problem dann tatsächlich auftritt. »Das hätte ich mir ja eigentlich denken können!«, räumen sie kleinlaut ein. Der Punkt ist nur: Sie haben nicht daran gedacht – und deshalb auch keine Vorkehrungen getroffen. Die meisten Risiken sind vorhersehbar. Das muss auch Thomas zugeben, dessen neuer Lüfter ihn und sein Team vor immer neue Herausforderungen stellt. Sein Nachbar, ebenfalls Entwicklungsingenieur im Unternehmen, hatte ihn von Anfang an gewarnt: »Nimm das Projekt nicht auf die leichte Schulter!« Selbstsicher hatte Thomas damals abgewunken: »Karl-Heinz, mach die Pferde nicht scheu! Wir haben gar keine Zeit, darüber nachzudenken, was übermorgen vielleicht passieren könnte.«

Spätestens jetzt muss Thomas zugeben, dass er damals ziemlich leichtfertig argumentiert hat. »Es ist zum Haare ausraufen«, stöhnt er. »Erst sitzen die Bohrlöcher des Lüfters an der falschen Stelle, dann schwankt die Lüfterleistung plötzlich und nun gibt es auch noch Schnittstellenprobleme bei der Steuerung.« Hätte Thomas sich den guten Rat seines Nachbarn zu Herzen genommen, hätte er heute nur halb so viele Probleme. Aber warum hat er nicht auf ihn gehört? Der Grund ist banal: Risiken sind unangenehm – und wer denkt schon gerne über Unangenehmes nach?

 Praxistipp! Wir Menschen neigen mehrheitlich dazu, Risiken zu verdrängen. Sich das bewusst zu machen, ist ein erster wichtiger Schritt, um sich vor unliebsamen Überraschungen im Projekt zu schützen.

»Da kann man eh nichts machen«

Viele Menschen verdrängen ihre Angst vor möglichen katastrophalen Fehlentwicklungen. Die Folge: Anstatt den Risiken ins Auge zu blicken, nehmen sie diese erst gar nicht zur Kenntnis. Neben diesem eher unbewussten Verdrängungsprozess gibt es eine weitere »Krankheit«, die selbst unter erfahrenen Projektleitern weit verbreitet ist: die Risiko-Ignoranz. Hier werden Risiken nicht unbewusst verdrängt, sondern ganz bewusst in den Wind geschlagen.

Ein typisches Beispiel lässt sich bei Thomas beobachten: Der Produktionsleiter hat ihn gefragt, was er denn machen würde, sollten die neuen Lüfter im Dauerbetrieb der Produktionsmaschinen keine konstante Leistung bringen. »Warum sollen wir uns jetzt den Kopf darüber zerbrechen?«, antwortet Thomas leichthin. »Wir kümmern uns später um das Problem, wenn es wirklich auftaucht.«

Ob ein Projektteam an Risiko-Ignoranz leidet, lässt sich leicht an einem typischen Satz erkennen. Wird im Team ein Risiko angesprochen, endet die Diskussion sehr schnell mit der Feststellung: »Da kann man eh nichts machen.«

Natürlich gibt es Risiken, die sich nicht vermeiden lassen und bei denen man »eh nichts machen kann«. Aber auch dann sollte man überlegen, wie man mit dem Risiko umgeht. Bestehen zum Beispiel Möglichkeiten, sich für den Schadensfall abzusichern? Denken Sie an Ihre Krankenversicherung: Gegen das Auftreten der Krankheit können Sie nichts ausrichten. Aber Sie können sicherstellen, dass Sie von einem Arzt behandelt werden und die Kosten überschaubar bleiben.

 Achtung! Projektschäden zu verhindern ist ein Wettlauf mit der Zeit. Je länger Sie ein Risiko ignorieren, desto größer wird sein Vorsprung. Unbearbeitete Risiken werden mit der Zeit immer schlimmer.

Möchten Sie einmal einen wirklich professionellen Umgang mit Risiken studieren? Dann schauen Sie doch bei der nächstgelegenen Feuerwehr vorbei. Die Einsatzfahrzeuge stehen startklar in Reih und Glied. Ob Großbrand, Verkehrsunfall oder Öl-Leck an einer Tankstelle – die Feuerwehr ist vom ersten Moment an auf alle Eventualitäten (Risiken) vorbereitet.

Einmal angenommen, bei der Feuerwehr hätten Risiko-Ignoranten das Sagen. Was würde passieren? Den Ablauf kann man sich in etwa so vorstellen: Im Falle eines Brandes macht man sich vor Ort erst einmal schlau, welches Material benötigt wird. Dann wird das Löschfahrzeug mit dem notwendigen Equipment beladen – und bis es dann endlich einsatzbereit ist und am Ort des Geschehens ankommt, hat sich der anfängliche Zimmerbrand längst zu einem Großbrand ausgeweitet.

Nicht anders ergeht es einem Projektleiter, wenn er Risiko-Ignoranz zulässt und über ein Problem erst nachdenkt, wenn es eingetreten ist: Er verliert wertvolle Zeit, während die Situation eskaliert.

Kollektive Risiko-Ignoranz: die Rolle des Auftraggebers

Wenn ein Projektteam kollektiv Risiken verdrängt oder ignoriert, hat daran oft auch der Auftraggeber einen wesentlichen Anteil. Meist muss er selbst bestimmte Ergebnisse erzielen, noch dazu unter engen Zeit- und Kostenvorgaben. Das führt dazu, dass er bestimmte Fakten nicht wahrhaben will: »Ich weiß, dass der Termin eng ist. Wir brauchen das Ergebnis aber bis zum Jahresende. Statt mir zu erklären, warum das schwierig wird, sollten Sie sich lieber an die Arbeit machen!«

Mit Anweisungen und heroischen Beschlüssen ist das so eine Sache. Der Auftraggeber kann beschließen, dass die Sonne am anderen Morgen eine Stunde früher aufgeht; es ist aber fraglich, ob die Sonne sich daran hält.

 Achtung! Aus einer Managementposition lassen sich leicht unrealistische Termine setzen und bestehende Risiken ignorieren. Die Neigung dazu steigt mit mangelnder Vertrautheit mit der Materie.

Als Fachfremde unterschätzen Auftraggeber gerne den Aufwand, der mit dem Lösen einer Aufgabe verbunden ist. »Das kann doch nicht so schwierig sein«, meinen sie – und gehen damit jeder Diskussion aus dem Weg. Dahinter verbirgt sich oft die Angst, von den eigenen Fachleuten über den Tisch gezogen zu werden. So entstehen willkürliche Beschlüsse, die unter Rückgriff auf Amtsautorität durchgedrückt werden. Eine Erörterung der Risiken hat hier keine Chance.

Doch nicht nur das Management verhindert mit seiner Haltung häufig eine realistische Auseinandersetzung mit den Projektrisiken. Ähnlich verhängnisvoll kann sich die Konkurrenz zwischen Kollegen auswirken. Typisch ist folgende Konstellation: Wer Risiken offen benennt, wird zum Bedenkenträger abgestempelt – während im Gegenzug die nassforschen Helden Beifall erhalten. Diese haben zwar keine Ahnung, wie sie die Projektziele erreichen wollen; durch ihren Mut und ihre Initiative stehen sie aber erst einmal positiv da.

Bleibt festzuhalten: Die Versuchung ist groß, zu Projektbeginn die Augen vor den stets vorhandenen Risiken zu verschließen. Dieser Versuchung gilt es zu widerstehen.

Die folgenden Checklisten mit den größten Projektrisiken können hierbei helfen: Denken Sie über die einzelnen Punkte gründlich nach, ergreifen Sie gegebenenfalls vorbeugende Maßnahmen. Sollte eines der Probleme dennoch eintreffen, wird es Sie zumindest nicht kalt erwischen.

Checkliste 4: **Risiken im Projektteam**

Teammitglieder fallen aus
Der Ausfall wichtiger Mitarbeiter gehört zu den häufigsten Ursachen für Schwierigkeiten im Projekt. Krankheiten, Unfälle, Urlaub, Schwangerschaft, Arbeitsplatzwechsel, Abzug in andere Projekte, Kündigung – die Gründe dafür, dass ein Teammitglied ausfällt, sind vielfältig.

Fehlendes Fachwissen
Im Projektverlauf stellt sich heraus: Ein Mitarbeiter verfügt nicht über das notwendige Fachwissen oder ausreichend Erfahrung, um sein Aufgabenpaket umzusetzen. Der Mitarbeiter begeht Fehler, die Projektarbeit verzögert sich.

Unzureichende Verfügbarkeit
Da Projektarbeit meistens parallel zum Tagesgeschäft erledigt wird, halten Projektmitarbeiter ihre zugesagten Stunden nicht ein. Das Tagesgeschäft geht vor, die Projektarbeit leidet. Mitunter stehen Mitarbeiter auch gar nicht mehr zur Verfügung.

Konflikte im Team
Arbeit in Projekten ist generell konfliktträchtig, weil unterschiedliche Menschen eng zusammenarbeiten müssen. Es entstehen Konflikte, die auf Dauer zermürben und kostbare Energien rauben.

Missverständnisse im Team
Wenn Aufgaben und Kompetenzen nicht klar verteilt sind, kommt es schnell zu Missverständnisse im Team, die sich negativ auf den Projektfortschritt auswirken. Besonders groß ist diese Gefahr, wenn die Teammitglieder räumlich weit voneinander entfernt sind und vorwiegend virtuell zusammenarbeiten.

Checkliste 5: **Risiken im Projektumfeld**

Unternehmensrisiken
Ein Projekt ist besonders gefährdet, wenn das Unternehmen mit existenziellen Gefahren (Absatzeinbrüche, Aufkommen disruptiver Technologien) konfrontiert wird. Das Management räumt dann diesen projektfremden Problemen die höchste Priorität ein.

Konkurrierende Ziele
In kleineren Projekten sind die Ziele meist überschaubar. Werden allerdings unterschiedliche Interessen verfolgt, können Ziele plötzlich miteinander konkurrieren oder sich sogar gegenseitig ausschließen.

Fehlende Unterstützung
Stakeholder können großen Einfluss auf ein Projekt nehmen. Fehlt ihre Unterstützung oder sind sie gar negativ eingestellt, kann das Projekt scheitern.

Mangelnde Stabilität
Wenn sich Strukturen im Unternehmen ändern, kann sich das schnell auch auf die Stabilität des Projekts auswirken. Besonders hoch ist das Risiko, wenn die Organisationsstruktur unklar ist oder sich im steten Wandel befindet.

Fehlende Akzeptanz
Dem Projekt fehlt die Akzeptanz im Unternehmen. Zum Beispiel möchte die Geschäftsführung mit dem Projekt Veränderungen durchsetzen, die von den Mitarbeitern nicht mitgetragen werden.

Austausch von Personal
Es werden Fachexperten während des Projektverlaufs ausgetauscht. Dadurch geht Expertenwissen verloren, was insbesondere in technischen Projekten oft schädlich ist.

Checkliste 6: **Risiken in der Projektplanung**

Fehlende Zielklarheit

Im Vorfeld des Projekts wird zu oberflächlich agiert und zu wenig auf die Bedürfnisse und Besorgnisse der Beteiligten eingegangen. Dadurch bleiben die Vorstellungen vom Sinn und den Zielen des Projekts unklar, was später zwangsläufig zu Problemen führt.

Zu enger Zeitplan

Die Zeitplanung ist übermäßig optimistisch, Aufwand und Komplexität werden unterschätzt. Dies birgt das Risiko, dass zugesagte Termine nicht eingehalten werden oder Meilensteine in Verzug geraten.

Vergessene Aktivitäten

Bei der Projektplanung wurden wichtige Aktivitäten übersehen. Die Folge davon können negative Auswirkungen auf die Zeit- und Kostenplanung sein.

Unklare Zusammenhänge

Die Zusammenhänge zwischen Projektphasen, Arbeitsaufwand und Ressourcenverbrauch sind unklar.

Fehlinterpretationen

Projektziele oder Vorgaben für Arbeitspakete lassen zu große Interpretationsspielräume zu. Damit besteht das Risiko bewusster oder unbewusster Fehlinterpretationen – mit der Folge, dass die Projektarbeit unter Zielkonflikten leidet.

Große Selbstsicherheit

Einige Projektbeteiligte sind sich zu sicher. Sie neigen dazu, Erfahrungen aus anderen Projekten ungeprüft und ohne große Diskussionen auf das aktuelle Projekt zu übertragen.

Checkliste 7: **Risiken in der Durchführung**

Ungünstige Organisationsform
Für das Projekt wird eine Organisationsform gewählt, die den Anforderungen des Projekts nicht entspricht.

Fatale Abhängigkeiten
Projekte stehen häufig in Abhängigkeit von anderen Projekten im Unternehmen. Verzögern sich diese Projekte oder fallen sie ganz aus, kann dies fatale Folgen für das eigene Projekt haben.

Massive Änderungswünsche
Widersprüchliche, mehrdeutige oder auch vielfältige Anforderungen ohne Priorisierung können zu Konflikten und Verzögerungen führen. Größere Änderungswünsche des Auftraggebers während der Projektlaufzeit können den Projektplan gefährden.

Mangelhafte Kommunikation
Probleme bei der Umsetzung werden zu lange nicht offengelegt. Dadurch kommt es zu oft zu Verzögerungen.

Unzureichende Steuerung
Der Projektleiter unterschätzt seine Aufgabe als Projektmanager oder missversteht sie als unbedeutende »Nebentätigkeit«. Das kann dazu führen, dass das Projekt aus dem Ruder läuft.

Lange Projektdauer
Zieht sich ein kleineres Projekt über einen zu langen Zeitraum hin, dann birgt das weitere Unwägbarkeiten. Kosten für Materialien, Maschinen oder Ressourcen können steigen. Im schlimmsten Fall ändern sich die Verhältnisse so, dass das Projektergebnis nicht mehr benötigt wird.

Checkliste 8: **Technologische Risiken**

Neue Technologien
Bei innovativen Projekten kommen neue Technologien, Verfahren, Produkte oder Werkzeuge zum Einsatz, die noch wenig erprobt sind und häufig an Kinderkrankheiten leiden.

Fehlende Erfahrung
Der Einsatz von neuen Technologien, Verfahren, Produkten oder Werkzeugen wirft auch immer die Frage auf, ob im Unternehmen auf diesem Gebiet ausreichend Know-how und Erfahrung verfügbar ist.

Fehlende Machbarkeit
In Projekten mit komplexen Abhängigkeiten lässt sich nicht wirklich sagen, ob der vorgesehene Lösungsweg überhaupt gangbar ist. Eine geplante Lösung kann sich im Projektverlauf als nicht umsetzbar erweisen.

Verfügbarkeit von Ressourcen
Technische Ressourcen wie Werkzeuge, Maschinen, Infrastruktur, Rechenleistungen oder Test- und Integrationsumgebungen stehen nicht wie geplant zur Verfügung.

Eignung von Ressourcen
Notwendige Ressourcen wie Entwurfs- und Entwicklungswerkzeuge, Entwicklungsumgebungen, Programmiersprachen, Datenbanksysteme, Hardware oder Maschinen erweisen sich im Projektverlauf als nicht geeignet.

Checkliste 9: **Kaufmännische Risiken**

Kundenrisiken
Neue Ansprechpartner und – damit oft einhergehend – modifizierte Anforderungen können selbst in kleineren Projekten zu ernsthaften Schwierigkeiten führen, wenn Lieferungen und Leistungen nicht klar und eindeutig geregelt sind.

Vertragsrisiken
Unklar spezifizierte Arbeitsleistungen und vorschnell gemachte Zusagen können den Projektaufwand schnell in die Höhe treiben.

Lieferantenrisiken
Lieferanten können sich als unzuverlässig herausstellen – zum Beispiel ausfallen oder Produkte minderer Qualität liefern.

Vertragspartnerrisiken
Werden Vertragspartner (Sub-Unternehmen) eingebunden, kann die Zusammenarbeit vielfältige Risiken bergen: Fachexperten stehen nicht zur Verfügung, die Arbeitsausführung ist mangelhaft, Termine werden nicht eingehalten …

3.2 Die Risiken auflisten

Zu viel Optimismus kann gefährlich sein

Risiken sind unangenehme Begleiterscheinungen von Projekten – insbesondere wenn sie tatsächlich eintreten. Und an Unangenehmes denkt man nicht gerne. Aus diesem Grund tendieren Projektleiter zu einem gefährlichen Optimismus.

»Gefahr erkannt, Gefahr gebannt.« Diese landläufige Weisheit bringt auf den Punkt, worum es beim Risikomanagement im ersten Schritt geht: um eine Bestandsaufnahme. Die Gefahren werden ausgemacht, alle potenziellen Risiken kommen auf den Tisch. Und das unabhängig von ihrem Einfluss und ihrer Eintrittswahrscheinlichkeit.

Eine solche Bestandsaufnahme plant auch Matthias, als er seine Leute zu einer Besprechung bittet. Matthias ist Chemiker und hat schon manche Versuchsreihe verantwortet. Doch die Farbzusammenzustellung des Speziallacks, den er mit seinem Projekt entwickeln soll, hat es in sich. Der Kunde stellt sehr spezielle Anforderungen – und Matthias weiß: Ein Fehlschlag in den Versuchsreihen kann ihn schnell um Tage, vielleicht sogar Wochen zurückwerfen. Mit einem kleinen Team erfahrener Kollegen möchte er deshalb eine Liste der möglichen Risiken aufstellen.

Zunächst hat Matthias gezögert, auch seinen Kollegen Bruno hinzuzuziehen. Er gilt als Eigenbrötler und malt allzu oft den Teufel an die Wand, gerade auch wenn es um neue Lacke geht. Aber warum nicht? Für die Bestandsaufnahme der Risiken ist jeder Hinweis auf eine mögliche Gefahr willkommen!

Praxistipp! Nutzen Sie die Skepsis der Pessimisten, um die Risiken für das Projekt aufzuspüren. Fragen Sie danach, welche Schwierigkeiten sie auf das Projekt zukommen sehen. Achten Sie darauf, dass niemand die vorgetragenen Risiken kritisieren darf. Diese Regel kennen Sie aus dem Brainstorming.

Potenzielle Projektrisiken liegen häufig erst einmal außerhalb der Vorstellungskraft der Beteiligten. Das weiß auch Matthias, der deshalb in der Runde immer wieder beharrlich nachfragt: Was könnte schiefgehen? Was könnte alles passieren? Wo könnte es brenzlig werden?

Risikofindung mit dem Magischen Dreieck

Für das Aufspüren der Risiken kann das Magische Dreieck (siehe Kapitel 1.3) eine gute Hilfe sein. Letztlich betreffen die Risiken eines Projekts immer die drei Zielgrößen Umfang, Ressourcen und Termine. Jedes Projekt birgt – in unterschiedlichem Ausmaß – drei grundsätzliche Risiken:

- **Qualitätsrisiko:** Es besteht die Gefahr, dass die Projektziele nicht in vollem Umfang erreicht werden.
- **Kostenrisiko:** Es besteht die Gefahr, dass das Projekt teurer und zeitaufwendiger wird als geplant.
- **Terminrisiko:** Es besteht die Gefahr, dass das Projekt nicht rechtzeitig abgeschlossen werden kann.

Die Strukturierung nach Umfang, Kosten und Zeit ermöglicht es, in den drei Risikofeldern weiter in die Tiefe zu gehen und zu den konkreten Risiken vorzustoßen (siehe Abbildung 21).

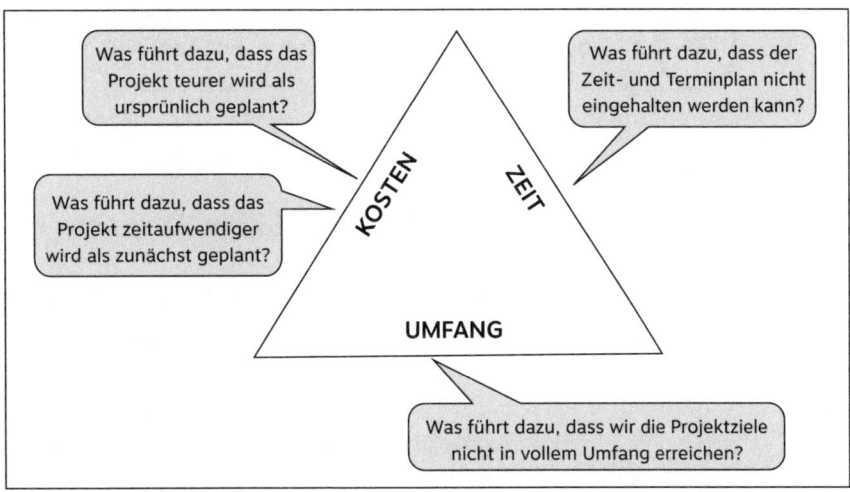

Abbildung 21: Risikofindung mit dem Magischen Dreieck

Eine möglichst vollständige Auflistung

Wie erhalten Sie als Projektleiter eine möglichst vollständige Risikoliste? Klar ist: Es genügt nicht, einfach die Risiken aufzuschreiben, die Ihnen spontan einfallen und auf die man Sie aufmerksam gemacht hat. Da braucht es mehr, wie wir am Beispiel von Matthias gesehen haben: Rufen Sie Ihre Mitstreiter zusammen und erörtern Sie gemeinsam, welche Risiken das Projekt ernsthaft gefährden könnten. Laden Sie alle ein, die im Projekt eine Leitungs- oder Beratungsfunktion haben.

Matthias hat sogar seinen Chef eingeladen, der für ihn der Auftraggeber ist. Auch das ist keine so schlechte Idee. Am Ende werden Sie feststellen: Die Wahrnehmung einer Gruppe ist immer breiter als die eines Einzelnen.

Jedes gute Risikomanagement beginnt mit einer möglichst vollständigen Sammlung der bestehenden Risiken. Schreiben Sie deshalb im ersten Schritt alle Risiken auf. Gehen Sie nach dem Muster eines Brainstormings vor: Zunächst wird ohne Diskussion alles zusammengetragen, was den Beteiligten an möglichen Projektrisiken einfällt; erst in einem späteren Schritt folgt eine Bewertung.

Praxistipp! Machen Sie sich immer wieder bewusst: Es ist völlig risikolos, die bestehenden Risiken zu benennen und aufzulisten. Umgekehrt gilt: Kein Risiko verschwindet, bloß weil Sie es nicht zur Kenntnis nehmen wollen. Es wird dadurch allenfalls unkontrollierbar.

Katastrophen und Show-Stopper

Wenn Sie mit Ihren Leuten Risiken sammeln, stoßen Sie mitunter auf zwei Risikoarten, mit denen erfahrungsgemäß keiner so recht etwas anzufangen weiß: die Katastrophen und die »Show-Stopper«.

In die erste Kategorie fallen Umweltkatastrophen, explodierende Kernkraftwerke oder ein Flugzeugabsturz auf das Firmengelände. Natürlich würden sich solche Ereignisse auch auf das Projekt auswirken, aber angesichts ihrer Tragweite wäre dieser Schaden ein eher nachrangiges Problem. Diese Risiken können Sie mit gutem Gewissen einfach ausblenden.

Anders verhält es sich mit den Show-Stoppern oder auch Spielverderbern, wie der Bestseller-Autor Tom DeMarco sie nennt. Gemeint sind damit Risiken, die ein Projekt zwangsläufig beenden können. Angenommen, Vanessas Unternehmen wird Opfer einer feindlichen Übernahme: Dann fände auch ihr Projekt, das in der Buchhaltung eine einheitliche Kontierung sicherstellen soll, ein jähes Ende. Oder Matthias: Ginge der Kunde pleite, stünde sein Projekt mit dem Speziallack vor dem Aus. Solche Show-Stopper darf man nicht ignorieren, können aber letztlich nur von der Geschäftsleitung gemanagt werden.

Aufruf zur Sabotage

Wenn Sie den Denkprozess so richtig in Schwung bringen möchten, versuchen Sie es doch einmal mit einem negativen Brainstorming. Stellen Sie Ihren Teammitgliedern folgende Frage: »Wenn ihr das Projekt sabotieren und zum Scheitern bringen wolltet, wo würdet ihr ansetzen?« Die Antworten dürften eine Reihe an Risiken zutage fördern, an die bislang noch keiner dachte.

»Ich werde den Kollegen Timo entführen«, ruft etwa Bruno in die Runde. Große Heiterkeit! Aber dann merken die Beteiligten: Das eigentliche Risiko ist sicher nicht, dass Timo tatsächlich auf offener Straße entführt wird. Doch was würde es für das Projekt bedeuten, wenn er plötzlich ausfiele?

Timo ist verantwortlich für die Bedienung einer hochmodernen Farbmischanlage. Kein anderer im Unternehmen kennt diese Anlage so gut wie er. Ohne ihn würden sich die Mischaufträge an der Maschine in nur wenigen Tagen meterhoch stapeln. Auch das Projekt von Matthias bekäme schnell ein gewaltiges Terminproblem. Damit nicht genug: Matthias vertraut darauf, dass Timo bei der Farbmischung sein viel gerühmtes goldenes Händchen beweisen wird. Die Auswirkungen, fiele Timo tatsächlich aus, wären äußerst schmerzhaft!

 Praxistipp! Laden Sie auch Ihren Auftraggeber zur Diskussion über die möglichen Risiken ein. So bekommt er von vornherein ein realistisches Bild davon, mit welchen Schwierigkeiten er unter Umständen rechnen muss.

Die Risiken konkretisieren

Wer Risiken benennt, sollte sich präzise ausdrücken. Oft wird zum Beispiel als Risiko einfach nur ein Stichwort notiert – zum Beispiel: »Lieferant«. Das mag gut gemeint sein, aber der Lieferant an sich ist kein Risiko, er kann ja auch nicht passieren. Ein Risiko ist nur etwas, das passieren kann. Es kann natürlich passieren, dass der Lieferant ausfällt, die geforderte Qualität nicht liefern kann oder einen Engpass bei der Auslieferung hat. Das sind dann tatsächlich Risiken

Also: Machen Sie es konkret. Risiken sind immer Ereignisse, die Sie auch als solche formulieren sollten (vgl. Abbildung 22).

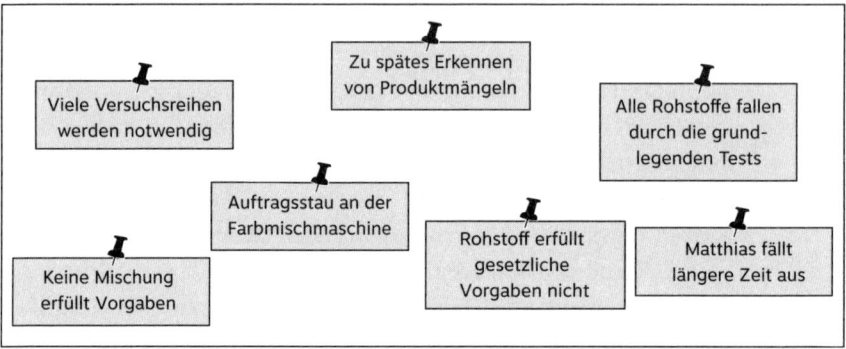

Abbildung 22: Ein erstes Brainstorming möglicher Risiken

Nun haben Sie alle Risiken aufgelistet. Wie geht es weiter? Im nächsten Schritt nehmen Sie zusammen mit Ihren Leuten die einzelnen Risiken etwas genauer unter die Lupe. Dies geschieht anhand von drei Aspekten:

- Welches ist die Ursache für das Risiko?
- Worin zeigt sich das Risikoereignis, wenn es eintritt?
- Welche Auswirkungen hat es auf das Projekt?

Um die Analyse systematisch durchzuführen, hat sich ein »Risiko-Logbuch« bewährt. Es beschreibt die einzelnen Risiken anhand von drei Aspekten – und ist dementsprechend in drei Spalten gegliedert

- Ursache: In der Spalte »Ursache« stellen wir die Umstände dar, die dazu führen, dass ein Risiko eintritt. Die Ursache lässt offen, ob das Risikoereignis tatsächlich eintritt.
- Risiko: In der Spalte »Risiko« beschreiben wir das Ereignis, das dazu führt, dass ein Schaden für das Projekt eintritt. Dabei achten wir darauf, hier nur das Risikoereignis zu schildern – noch nicht seine Auswirkungen.
- Auswirkung: In der Spalte »Auswirkungen« schätzen wir den Schaden, der eintritt, wenn niemand auf das Risiko reagiert und keine Gegenmaßnahmen ergriffen werden. Es geht um die Auswirkungen auf die drei Zielgrößen Qualität, Kosten und Termine.

Matthias & der Speziallack: **Das Risiko-Logbuch**

Matthias soll für einen Kunden einen Speziallack für die Versiegelung von Holzoberflächen entwickeln. Nach dem Gespräch mit seinen Kollegen nimmt er folgende Einträge in seinem Risiko-Logbuch vor:

Ursache	Risiko	Auswirkung
Die Farbmischungen wei-sen immer neue Mängel auf	Viele Versuchsreihen werden notwendig	Zusätzliche Versuchsrei-hen verursachen Kos-ten und gefährden den Zeitplan
Die Anforderungen des Kunden sind zu speziell	Keine Mischung erfüllt die Vorgaben	Die Versuchsreihen wer-den abgebrochen, das Projekt wird gestoppt
Hohes Auftragsvolumen Weitere Projekte mit vie-len Versuchsreihen	Auftragsstau an der Farbmischmaschine	Verzögerungen im Zeitplan
Erste Tests lassen be-stimmte Mängel nicht erkennen	Zu spätes Erkennen von Produktmängeln	Die Produktqualität lei-det, evtl. neue Versuchs-reihen nötig
Unzureichende rechtliche Prüfung	Produkt erfüllt nicht die gesetzlichen Vorgaben	Weitere Versuchsreihen mit alternativen Rohstof-fen initiieren
Die Anforderungen des Kunden sind zu speziell	Alle Rohstoffe fallen durch die grundlegenden Tests	Das Projekt wird evtl. gestoppt.
Krankheit	Matthias fällt längere Zeit aus	Wartezeit bis zu seiner Rückkehr oder neuer Kol-lege muss sich erst ein-arbeiten (Zeit!)

Abbildung 23: Beispiel eines Risiko-Logbuchs

Es gibt keine Gewissheit

Natürlich stellt sich die Frage, ob Sie wirklich alle relevanten Risiken erfasst
haben. Leider gibt es keine Methode, mit der Sie das definitiv sicherstellen können. Es kann eben niemand in die Zukunft schauen. Auch wenn es höchst un-

wahrscheinlich ist – ein schwarzer Schwan oder ein schwarzer Elefant kann eben doch auftauchen.

Aber nicht nur Unvorhergesehenes kann die Risikolandschaft verändern, auch eigene Annahmen können sich als falsch erweisen. Auch gegen diese Gefahr gibt es kaum ein Mittel – außer Sie sind sich Ihrer Annahmen bewusst und stellen diese in vielen Gesprächen mit Außenstehenden auf den Prüfstand.

Praxistipp! Die Risikoanalyse ist ein Prozess, der Sie auch in späteren Projektphasen begleitet. Beißen Sie sich deshalb nicht fest, wenn in der Gruppe keine weiteren Risiken genannt werden. Ziehen Sie einen Schlussstrich – und konzentrieren Sie sich auf die Punkte, die Sie gemeinsam identifiziert haben.

Die Risikoanalyse ist kein einmaliger Vorgang, der zu Projektbeginn abgeschlossen wird. Vielmehr sollten Sie das Thema regelmäßig auf die Tagesordnung setzen. Der Projektplan wird laufend fortgeschrieben. Dadurch entstehen auch neue Risiken, die erfasst werden sollten. Nur auf diesem Weg lassen sich böse Überraschungen und »plötzliche Katastrophen« weitgehend vermeiden.

Wenn Sie zusammen mit Ihren Leuten eifrig die möglichen Risiken sammeln, kann eine recht lange Liste herauskommen – selbst bei kleineren Projekten. Lassen Sie sich davon nicht irritieren! Nicht alle Risiken gefährden das Projekt gleichermaßen. In einem nächsten Schritt werden Sie die Risiken kategorisieren – sprich: bewerten und nach Gefährlichkeit ordnen. Auf diese Weise bekommen Sie auch eine umfangreiche Liste in den Griff.

3.3 Die Risiken bewerten

Von Wahrscheinlichkeiten und Schadensprognosen

Die Risiken liegen auf dem Tisch, doch nun passiert: nichts! Die eigentliche Gefahr beim Umgang mit Risiken liegt in der fehlenden Bereitschaft, unangenehmen Tatsachen in die Augen zu sehen – und zwar auch und gerade dann, wenn man noch keine Lösung für sie parat hat.

Wir haben die Risiken aufgelistet und konkretisiert – ein erster wichtiger Schritt. Nun sollten wir gleich zum zweiten Schritt übergehen: die Risiken bewerten. Nicht alle Risiken wirken sich gleichermaßen negativ auf das Projekt aus. Ziel der Risikobewertung ist, die wirklich bedrohlichen Risiken zu identifizieren, um sich dann auf diese konzentrieren zu können.

Wenn Sie darüber nachdenken, welche Risiken Ihrem Projekt gefährlich werden können, interessieren nur zwei Aspekte: die Eintrittswahrscheinlichkeit und die Tragweite. Jedes Risiko tritt mit einer bestimmten Wahrscheinlichkeit ein – und richtet einen bestimmten Schaden an. Die Tragweite bezieht sich auf das Ausmaß dieses Schadens. Ein Risiko lässt sich anhand von zwei Leitfragen bewerten:

- Wahrscheinlichkeit: Wie wahrscheinlich ist es, dass der Risikofall eintritt?
- Schadensausmaß: Welcher Schaden wird dadurch verursacht?

 Orientierung! Ein Risiko ist umso gefährlicher, je wahrscheinlicher es eintritt und je größer der entstehende Schaden ist. Geben Sie jedem Risiko eine Wahrscheinlichkeit und ein Schadensausmaß.

Ein Risiko ist nur dann ein Risiko, wenn es mit einer gewissen Wahrscheinlichkeit eintritt. Die Eintrittswahrscheinlichkeit wird in Prozent angegeben:

- 0% – 10% eher unwahrscheinlich
- 11% – 30% wenig wahrscheinlich
- 31% – 60% ziemlich wahrscheinlich
- 61% – 80% sehr wahrscheinlich
- 81% – 100% ziemlich sicher

Manchmal genügt es, das Schadensausmaß anhand von fünf Stufen zu klassifizieren: sehr gering – gering – mittel – hoch – sehr hoch. Bewährt hat es sich, die Risiken anhand einer zehnstufigen Skala in die Schadensklassen 0 bis 10 einzuordnen.

- 0–1 vernachlässigbar
- 2–3 spürbar
- 4–5 verkraftbar
- 6–7 problematisch
- 8–9 gefährlich
- 10 katastrophal

Ein in Klasse 10 eingestufter maximaler Schaden wird unter Projektleitern auch gerne »Super-GAU« (Größter Anzunehmender Unfall) oder »Show-Stopper« genannt. Es handelt sich um Ereignisse, die zum Abbruch des Projekts führen.

Gemeinsam mit seinem Team bewertet auch Matthias die Risken seines Projekts. Hierzu ergänzt er sein Risiko-Logbuch um die Spalten »Wahrscheinlichkeit« und »Schadensausmaß« (s. Abbildung 20). Um die Eintrittswahrscheinlichkeiten zu schätzen, greift die Gruppe auf Erfahrungen aus vergleichbaren Projekten zurück. Das Schadensausmaß hängt stark von der Bedeutung und der Dringlichkeit des Projekts ab.

Matthias & der Speziallack: **Das Risiko-Logbuch**

Matthias soll für einen Kunden einen Speziallack für die Versiegelung von Holzoberflächen entwickeln. Nach dem Gespräch mit seinen Kollegen nimmt er folgende Einträge in seinem Risiko-Logbuch vor:

Risiko	Wahrscheinlichkeit	Schadensausmaß
Viele Versuchsreihen werden notwendig	30%	3
Keine Mischung erfüllt die Vorgaben	15%	6
Auftragsstau an der Farbmischmaschine	60%	4
Zu spätes Erkennen von Produktmängeln	20%	8
Produkt erfüllt nicht die gesetzlichen Vorgaben	5%	8
Alle Rohstoffe fallen durch die grundlegenden Tests	10%	7
Matthias fällt längere Zeit aus	5%	8

Abbildung 24: Beispiel eines Risiko-Logbuchs

Zugegeben, die Matrix macht die Sache nicht viel übersichtlicher. Das ändert sich schlagartig, wenn wir die Daten grafisch in Form eines Risikoportfolios aufbereiten. Hierzu übertragen wir die Werte aus der Tabelle in ein Koordinatenkreuz mit den Achsen Schadensausmaß und Wahrscheinlichkeit (siehe Abbildung 25). Auf einen Blick erkennen wir nun die wirklich gefährlichen Risiken.

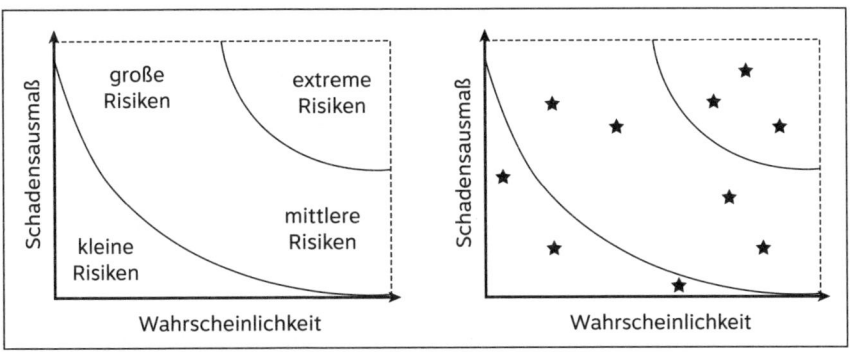

Abbildung 25: Grafische Darstellung der Risiken im Risikoportfolio

Je nach Position auf der Grafik fällt ein Risiko in eine der folgenden Kategorien:

- **Extreme Risiken:** Extreme Risiken sind sehr wahrscheinlich und verursachen im Falle ihres Eintretens einen hohen Schaden. Existiert ein solches Risiko, stellt sich die Frage, ob man das Projekt überhaupt in Angriff nimmt. Der Projektleiter sollte dies mit dem Auftraggeber klären.
- **Große Risiken:** Große Risiken verursachen zwar einen großen Schaden, sind aber nicht sehr wahrscheinlich. Meist lohnen sich vorbeugende Maßnahmen nicht – doch sollte ein Notfallplan existieren, um im Falle eines Falles den Schaden zu begrenzen.
- **Mittlere Risiken:** Mittlere Risiken verursachen zwar keinen großen Schaden, ihr Eintritt ist jedoch wahrscheinlich. Der Projektleiter muss mit ihnen rechnen. Deshalb sollte er sich mit ihnen beschäftigen und möglichst auch präventive Maßnahmen ergreifen.
- **Kleine Risiken:** Bei kleinen Risiken sind Schaden und Eintrittswahrscheinlichkeit sehr gering. Der Projektleiter kann sie vernachlässigen. Sollten sie dann doch eintreten, kann er sich immer noch um sie kümmern.

3.4 Vorkehrungen treffen

Gut gewappnet ist halb gewonnen

Wer in Kenntnis der Risiken auf geeignete Vorkehrungen verzichtet, handelt leichtfertig. Er gleicht einem Autofahrer, der seine Fahrt mit defekten Bremsen antritt und sagt: »Darum kümmere ich mich später, wenn ich bremsen muss.«

Matthias hat mit seinen Kollegen die Risiken analysiert und bewertet. Die Gruppe steht vor dem Flipchart und betrachtet das Risikoportfolio. »Um welche Risiken müssen wir uns kümmern?«, fragt Matthias. »Welche Vorkehrungen sollen wir treffen, welche Maßnahmen ergreifen?«

Nun geht es also darum, aktiv zu werden. Die möglichen Maßnahmen lassen sich in zwei Kategorien einteilen: präventive und korrektive Maßnahmen (siehe Abbildung 26).

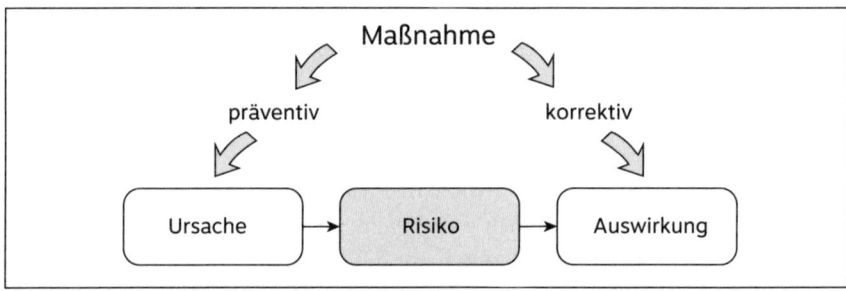

Abbildung 26: Präventive und korrektive Maßnahmen im Risikomanagement

Der Unterschied lässt sich an einem einfachen Beispiel verdeutlichen. Auf einem Dorfplatz steht ein mittelalterlicher Brunnen mit einer runden Mauer, einem hölzernen Dach und einer Seilwinde mit Holzeimer. Weil der Brunnenschacht offen ist (Ursache), besteht das Risiko, dass ein Kind auf die Mauer klettert und in den Brunnen fällt. Dabei könnte es sich schwer verletzen (Auswirkung).

Präventive Maßnahmen wirken vorbeugend. Sie sollen dafür sorgen, dass das Risiko gar nicht erst eintritt. Um präventiv zu sein, muss sich die Maßnahme auf die Ursache des Risikos beziehen. Man könnte beispielsweise den Brunnenschacht abdecken. Dadurch reduziert sich die Eintrittswahrscheinlichkeit: Selbst wenn das Kind auf die Mauer klettert, kann es kaum noch in den Brunnen fallen.

Korrektive Maßnahmen werden ergriffen, wenn das Risiko bereits eingetreten ist. Sie bekämpfen nicht die Ursache, sondern sollen den Schaden reduzieren. Um als korrektiv zu gelten, muss eine Maßnahme die Auswirkungen abmildern. Eine solche Vorkehrung könnte ein Alarmknopf am Brunnen sein, der einen schnellen Rettungseinsatz auslöst. Die Eintrittswahrscheinlichkeit ändert sich bei dieser Maßnahme nicht, da der Brunnenschacht nach wie vor offen ist, die Ursache also unverändert bestehen bleibt.

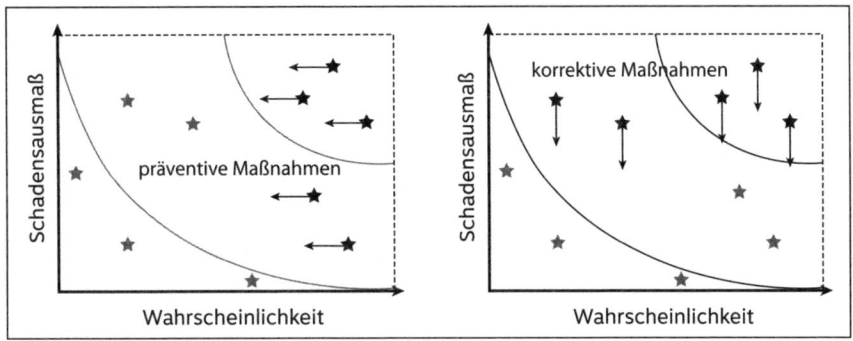

Abbildung 27: Präventive und korrektive Maßnahmen im Risikoportfolio

Strategien für den Umgang mit Risiken

Ganz so trivial wie im Falle des Brunnens stellt sich Lage in der Projektwirklichkeit leider nicht dar. Meist ist es hier deutlich schwieriger und erfordert profundes Fachwissen, um die richtigen Maßnahmen zu finden. Prinzipiell stehen Ihnen vier Strategien zur Verfügung:

- **Verhindern:** Sie versuchen durch geeignete Maßnahmen, die Ursachen für das Risiko in den Griff zu bekommen. Sie wollen im Vorfeld sicherstellen, dass es erst gar nicht zu Problemen kommt.
- **Reduzieren:** Sie definieren Maßnahmen, mit denen Sie im Eintrittsfall den Schaden verringern können. Der Schaden soll im Rahmen bleiben, das Projekt also nicht gefährden.

- **Akzeptieren:** Sie entscheiden sich, das Risiko zu akzeptieren. Sie verzichten auf mögliche Maßnahmen, um das Risiko zu vermeiden – und sind bereit, den Schaden zu akzeptieren, falls es doch passiert.
- **Übertragen:** Sie wälzen das Risiko auf einen Dritten ab. Zum Beispiel übertragen Sie das Risiko per Vertrag an einen Lieferanten, der für etwaige Folgen aufkommt.

Auf den ersten Blick bestechen die Strategien »Verhindern« und »Übertragen«. In der Praxis erweisen sie sich jedoch oft als undurchführbar oder zumindest sehr teuer. Die meisten Risiken lassen sich jedoch mit vertretbaren Maßnahmen auf ein akzeptables Maß reduzieren. Bleiben Sie zurückhaltend bei der Strategie »Akzeptieren«. Schließlich gibt es ja auch noch die Risiken, die Sie bei der Analyse übersehen und damit zwangsläufig bereits akzeptiert haben.

Extreme Risiken managen

Extreme Risiken stellen, wie gesagt, das Projekt an sich infrage. Prüfen Sie ein solches Risiko eingehend: Gefährdet es das Projekt tatsächlich? Wenn ja, sollten Sie den Mut aufbringen und das Thema mit dem Auftraggeber besprechen. Das gilt in besonderem Maße für Kundenprojekte, bei denen ein Scheitern schnell das Unternehmen insgesamt schädigen kann.

Doch wie verfahren Sie, wenn der Auftraggeber das Projekt trotz Ihrer Bedenken durchziehen möchte? Nun stehen Sie vor der Frage, wie Sie das extrem große Risiko handhaben. Die Antwort: Sie definieren es um!

 Praxistipp! Ein Risiko, bei dessen Eintreten das gesamte Projekt zu scheitern droht, ist auf der anderen Seite auch ein entscheidender Erfolgsfaktor. Behalten Sie diesen Erfolgsfaktor ständig im Auge!

Liegt das Risiko zum Beispiel in einem extrem knappen Zeitplan, also letztlich darin, den Endtermin zu überschreiten, können Sie es zum Erfolgsfaktor »absolute Termintreue von Anfang an« umdeuten. Diesen Erfolgsfaktor können Sie nun in den Mittelpunkt rücken. Sie treffen ungewöhnlich genaue Terminvereinbarungen und lassen sich regelmäßig Bericht erstatten. Sie behalten den Faktor »Zeit« ständig im Auge.

Große Risiken managen

Große Risiken treten nur selten ein, verursachen aber einen enormen Schaden. Während wir uns privat ganz selbstverständlich gegen Sturm, Hagel, Unfälle und andere Schäden versichern, übersehen wir als Projektleiter häufig die Möglichkeit einer Versicherung – und gefährden damit auf fahrlässige Weise den Projekterfolg.

Die Möglichkeiten, ein Projekt gegen Risiken zu versichern, sind vielfältig. So können Sie bei Lieferverzug eine Konventionalstrafe vereinbaren, um die entstehenden Mehrkosten aufzufangen. Auch Alternativlieferanten, Back-up-Systeme, Outsourcing von Projektarbeiten oder Vertretungsregelungen für wichtige Projektmitarbeiter sind Strategien, um große Risiken zu managen.

Praxistipp! Möchten Sie Ihr Projekt gegen Risiken absichern, müssen Sie diese Maßnahmen zu Beginn des Projektes ergreifen. Wenn es erst einmal brennt, ist es hierfür zu spät. Auch im Privatleben können Sie keine Gebäudebrandversicherung mehr abschließen, wenn die Flammen schon aus den Fenstern schlagen.

Fehlt für ein großes Risiko eine geeignete Versicherungsmöglichkeit, empfiehlt es sich, einen Notfallplan aufzustellen. Er schafft den Spielraum, im Eintrittsfall auf die neue Situation einzugehen und sich bei Bedarf weitere Maßnahmen zu überlegen. Mit etwas Glück lassen sich so der Schaden ausreichend begrenzen und das Projekt retten. Selbst wenn Sie den Notfallplan nicht benötigen, vermittelt er doch ein beruhigendes Gefühl: Sie haben Ihren »Plan B« in der Schublade und sind handlungsfähig, wenn die Situation doch eintreten sollte.

Erarbeiten Sie deshalb für jedes große, nicht versicherte Risiko einen Notfallplan. Ergänzen Sie das Risiko-Logbuch um einen Maßnahmenteil und halten Sie darin diese Notfallpläne fest.

Mittlere Risiken managen

Wenn der Wetterbericht Regen ankündigt, greifen Sie ganz selbstverständlich zum Schirm. Diese »Präventionsmaßnahme« erfordert kaum Aufwand. Und wenn es dann tatsächlich regnet, bleiben Sie trocken. Den Schirm mitnehmen: eine einfache Vorkehrung gegen ein sehr wahrscheinlich eintretendes Risiko. Was im Alltag selbstverständlich ist, genießt in der Projektwelt Seltenheitswert. So kommt es, dass viele Projektleiter irgendwann mit ihrem Team im Regen stehen.

Praxistipp! Nahezu jedes Projekt birgt eine Reihe mittelgroßer Risiken, die sehr wahrscheinlich eintreten. Als Projektleiter sollten Sie gegen diese Risiken Vorkehrungen treffen. Dabei hilft das Risiko-Logbuch, in dem Sie die Risikoursachen ja bereits notiert haben.

Zum Beispiel müssen Sie damit rechnen, dass im Projektverlauf ein Mitarbeiter ausfällt – ein sehr wahrscheinliches Risiko, gegen das Sie etwas tun sollten. Eine Lösung kann darin liegen, dass Sie für eine Vertretung sorgen, die sofort einspringen kann. Vielleicht veranlassen Sie hierfür die Schulung von Kollegen oder Sie sehen sich nach einer externen Unterstützung um. Je mehr Arbeiten dieses Mitarbeiters zügig an andere übertragen werden können, desto weniger behindert sein Ausfall den Projektfortgang.

Begegnen Sie allen mittleren Risiken mit einem geeigneten Regenschirm! Ergänzen Sie hierzu das Risiko-Logbuch im Maßnahmenteil und notieren Sie zu jedem Risiko die jeweiligen Präventivmaßnahmen.

Achtung! Gehen Sie die vereinbarten Maßnahmen und Notfallpläne nochmal einmal kritisch durch und prüfen Sie die Plausibilität. Allzu gerne schleichen sich »Mogelpackungen« ein, die das Gewissen beruhigen, im Ernstfall jedoch nicht funktionieren.

Ein typisches Beispiel für eine solche Mogelpackung: Bei einem großen Risiko legt das Projektteam als Notfallmaßnahme »Unterstützung vom Management einholen« fest. Doch wird das Management im Ernstfall wirklich kurzerhand die Karre aus dem Dreck ziehen? Meistens wohl nicht.

Nicht locker lassen

Es ist geschafft! Der Projektleiter hat mit seinem Team die Risiken aufgelistet, bewertet und übersichtlich im Risikoportfolio präsentiert; die Maßnahmen sind im Logbuch festgehalten, alle notwendigen Vorkehrungen getroffen. Doch was geschieht nun? Die Gefahr ist groß, dass die Unterlagen in einer Schublade verschwinden.

Wenn der Projektalltag seinen Tribut fordert und die ersten kritischen Meilensteine näher rücken, fehlt häufig die Zeit, das Thema »Risikomanagement« weiter zu verfolgen. Eine gefährliche Nachlässigkeit: Die Risiken geraten ausgerechnet dann aus dem Blickfeld, wenn sie besondere Aufmerksamkeit verdienen – nämlich während der Ausführung des Projektes.

 Praxistipp! Verlieren Sie das Thema »Risiken« nicht aus dem Auge. Sorgen Sie dafür, dass es während der gesamten Projektlaufzeit präsent bleibt. Nutzen Sie Projektbesprechungen, um sich immer wieder mit den Risiken zu beschäftigen.

Die Risikolage verändert sich während der Projektlaufzeit. Neue Risiken kommen hinzu, einige vergrößern sich, andere spielen ab einem bestimmten Zeitpunkt keine Rolle mehr. Sobald ein Aufgabenpaket fertiggestellt ist, verlieren auch die damit verbundenen Risiken ihre Bedeutung und können aus der Liste gestrichen werden.

 Praxistipp! Überprüfen Sie regelmäßig Ihre Risiken. Neue Risiken können hinzugekommen sein – ebenso können Risiken sichtbar werden, die anfangs nicht identifiziert wurden.

Um während des Projektverlaufs den Überblick zu bewahren, hat es sich bewährt, die Risiken routinemäßig zu checken:

- Ist das Risiko noch existent? Kann es gestrichen werden?
- Ist die Eintrittswahrscheinlichkeit noch die gleiche?
- Entspricht der erwartete Schaden noch der bisherigen Einschätzung?
- Gibt es neue Risiken, die wir am Anfang noch gar nicht bedacht haben?
- Sind die Präventivmaßnahmen ausgeführt worden?
- Haben die Verantwortlichen die Maßnahmen umgesetzt?
- Passen die Notfallpläne noch? Werden sie wie vereinbart abgearbeitet?

Als Projektleiter sind Sie für das Risikomanagement insgesamt verantwortlich. Sinnvoll kann es jedoch sein, für einzelne Risiken jeweils einen Verantwortlichen zu bestimmen, der das jeweilige Risiko verfolgt und sofort darüber informiert, sollte das Problem akut werden. Einen Teil der Risiken behalten Sie also selbst im Auge, andere delegieren Sie an das Team, besonders wenn sie bestimmte fachliche Themen betreffen. Die jeweiligen Experten erkennen als Erste, wenn sich auf ihrem Gebiet ein Problem anbahnt.

Ein professionelles Risikomanagement gibt es nicht zum Nulltarif – es kostet Zeit, Geld und Nerven. Andererseits birgt jedes Projekt teilweise erhebliche Risiken, sodass sich der Aufwand auf jeden Fall lohnt. Ihre Aufgabe als Projektleiter ist, hiervon auch den Auftraggeber zu überzeugen – was manchmal viel Geschick und Überzeugungskraft erfordert. Die wohl größte Schwierigkeit liegt jedoch in der oft fehlenden Bereitschaft aller Beteiligten, unangenehmen Tatsachen ins Auge zu blicken. Machen Sie deshalb sich und Ihrem Team immer wieder deutlich: »Das Risikomanagement ist wichtig – und wir werden es auch in hektischen Projektphasen nicht vernachlässigen!«

Survival-Tipps: **Böse Überraschungen**

Projektarbeit ist spannend, weil sie sich jenseits der täglichen Routine bewegt. Man weiß nie, welche Überraschung hinter der nächsten Ecke wartet. Bei allem Nervenkitzel darf es aber nicht zur großen Katastrophe kommen, an der das gesamte Projekt zerbricht. Dies erfordert einen systematischen Umgang mit Risiken.

- Risiken zu verdrängen oder kollektiv zu ignorieren ist gefährlich. Die Realität schert sich nicht um Wunschdenken oder haltlosen Optimismus nach dem Motto: »Das wird schon alles irgendwie gut gehen.«
- Schaffen Sie in Ihrem Projektteam ein Risikobewusstsein. Sorgen Sie für eine Atmosphäre im Team, in der sich alle Beteiligten trauen, offen und ehrlich über mögliche Risiken zu sprechen.
- Überlegen Sie zu Beginn, welche Risiken überhaupt existieren. Ein Problem ist halb gelöst, wenn es nur klar formuliert wird.
- Prüfen Sie, wie wahrscheinlich es ist, dass die von Ihnen genannten Risiken eintreten, und bewerten Sie, wie groß der Schaden für das Projekt wäre.

- Führen Sie geeignete Maßnahmen durch, um die Risiken zu senken. Legen Sie dabei ein besonderes Augenmerk auf Risiken, die schwerwiegende Folgen haben können.
- Setzen Sie Ihren Auftraggeber über die bestehenden Risiken in Kenntnis. Der Auftraggeber ist gemeinsam mit Ihnen für das Projekt verantwortlich.
- Seien Sie ehrlich zu sich selbst. Falls Sie nach eingehender Prüfung feststellen, dass das Projekt zu risikoreich ist, sollten Sie den Mut haben, es abzulehnen.
- Denken Sie daran: Risikomanagement benötigt Zeit und verursacht Kosten. Kein Risikomanagement führt dagegen zu unnötigen Verzögerungen und kostet Sie am Ende noch mehr Geld!

4. DER PROJEKTBEGINN

Wie Sie für einen perfekten Projektstart sorgen

»Sage mir, wie ein Projekt beginnt, und ich sage dir, wie es endet« – eine berühmte Projektleiterweisheit. Und in der Tat: Der Projektstart wirkt sich erheblich auf den weiteren Projektverlauf aus. Der Auftakt prägt sowohl die Erwartungen der Teammitglieder als auch die der interessierten Beobachter. Hier entscheidet jeder Einzelne, welche Erfolgschancen er dem Projekt gibt, welche Bedeutung er ihm beimisst und wie sehr er sich engagieren wird.

Es empfiehlt sich also, zu Beginn gute Arbeit zu leisten. Vieles wird dann später leichter und besser von der Hand gehen. Tatsächlich machen sich viele Projektleiter jedoch überstürzt an die Arbeit und machen Fehler, die sich später rächen. Typisch ist der Fall von Katharina: Die Geschäftsleitung macht Druck, weil sie lieber heute als morgen die Projekt- und Zeitdatenerfassung in den Griff bekommen möchte. Katharina lässt sich dazu verleiten, sofort mit den ersten Projektarbeiten zu beginnen – und muss schnell feststellen: Was sie da treibt, ist im Grunde blinder Aktionismus. Immer wieder muss sie Fehler durch aufwendige und kostspielige Nacharbeit ausbügeln: »Von wegen Zeitersparnis!«, denkt sie.

Ob es sich um die Erfassung von Zeitdaten, eine Hausmesse, ein Informationssystem oder irgendein anderes Projekt handelt: Wer zu früh den Startblock verlässt, riskiert einen Fehlstart. Die vierte Etappe zeigt Ihnen deshalb, wie Sie strukturiert an den Projektbeginn herangehen und einen gelungen Start erreichen.

Das Kick-off-Meeting (Kapitel 4.1) und der Take-off-Wokshop (Kapitel 4.2) versetzen das Projektteam bereits zu einem sehr frühen Zeitpunkt in die Lage, zielgerichtet zu arbeiten und kraftvoll durchzustarten. Ausschlaggebend für den Projekterfolg ist eine gute Zusammenarbeit im Projektteam; meist jedoch finden sich die Projektmitarbeiter nicht von allein zu einem gut funktionierenden Team zusammen. Was Sie hier als Projektleiter tun können, um den Findungsprozess zu forcieren, erfahren Sie in Kapitel 4.3.

Wenn Teammitglieder »Dienst nach Vorschrift« machen, wird das für den Fortgang des Projekts schnell zu einem echten Problem. Eine wertschätzende, überzeugende und zielbewusste Kommunikation beugt dem vor und sorgt von Anfang an für hohes Engagement (Kapitel 4.4). Ein spezielles Problem, das schon manchen Projektleiter ereilt hat, greift Kapitel 4.5 auf: Bei der Verteilung der ersten To-dos gehen plötzlich alle in Deckung – keiner im Projektteam zeigt die Bereitschaft, eine erste Aufgabe zu übernehmen.

4.1 Geeignete Mitstreiter finden

»Teilzeitkräfte« für das Projekt rekrutieren

»Stellt euch vor, es ist Projekt und keiner geht hin«, so könnte man das Drama betiteln, das sich bei vielen kleineren Projekten abspielt. Der Projektleiter bekommt einen Auftrag, nicht aber das Personal, um ihn umzusetzen. Händeringend sucht er nach Kollegen, die ihn bei seinem Vorhaben unterstützen. Und das oft ohne Erfolg.

Katharina ist es gelungen, für ihr Projekt zur Zeitdatenerfassung Mitarbeiter zu finden. Sie kommen aus verschiedenen Abteilungen und finden sich zur ersten Projektbesprechung ein. Ihre Begeisterung jedoch hält sich in engen Grenzen. Keiner weckt den Eindruck, als sei er freiwillig zugegen. Und so geht es weiter: Zähe Debatten, Profilierungskämpfe und regelrechte Streitereien bestimmen die nächsten Treffen. Keiner will in dem Projekt Verantwortung übernehmen, geschweige denn konkrete Arbeitsaufträge. Katharina fragt sich, was sie da eigentlich noch richten soll: »Wie kann da etwas Vernünftiges dabei herauskommen?«

Die Situation ist typisch gerade bei kleineren Projekten. Hier fehlt es schlicht am Personal für die Projektarbeit. Einen Projektleiter hat man meist schnell gefunden, doch ein eigenes Team kommt nur selten infrage; diesen Luxus genießen in der Regel nur die Leiter großer Projekte. Was also tun, um das Projekt trotzdem voranzubringen? Richtig: Der Projektleiter geht direkt auf Kollegen oder Mitarbeiter anderer Abteilungen zu, um sie in sein Projekt einzubinden. Meist unterschätzt er dabei, welchen Zündstoff dieses Vorgehen birgt.

Projekt und Linie – zwei Welten

Jeder kennt die ständigen Reibereien und Konflikte, die es zwischen Linie und Projekt gibt. Die Linie beschwert sich fortwährend über die durch das Projekt verursachten Zusatzbelastungen; der Projektleiter wiederum klagt über die Stur- und Starrheit der Linie. Projekt und Linie – das sind zwei Welten. Genau das macht es für einen Projektleiter so schwer, die Mitarbeiter für sein Projekt zu rekrutieren.

Als Projektleiter vollziehen Sie Ihr Projekt außerhalb der üblichen Linienstruktur und damit außerhalb der eingespielten Kommunikations- und Kooperationswege (siehe Abbildung 28). Deshalb stoßen Sie immer wieder an strukturelle Schranken: Ihr Projekt wird als Störung betrachtet, wird als »weniger wichtig« eingestuft – mit der Folge, dass die notwendige Zuarbeit und Unterstützung durch die Mitarbeiter und Führungskräfte der Abteilungen häufig unterbleiben. Der klassische Konflikt zwischen Projekt und Linie!

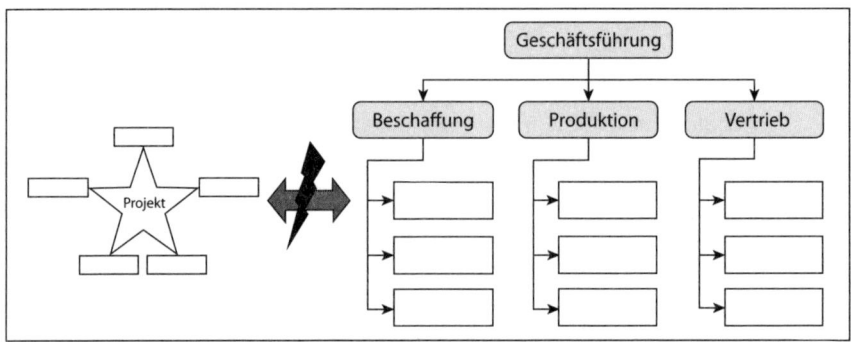

Abbildung 28: Grundkonflikt zwischen Projekt und Linie

Wie können Sie mit diesem Grundkonflikt umgehen? Der erste Schritt zu einer Lösung liegt in der Erkenntnis, dass Projekt und Linie die Sachverhalte unterschiedlich wahrnehmen und aus zwei unterschiedlichen Perspektiven argumentieren. Drei Beispiele:

- Beispiel 1: Matthias durchkreuzt mit seiner Versuchsreihe immer wieder die Produktionsabläufe. »Mit seinem Projekt hindert Matthias meine Mitarbeiter permanent am Erledigen ihrer Tagesaufgaben«, beschwert sich der Produktionsleiter. Matthias hingegen muss hinnehmen, dass für die Führungskräfte das Tagesgeschäft Vorrang hat. Bereits zugesicherte Ressourcen werden ihm deshalb immer wieder kurzfristig aus seinem Projekt abgezogen: »So komme ich nie vorwärts!«
- Beispiel 2: Auch Thomas, der mit seinem Projekt den Austausch des Lüfters bewerkstelligen muss, hat Ärger mit dem Produktionsleiter. »Ständig will Thomas von uns noch schnell irgendwelche Sonderlösungen«, schimpft dieser. »Merkt er denn nicht, dass er dadurch unser Tagesgeschäft aushebelt!?«

Matthias hingegen klagt über die »Sturheit« und »mangelnde Flexibilität« des Produktionsleiters, der ihm die Projektarbeit unnötig erschwere.

- **Beispiel 3:** Vanessa ist für die Etablierung einer einheitlichen Kontierung auf Informationen aus den Landesgesellschaften angewiesen – stößt dort aber auf taube Ohren: »Im Moment können wir niemanden abstellen, der diese Infos alle zusammenträgt.« Die Projektleiterin benötigt diese Daten jedoch dringend, um mit ihrem Projekt rechtzeitig fertig zu werden.

Die mangelnde Kooperation zwischen Projekt und Linie ist nichts Neues – sie liegt im System begründet. Zusätzlich erschwert wird die Stellung des Projektleiters noch dadurch, dass er gegenüber den Projektmitarbeitern nur über ein eingeschränktes Weisungsrecht verfügt. Wenn es darum geht, ob ein Mitarbeiter für das Projekt oder für seine Abteilung arbeitet, hat er in der Regel die schlechteren Karten: Der Projektmitarbeiter wird sich an den Vorgaben seines Vorgesetzten orientieren müssen. Im Konfliktfall sitzt der Linienverantwortliche am längeren Hebel.

Projekte sind attraktiv? – Von wegen!

Die Projektmanagement-Literatur macht uns gerne glauben, das Engagement für ein Projekt sei etwas besonders Attraktives. Das mag bei Prestigeprojekten stimmen, die kleineren Alltagsprojekte werden jedoch eher als lästig empfunden. Die Projektaufgabe wird nicht als attraktive Alternative zur Linienarbeit gesehen, sondern als zusätzliche Belastung in einem ohnehin schon vollen Arbeitstag. Letztlich unterscheidet sich die Arbeit im Projektteam nicht wesentlich von der Arbeit in der Linie – nur dass die Bedingungen im Projekt eher ungünstiger sind: Während in der Linie Rollen, Aufgaben, Abläufe und Kompetenzen klar geregelt sind, müssen sich Projekte diese Strukturen oft unter widrigen Umständen erst noch erarbeiten. Der Management-Satiriker Scott Adams übertreibt also nicht, wenn er allen Projektbeteiligten rät: »Fliehen Sie! Und zwar sofort!«

Projekte befassen sich in der Regel mit Veränderungen in der Organisation. Katharina will eine neue Zeitdatenerfassung etablieren, Vanessa in der Buchhaltung die Kontierung neu regeln. Marc führt eine neue Software ein und Matthias experimentiert mitten in der Produktion mit einem neuen Speziallack. Diese

Veränderungen führen zwangsläufig zu Störungen in der Linie, die als unangenehm empfunden werden. Die Folge können Widerstände, Machtkämpfe oder Ähnliches sein, was dann die Projektarbeit ungemein erschwert.

Achtung! Unter Auftraggebern macht sich typischerweise eine gewisse Nervosität breit – schließlich ist nicht klar, ob die Projekte zum Erfolg werden. Mit der steigenden Nervosität steigt auch die Angst vor Fehlern.

Hinzu kommt, dass viele Projekte unter Druck stehen – oft ist die Nervosität mit Händen greifbar. Zum Beispiel soll sich eine erfolgreiche Hausmesse direkt in den Umsatzzahlen niederschlagen. Oder Matthias soll die richtige Mischung für einen neuen Speziallack finden, denn dann winkt ein echter Großauftrag. Die großen Erwartungen machen nervös. Das Projektteam beginnt sich Sorgen zu machen, ob es diese Erwartungen überhaupt erfüllen kann. Die Nervosität wiederum bildet den Nährboden für Unsicherheit und Unzufriedenheit.

Projektmitarbeiter auswählen und einbinden

All das macht deutlich: Bei der Einbindung von Mitarbeitern aus anderen Abteilungen gilt es, behutsam zu sein und Schritt für Schritt vorzugehen. Zunächst sollten Sie als neuer Projektleiter offiziell »inthronisiert« werden. Bitten Sie deshalb Ihren Auftraggeber, eventuell sogar die Geschäftsführung, um eine Art »Ernennungsschreiben«.

Achtung! Für einen Projektleiter ist es nicht einfach, geeignete Kollegen zu finden, die sich zusätzlich zu ihrem Fulltime-Job für das Projekt engagieren. Der eine Projektleiter versucht es mit der Brechstange, der andere mit Freundlichkeit. Beides führt oft nicht zum gewünschten Erfolg.

Eine optimale Vorgehensweise macht Monika vor. Geschickt fädelt sie es ein, Mitarbeiter aus anderen Bereichen des Unternehmens für ihr Projekt »Hausmesse« zu gewinnen. Das Vorgehen lässt sich in fünf Schritten zusammenfassen:

- Schritt 1: Monika ersucht die Geschäftsleitung, das Projekt bei einem Treffen der Abteilungsleiter anzukündigen. Der Geschäftsführer willigt ein. Bei dem Treffen stellt er Monika als künftige Projektleiterin vor und betont die Bedeutung des Projektes. Monika hat sich gut auf dieses Treffen vorbereitet und kann in ihrer neuen Rolle von Anfang an überzeugen.
- Schritt 2: Am Tag nach dem Abteilungsleitertreffen kündigt der Geschäftsführer in einer E-Mail an alle Mitarbeiter die Durchführung der Hausmesse an. Er fordert die Mitarbeiter auf, das Projekt nach Kräften zu unterstützen, damit die Veranstaltung ein voller Erfolg wird.
- Schritt 3: Monika veranlasst den Geschäftsführer, sich mit einer weiteren E-Mail an alle Abteilungsleiter zu wenden. Darin unterstreicht er, wie wichtig deren Input oder Mitwirkung für die Hausmesse ist. Mit dieser E-Mail formuliert die Geschäftsführung ihre Erwartungshaltung.
- Schritt 4: Jetzt vereinbart Monika Gesprächstermine mit den Abteilungsleitern, auf die sie in ihrem Projekt besonders angewiesen ist. An diesem Gespräch, so bittet sie, sollten auch die Fachleute teilnehmen, die später für das Projekt benötigt werden. Mit dem Gespräch erreicht sie ein wichtiges Ziel: Sie stellt sicher, dass in den betreffenden Abteilungen ihrem Projekt die notwendige Priorität gegenüber dem Tagesgeschäft eingeräumt wird.
- Schritt 5: Monika trifft sich mit den Fachleuten, die von nun an für das Projekt arbeiten. Sie erläutert ihnen ausführlich den Sinn und Zweck des Projekts, erklärt ihnen, was sie konkret von ihnen erwartet, und bindet sie auch schon mit ersten Teilaufgaben ins Projekt ein.

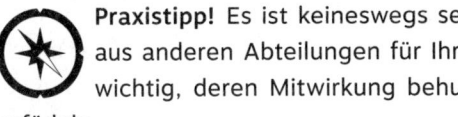 **Praxistipp!** Es ist keineswegs selbstverständlich, dass Mitarbeiter aus anderen Abteilungen für Ihr Projekt tätig sind. Deshalb ist es wichtig, deren Mitwirkung behutsam und Schritt für Schritt einzufädeln.

Möglichen Schwierigkeiten rechtzeitig vorbeugen

Der Konflikt zwischen Projekt und Linie lässt sich nicht einfach aus der Welt schaffen. Eine Reihe von Maßnahmen kann jedoch helfen, die damit verbundenen Schwierigkeiten zu vermeiden:

- Sorgen Sie dafür, dass Sie in Ihrer Funktion als Projektleiter von den betroffenen Abteilungen und deren Abteilungsleitern akzeptiert werden.
- Pflegen Sie freundschaftlich-kollegiale Beziehungen. Wer Sie persönlich mag, lässt Sie auch als Projektleiter nicht im Stich.
- Halten Sie die Geschäftsleitung über den Projektverlauf auf dem Laufenden. Notfalls kann sie dann intervenieren, wenn die Dinge nicht wie vereinbart funktionieren.
- Für die Abteilungsleiter bedeutet Ihr Projekt einen lästigen Mehraufwand – sie müssen Personal und Ressourcen für Sie freischaufeln. Vereinbaren Sie deshalb gleich in der Vorbereitungsphase mit den betroffenen Abteilungen klare Regeln der Kooperation.
- Stimmen Sie den Einsatz von Mitarbeitern frühzeitig mit deren Abteilungsleitern ab. Nur so besteht eine reelle Chance, dass Ihnen die Mitarbeiter auch zur Verfügung stehen.
- Zeigen Sie sich kompromissbereit in Verhandlungen mit Ihren Abteilungskollegen. Doch bleiben Sie hart, wenn es um essenzielle Projektangelegenheiten geht.

4.2 Aufstellung nehmen im Projekt ...

Der Kick-off sorgt für den perfekten Start ins Projekt

Auftraggeber und Projektleiter haben die Aufgabe, beim Kick-off-Meeting für einen guten Projektstart zu sorgen. Immer wieder misslingt dieser wichtige Auftakt jedoch – was sich, wenn überhaupt, nur mit viel Zeit und Mühe korrigieren lässt.

»Es ist zum Verzweifeln«, stöhnt Katharina. Seit mehreren Wochen versucht sie, mit ihrem Projekt zur Erfassung von Projekt- und Zeitdaten Fahrt aufzunehmen – leider vergeblich. Stattdessen gleicht ihr Projekt eher einem Rinnsal: Tröpfchenweise stoßen einzelne Teammitglieder dazu; Themen, die eigentlich geklärt sind, werden immer wieder neu diskutiert. »Die Leute im Projekt arbeiten bestenfalls nebeneinander her, wenn nicht sogar gegeneinander«, berichtet Katharina ihrem

Chef. »Wie lange soll es denn noch dauern, bis wir endlich produktiv zusammenarbeiten!?«

Viele glauben, man könne zu Beginn eines Projektes nicht allzu viel falsch machen – ein Irrtum, wie nicht nur das Beispiel von Katharina zeigt. Das Fatale daran: Fehler beim Start eines Projekts haben oft gravierende Folgen und lassen sich nur schwer korrigieren. Der Auftakt prägt die Erwartungen an das Projekt. Beteiligte ebenso wie interessierte Beobachter fällen die Vorentscheidung, welche Bedeutung sie dem Projekt beimessen, welche Erfolgschancen sie ihm geben und wie sehr sie sich dafür engagieren werden. Wird ein Projekt schief auf die Spur gesetzt, kostet die Korrektur deshalb sehr viel Zeit und Kraft. Sofern sie überhaupt gelingt.

Vor diesem Hintergrund kommt dem Kick-off eine so große Bedeutung zu. Gemeint ist damit die erste offizielle Sitzung des Projektteams, nachdem der Projektauftrag erteilt wurde. In diesem Meeting geht es noch nicht darum, inhaltlich am Projekt zu arbeiten. Ziel ist vielmehr, alle Projektbeteiligten miteinander bekannt zu machen und über das Projektziel, die Rollen der Teammitglieder und die wesentlichen Aufgaben zu informieren. Ein gelungenes Kick-off-Meeting schafft unter den Teammitgliedern ein »Wir-Gefühl« und versetzt das Projektteam bereits zu einem sehr frühen Zeitpunkt in die Lage, zielgerichtet zu arbeiten. Das Projekt kann zügig an Fahrt aufnehmen. Oder anders formuliert: Der Kick-off sorgt für eine steile Anlaufkurve (siehe Abbildung 29).

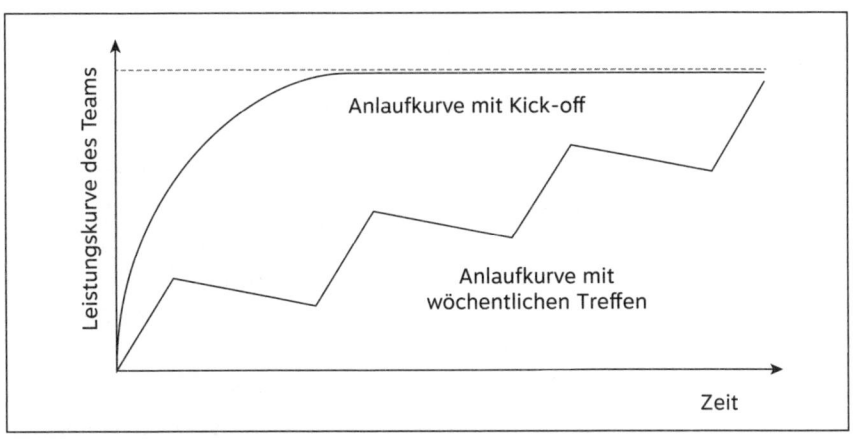

Abbildung 29: Leistungskurven eines Teams

In kleineren Projekten wird gerne auf einen Kick-off verzichtet. Ein wöchentlicher Jour fixe, so glauben viele Projektleiter, reiche da aus, um ein leistungsfähiges Team zu schaffen. Doch auch und gerade bei kleineren Projekten bildet ein erfolgreiches Kick-off-Meeting die Basis für eine erfolgreiche Zusammenarbeit im Projektteam. Das Kick-off-Meeting hat hier vier wichtige Funktionen:

- **Das Kennenlernen:** Nicht immer arbeiten alle Beteiligten seit Jahren zusammen. Das Kennenlernen ist daher bei neu zusammengestellten Teams eine wichtige Funktion des Kick-off-Meetings. Die persönliche Komponente ist nicht zu unterschätzen, schließlich sollen später alle an einem Strang ziehen.
- **Die Orientierung:** Am Ende des Meetings haben alle Beteiligten ein gemeinsam getragenes Verständnis vom Projektziel. Sie kennen Ausgangslage, Hintergründe, Ziele sowie Rahmenbedingungen des Projekts.
- **Die Zusammenarbeit:** Ein erfolgreicher Kick-off legt den Grundstein für eine vertrauensvolle Zusammenarbeit und sorgt dafür, dass sich das Team bereits »warmläuft«. Reibungslose Zusammenarbeit ist kein Selbstläufer.
- **Die Positionierung:** Der Kick-off bietet dem Projektleiter die Möglichkeit, sich zu positionieren. Wer sich als Projektleiter gut vorbereitet und die Veranstaltung souverän leitet, verschafft sich Respekt und Akzeptanz.

Checkliste 10: **Projekt-Kick-off**

Im Vorfeld
- Klären Sie wichtige Fragen wie Projektziele, Rahmenbedingungen und Erwartungen des Auftraggebers im Vorfeld. Im Kick-off benötigen Sie hierauf präzise Antworten.
- Planen Sie genügend Zeit für das Kick-off ein, um beispielsweise auf Fragen und Bedenken eingehen zu können. Es handelt sich nicht um eine beliebige Arbeitssitzung!
- Laden Sie den Auftraggeber ein, damit er Priorität und Bedeutung des Projekts unterstreicht. Sein Auftritt verschafft Ihnen Akzeptanz und Rückenwind für den weiteren Projektverlauf.

Zielsetzung
- Die Projektziele und erwarteten Resultate sind klar definiert.

- Es besteht Klarheit über den Nutzen des Projekts für die Abteilung beziehungsweise das Unternehmen.
- Es existieren eine grobe Projektplanung und eine Vorstellung für das konkrete Vorgehen.
- Teamzusammensetzung und eigene Rolle sind geklärt.

Vorgehen
- Fördern Sie mit einer ersten Vorstellungsrunde das gegenseitige Kennenlernen der Mitarbeiter.
- Bringen Sie alle Beteiligten auf den gleichen Informationsstand. Entwickeln Sie ein erstes gemeinsames Verständnis für die Notwendigkeit und Priorität des Projekts.
- Stellen Sie die ersten Planungsschritte in Form einer »Projekt-Roadmap« vor. Informieren Sie die Beteiligten über weitere Details zu den Projektphasen und zur geplanten Vorgehensweise.
- Schaffen Sie eine organisatorische Plattform, um die Zusammenarbeit zwischen den Beteiligten zu regeln. Klären Sie Aufgaben und Kompetenzen – das sorgt für ein hohes Maß an Orientierung bei allen Beteiligten.
- Sorgen Sie für Klarheit über das weitere Vorgehen im Projekt. Vereinbaren Sie, worin die nächsten Schritte bestehen und wer bis wann welche Leistungen zu erbringen hat.

Das Projektteam steht und verfolgt ein gemeinsam getragenes Ziel – darin liegt das wesentliche Ergebnis eines Kick-off-Meetings. Darüber hinaus sollte nun für alle Beteiligten klar sein, was im Rahmen des Projektes von ihnen erwartet wird und wann ihre Mitarbeit in welchem Umfang erforderlich ist.

Deutlich wird: Es ist nicht nur sinnvoll, sondern absolut empfehlenswert, die Projektarbeit auch in kleineren Projekten mit einem Kick-off zu beginnen. Diese Investition zahlt sich immer aus.

Praxistipp! Achten Sie darauf, dass zum Kick-off alle Projektbeteiligten anwesend sind. Nur so erhalten alle den gleichen Informationsstand – und nur so vermeiden Sie unnötige Diskussionen, wenn die Projektarbeit beginnt.

Wichtige Weichenstellungen im Vorfeld

Der Erfolg eines Kick-off-Meetings steht und fällt mit der Vorarbeit. Dabei geht es nicht nur darum, ein tolles Programm für das Meeting zu entwerfen. Entscheidend kommt es darauf an, die Mitglieder des Projektteams nicht nur sorgfältig auszuwählen, sondern auch schon im Vorfeld für das Vorhaben zu gewinnen.

Das erkennt auch Katharina – allerdings zu spät. Die meisten Teilnehmer, so muss sie im Laufe des Kick-off-Meetings feststellen, haben keine klare Vorstellung, worum es bei der Besprechung geht und warum sie dazu »eingeladen« wurden. Schlimmer noch: Offensichtlich sind sie unfreiwillig gekommen. Sie wurden von ihren Vorgesetzten »abkommandiert«, nachdem die Geschäftsführung dazu aufgefordert hatte, Mitarbeiter für das Projekt abzustellen. Niemand hat den »zwangsrekrutierten« Mitarbeitern erklärt, worum es eigentlich geht und welche Rolle sie dabei spielen sollen. Schon gar nicht wurde um ihre Mitarbeit geworben, um sich ihrer Unterstützung zu versichern. Kein Wunder, dass die Projektarbeit nur schleppend vorangeht!

Katharina schwant Böses. Natürlich kann ein Projekt auch nach einem verkorksten Start noch gelingen. Einfacher wäre es jedoch gewesen, wenn sie sich schon vorher um die Mitglieder ihres Teams bemüht hätte. Der Aufwand, um die zwangsrekrutierten Teammitglieder doch noch für das Projekt zu gewinnen, ist jetzt ungleich größer – und der Erfolg ist alles andere als gewiss: Manche Teilnehmer sind über das Vorgehen so verärgert, dass sie dauerhaft mit dem Projekt hadern. Andere haben entweder nicht die Zeit oder nicht die Möglichkeit, viel zum Projekt beizutragen.

Persönliches Kennenlernen des Teams

Auch in kleineren Projekten treffen immer wieder Mitarbeiter aufeinander, die im normalen Arbeitsalltag in unterschiedlichen Abteilungen arbeiten und sich deshalb nicht näher kennen. Während des Kick-off-Meetings sollte daher jeder die Chance bekommen, seine Mitstreiter kennenzulernen. Und zwar persönlich.

Praxistipp! Fordern Sie Ihre Teammitglieder auf, in der Vorstellungsrunde ein paar Worte zu sich selbst, aber auch zum Projekt zu sagen. Fragen Sie zum Beispiel: »Was erwarten Sie von diesem Projekt?« Und: »Was erhoffen Sie sich von der Teamarbeit?«

Um eng und effektiv zusammenarbeiten zu können, sollten die Teammitglieder einander kennen. Andernfalls bleibt der Umgang häufig noch reserviert, vorsichtig und höflich. Man kennt sich eben noch nicht. Wenn sich die Projektmitarbeiter im Kick-off-Meeting untereinander vorstellen, können sie nach dem Kick-off besser zusammenfinden und sich bei der gemeinsamen Arbeit intensiver kennenlernen.

Alles eine Frage der Motivation

Es gibt auch Übertreibungen. Manchmal wird ein enormer Aufwand betrieben, um das Kick-off-Meeting zu inszenieren. Da gibt es Outdoor-Events, ein teurer Motivationstrainer wird engagiert, ein Manager hält eine überzeugende Rede. Ziel von all dem ist, die Beteiligten für das Projekt zu motivieren.

Achtung! Zugekaufte Motivationstrainer, erlebnisorientierte Übungen oder abenteuerliche Outdoor-Events kommen in aller Regel zwar gut an, sind aber meist überflüssig. Allenfalls entfachen sie ein Strohfeuer: Die künstlich zugeführte Motivation verfliegt schnell, wenn die ersten Schwierigkeiten auftauchen. Womöglich macht sich dann sogar eine gefährliche Ernüchterung breit.

Im Grunde ist es ganz einfach, um ein Team auf Touren zu bringen: Man nehme eine Handvoll ambitionierter Mitarbeiter, bringe sie mit einem Manager zusammen, den sie normalerweise nicht zu Gesicht bekommen – und vermittle ihnen das Gefühl, sie seien auserwählt, um etwas Wichtiges für das Unternehmen zu leisten. Mit dieser simplen Botschaft lässt sich auch ohne zugekaufte Magier Begeisterung wecken.

Checkliste 11: **Vanessa & die Buchhaltung**

Agenda Projekt-Kick-off

Vanessa lädt 30 Minuten vor dem offiziellen Start des Kick-offs zu einem zwanglosen »Come Together« ein. Ein bereitgestellter Kaffee und ein kleiner Snack sorgen für eine lockere Atmosphäre und eine erste Kontaktaufnahme der Teilnehmer untereinander. Sie nutzt die Gelegenheit, um mit den eintreffenden Teilnehmern ins Gespräch zu kommen.

09:00–09:15 **Begrüßung**

- Vanessa eröffnet die Besprechung und begrüßt die Teilnehmer.
- Sie stellt sich kurz vor und informiert dabei auch über ihre relevanten Erfahrungen aus der Vergangenheit.
- Jeder Teilnehmer stellt sich in einer kurzen Vorstellungsrunde vor.

09:15–09:45 **Einführung**

Der kaufmännische Leiter (Auftraggeber) stellt den Projektauftrag vor und hebt die Bedeutung und den Nutzen des Projektes hervor. Er geht dabei auch auf Fragen und Kommentare der Teilnehmer ein. Wenn er nicht hätte teilnehmen können, hätte Vanessa diesen Part übernehmen müssen.

09:45–10:30 **Orientierung**

Vanessa informiert über weitere Details zu den Projektzielen, Projektphasen und der geplanten Vorgehensweise. Sie geht dabei auch auf die Wünsche und Befürchtungen ihrer Teammitglieder ein.

10:30–10:45 **Kaffeepause**

10:45–11:30 **Grobplanung**

Vanessa erläutert die Grobplanung des Projekts. In diesem Zusammenhang diskutiert sie mit den Teilnehmern auch mögliche Risiken. Sie ergänzt ihre Risikoliste um weitere Eintragungen.

11:30–12:00	**Zusammenarbeit** Zum Abschluss legt Vanessa gemeinsam mit den Teilnehmern die Spielregeln für die künftige Zusammenarbeit im Team fest. Außerdem vereinbart sie die weitere Vorgehensweise (nächster Termin, Agenda, etc.).
Danach …	**Gemeinsames Mittagessen**

Anstatt beim Kick-off-Meeting ein Strohfeuer zu entzünden, ist es weitaus nützlicher, im Vorfeld die grundlegenden Punkte abzusichern: Das Projekt ist aus unternehmerischer Perspektive wirklich sinnvoll – lässt also einen geschäftlichen Nutzen erwarten, der deutlich über den Aufwand hinausgeht. Aufgabe des Auftraggebers sollte dann sein, beim Kick-off-Meeting diesen Nutzen des Projekts zu erklären und zu beziffern.

Die allermeisten Mitarbeiter sind gerne bereit und meistens sogar stolz darauf, an einer Aufgabe mitarbeiten zu dürfen, die einen Beitrag zum Unternehmenserfolg leistet. Ein solcher Beitrag birgt gleich drei Elemente, die Motivation erzeugen: erstens eine sinnvolle Aufgabe, zweitens die persönliche Chance, einen wichtigen Beitrag zu leisten, und drittens ein Zugewinn an Ansehen und Status, wenn die Sache erfolgreich ist.

Alle auf den gleichen Stand bringen

Im zweiten Teil des Meetings ist es Ihre Aufgabe als Projektleiter, alle Beteiligten auf den gleichen Informationsstand zu bringen:

- Worum geht es in dem Projekt konkret?
- Warum ist es so wichtig, was verspricht sich das Unternehmen von diesem Projekt?
- Warum ist es für den Einzelnen interessant, an diesem Projekt mitzuarbeiten?
- Wie ist das Projekt grob organisiert? Wann beginnt es? Wann ist es zu Ende?
- Wie wird vorgegangen? Welches sind die wichtigsten Meilensteine?

Achten Sie darauf, das Kick-off-Meeting nicht mit zu vielen Informationen zu überladen. Das Treffen dient weder dazu, Details über das Projekt darzustellen, noch bereits konkrete Aufgaben zu bearbeiten. Beschränken Sie sich auf die wesentlichen Informationen zum Projekt: Ziele, Termine, erwartete Ergebnisse, das Vorgehen, Hintergrundinformationen. Natürlich können Sie beim Kick-off auch erste Aufgaben verteilen oder spezifisches Feedback einholen – entweder im Plenum oder in Arbeitsgruppen.

 Praxistipp! Trennen Sie die echte Planungsarbeit unbedingt vom Kick-off-Meeting. Dafür ist ein eigener Workshop notwendig – vermutlich auch in kleinerer Besetzung.

Zu Projektbeginn haben die Teammitglieder meistens Einwände – insbesondere wenn sie mit ihren Linientätigkeiten oder anderen Projektarbeiten bereits ausgelastet sind. Der Hinweis, dass es »nur« um die Mitarbeit in einem kleineren Projekt geht, hilft da nicht weiter. Damit das Projekt gelingen kann, ist es wichtig, die Einwände aufzugreifen und zu entkräften.

Achtung! Für die meisten Beteiligten bedeutet ein Projekt eine zusätzliche Mehrbelastung im Arbeitsalltag. Gehen Sie deshalb nicht davon aus, dass Ihre Projektmitarbeiter durchweg motiviert sind und keinerlei Einwände haben. Das wäre eine gefährliche Fehleinschätzung.

Gehen Sie im Kick-off auf Ihre Projektmitarbeiter zu, suchen Sie den Dialog mit ihnen und sprechen Sie die Themen an, die sie bewegen: ihre Bedenken, Sorgen, Ängste, Zweifel und Nöte. Auf diese Weise motivieren Sie Ihre Mitarbeiter für das Projekt besser als jeder Motivationstrainer.

Danach ein Vier-Augen-Gespräch

Nehmen Sie sich im Anschluss an das Kick-off-Meeting noch Zeit für kurze Vier-Augen-Gespräche – 30 Minuten sollten genügen. Finden Sie im Einzelgespräch heraus, wie sehr Sie auf die Mitarbeit der einzelnen Teammitglieder zählen können:

- Wie hoch ist die Arbeitsbelastung der einzelnen Projektmitglieder?
- An welchen anderen Projekten arbeiten diese gerade mit?
- Sind die Mitarbeiter aktuell mit Problemen konfrontiert? Sind sie zum Beispiel überlastet oder in einen Konflikt involviert?
- Was denken die Mitarbeiter über das Projekt? Was sagt ihr erstes Bauchgefühl?
- Stehen Geschäftsreisen, Seminare, Urlaube oder andere Abwesenheiten an?

4.3 ... und den Turbo zünden

Mit dem Take-off hebt das Projekt spürbar ab

Viele Projektleiter machen die Projektplanung allein im stillen Kämmerlein. Wenn sie ihrem Team dann die Pläne erläutern, ernten sie selten zustimmendes Nicken. Stattdessen geraten sie häufig unter Dauersperrfeuer: tausend Gründe, warum das alles nicht funktioniert! Keiner lässt ein gutes Haar an den sorgfältig ausgearbeiteten Plänen.

Vanessa überlegt, wie sie weiter vorgehen soll. Künftig sollen alle Transaktionen nach einer einheitlichen Kontierungsrichtlinie verbucht werden, so das Ziel ihres Projekts. »Wie gehe ich ein Projekt an, in das gleich mehrere Landesgesellschaften involviert sind?«, fragt sie sich. »Wie schaffe ich es, mein Team von Beginn an für das Projekt zu motivieren?«

Eigentlich möchte sich Vanessa mit ihrem Kernteam zu einem Projektstart-Workshop zurückziehen, um gemeinsam die Grobplanung zu erstellen. Der Geschäftsführer gibt ihr jedoch zu verstehen, dass im Tagesgeschäft neben dem Kick-off-Meeting nicht auch noch ein Projektstart-Workshop stattfinden kann. »Die Planung erstellen Sie in Absprache mit mir«, fordert er. »Wir haben in diesem Projekt gar nicht die Zeit, um jetzt auch noch einen Workshop durchzuführen.«

Der Geschäftsführer drängt auf einen raschen Abschluss der Projektplanung. Er benennt die Rahmenbedingungen aus seiner Sicht und Vanessa erstellt daraufhin die Planung. Allein, ohne Einbezug ihrer Teammitarbeiter. Ein paar Tage später folgt der Projektstart – nach einem viel zu kurzen Kick-off-Meeting, an dem nicht einmal alle Projektmitarbeiter teilnehmen können.

Der überhastete Auftakt rächt sich. Im Getriebe des Projekts steckt jede Menge Sand. Anstatt inhaltlich voranzukommen, ist Vanessa ständig mit ihren Leuten beschäftigt. Sie versucht, Aufgaben zu koordinieren und zu delegieren, sieht sich aber einem Dauersperrfeuer ihrer Mitarbeiter ausgesetzt: »Funktioniert doch eh nicht! So kann man doch nicht vorgehen! Der Zeitplan ist doch unrealistisch!«

Wissen es ihre Leute wirklich besser? Nein. Doch sie fühlen sich übergangen. Sie haben den Eindruck, nun ausbaden zu müssen, was sich ihre Projektleiterin zuvor (allein!) im stillen Kämmerlein ausgedacht hat. Und es ist ja auch richtig: In kleineren Projekten müssen die Mitarbeiter ihre Projektaufgaben zusätzlich zum Tagesgeschäft erledigen. »Wie sollen wir das denn alles machen?« klagen sie dann. »Wir sind doch schon jetzt total überlastet!«

Das stimmt so nicht ganz. Die Mitarbeiter sind in erster Linie nicht überlastet, sondern gefrustet. Sie wissen um ihren prall gefüllten Arbeitstag und lehnen jede zusätzliche Aufgabe reflexartig ab: Sie sehen nur den zusätzlichen Aufwand. Das heißt, sie lehnen Vanessas Projekt nicht ab, weil sie keine Zeit dafür haben, sondern weil sie dessen Sinn und Nutzen nicht erkennen.

Was tun gegen diesen Frustreflex? Als Projektleiter müssen Sie die betroffenen Teammitglieder irgendwie zu Beteiligten machen. Bewährt hat sich hier ein Take-off-Workshop, mit dem die eigentliche Projektarbeit beginnt. Ein kurzes Kick-off-Meeting wie im Beispiel von Vanessa reicht da nicht aus. Ganz im Gegenteil: Oft baut sich der Frust während dieses Meetings erst richtig auf, weil die Teilnehmer plötzlich merken, was da an zusätzlichen Aufgaben auf sie zukommt.

Jetzt geht's los!

Monika steht mit ihrer Hausmesse unter einem großen Zeitdruck. Umso mehr kommt es auf einen gelungenen Projektstart an. Die besondere Herausforderung liegt darin, dass sie auf die Mitarbeit fast aller Fachbereiche des Unternehmens angewiesen ist. Das Kick-off Meeting verlief zwar insgesamt erfolgreich, doch nach wie vor sind Unsicherheiten unter den Projektmitarbeitern deutlich spürbar: »Was wird passieren? Welche Aufgaben kommen auf mich zu? Was wird von mir konkret erwartet?«

Mit einem zusätzlichen Workshop will Monika Sicherheit und Stabilität in das Projekt bringen. Der Projektstart-Workshop – auch Take-off-Workshop genannt – ist dem Take-off eines Flugzeuges vergleichbar: Das Projekt hebt für alle wahrnehmbar ab. Der Workshop hat für alle Beteiligten Signalwirkung und stellt in der Anfangsphase eines Projektes einen entscheidenden Erfolgsfaktor dar.

Praxistipp! Beim Start eines Projektes sollten sich Projektteam und Projektleitung Zeit nehmen und sich mit dem Projekt bewusst auseinandersetzen. Der Projektstart-Workshop ist eine geeignete Methode, um dies zu tun.

Während des Take-off-Workshops trifft das Team wichtige Entscheidungen, die sich auf den gesamten weiteren Projektverlauf auswirken. Risiken müssen abgeklopft, Vorgehensweisen überlegt und Marschrichtungen festgelegt werden. Zudem müssen Spezialisten, die aus verschiedensten Arbeitsbezügen stammen, im Projektteam aufeinander eingestimmt werden. Zu all dem braucht es den Take-off – der Kick-off ist dafür der falsche Ort.

Der Take-off-Workshop hat damit zwei große Aufgaben: Er dient einerseits der Planung und Strukturierung des Projekts, andererseits sorgt er für den nötigen Teamgeist. Die Teilnehmer begreifen, wie wichtig es ist, am gleichen Strang zu ziehen.

Der Ablauf hängt von den Anforderungen des jeweiligen Projektes ab, sollte aber grundsätzlich vier Aspekte enthalten:

- **Zielrahmen:** Für Zielklarheit sorgt bereits das Kick-off-Meeting. Der Take-off-Workshop sollte nun sicherstellen, dass alle Beteiligten ein gemeinsam getragenes Verständnis vom Projektziel haben. Darüber hinaus sollten alle Beteiligten wissen, was von ihnen im Projekt erwartet wird.
- **Grobplanung:** Der Take-off macht den ersten entscheidenden Aufschlag – und schafft damit die Grundlage, um auf breiter Front alle weiteren Planungen vornehmen zu können. Durch den Workshop ist nicht mehr nur die Projektleitung mit der Planung befasst, sondern das gesamte Kernteam wird eingebun-

den. Dementsprechend arbeitsfähig sind alle Beteiligten und können in der Folge zügig Fortschritte erreichen.

- **Risiko-Check:** In allen Projekten gibt es Unwägbarkeiten, Probleme und Umstände, die den Projektverlauf negativ beeinflussen können. Ist sich das Team der Risiken bewusst, kann es von Beginn an mit gezielten Maßnahmen gegensteuern. Der Take-off sollte daher auch einen erneuten Blick auf die Risiken enthalten.
- **Spielregeln:** Für die Zusammenarbeit eines Projektteams sollten stets gemeinsame Spielregeln gelten – zum Beispiel für den Ablauf von Besprechungen, den Umgang mit Konflikten oder die Weiterleitung von Informationen und Arbeitsergebnissen. Der Take-off-Workshop ist der Ort, um diese Regeln festzulegen.

Natürlich hat sich Monika mit all diesen Aspekten, insbesondere mit der Zielsetzung und Grobplanung, schon intensiv befasst – allerdings allein. Sie kennt ihr Projekt längst in- und auswendig. Aber ihr Projektteam verfügt bislang nur über die wenigen Informationen aus dem Projekt-Kick-off, was nach ihrer Überzeugung nicht ausreicht.

Auf das Umfeld kommt es an

Monika überzeugt ihre Geschäftsleitung davon, zusätzlich einen Take-off Workshop zu veranstalten. Sie organisiert ein zweitägiges Treffen, bei dem ausschließlich ihr Kernteam anwesend ist. Als Veranstaltungsort reserviert sie einen Tagungsraum in einem Hotel. So erhofft sie sich die volle Konzentration aller Beteiligten auf das Projekt.

Checkliste 12: **Projekt-Take-off**

Im Vorfeld

- Wählen Sie, wenn möglich, einen externen Tagungsort, auch wenn damit zusätzliche Kosten verbunden sind. So ist sichergestellt, dass niemand mal eben an seinen Arbeitsplatz verschwindet.
- Planen Sie genügend Zeit für den Take-off ein. Auch bei einem kleineren Projekt kann ein Take-off-Workshop von ein bis zwei Tagen sinnvoll sein.
- Überlegen Sie sich, ob Sie den Take-off-Workshop selbst moderieren. Ein externer Moderator eignet sich als »Prellbock« und braucht auf Befindlichkeiten im Team weniger Rücksicht zu nehmen.

Zielsetzung

- Das Projektteam steht und verfolgt ein gemeinsam getragenes Ziel.
- Das Projekt wird geplant, das konkrete Vorgehen festgelegt.
- Die Risiken werden identifiziert, Gegenmaßnahmen festgelegt.
- Das Zusammenspiel im Projektteam wird gemeinsam geregelt.

Vorgehen

- Sorgen Sie auch im Take-off-Workshop für Managementpräsenz. Im optimalen Fall ist der Auftraggeber sowohl zum Auftakt als auch zum Abschluss des Workshops anwesend.
- Achten Sie auf Zielklarheit. Nur mit gemeinsamen Zielen funktioniert Teamarbeit. Wenn nicht alle Teammitglieder die Ziele mittragen, wird in unterschiedliche Richtungen gearbeitet.
- Erarbeiten Sie mit Ihrem Projektteam die gesamte Projektplanung. Am Ende der Veranstaltung muss jeder wissen, wer wann was zu tun hat. Versetzen Sie Ihr Team in die Lage, zielgerichtet zu arbeiten.
- Sensibilisieren Sie Ihr Team hinsichtlich möglicher Projektrisiken. Identifizieren und bewerten Sie die vorhandenen Risiken, um in der weiteren Folge geeignete Gegenmaßnahmen zu beschließen.
- Sorgen Sie für klare Strukturen. Klären Sie Rollen und Aufgaben im Team, denn unklare Verantwortlichkeiten führen zwangsläufig zu Reibungsverlusten.
- Fördern Sie Offenheit und Vertrauen im Team. Nichts behindert die Teamarbeit so sehr wie unausgesprochene Probleme und Konflikte.

Monikas Vorbereitungen zum Take-off nehmen Gestalt an. Zu Beginn und am Ende des Workshops wird aus der Geschäftsleitung der Vertriebsvorstand anwesend sein. In der Zeit dazwischen möchte Monika gerne allein mit ihrem Kernteam sein, um sich offen austauschen zu können. Eine zwanglose Atmosphäre – ohne Manager – hat auch den Vorteil, dass die Teamarbeit schneller in Schwung kommt.

Zum Auftakt soll der Vertriebsvorstand noch einmal die Ziele des Projekts abstecken und dem Kernteam das »Warum« vor Augen führen. Die Idee dahinter: Wer ein konkretes Ziel vor Augen hat, kann den Weg dorthin konsequenter und zuverlässiger planen. Danach möchte Monika mit dem Team intensiv arbeiten und die Projektplanung erstellen. Am Ende des Workshops soll ihr Team dem wieder anwesenden Vertriebsvorstand die weitere Vorgehensweise vorstellen.

Praxistipp! Entscheiden Sie von Fall zu Fall, ob und in welcher Form Sie Ihren Auftraggeber in die Take-off-Veranstaltung einbinden. Je mehr Rückenwind Sie brauchen, umso wichtiger ist die Unterstützung aus dem Management.

Monika denkt lange darüber nach, ob sie die Rahmenmoderation des Take-off-Workshops selbst übernehmen soll. Ihr Eigeninteresse am Verlauf und an den Ergebnissen des Workshops, so überlegt sie, kann leicht in einen Widerspruch zur neutralen Moderatorenrolle geraten. Auch weiß sie, dass ein externer Moderator weniger Rücksicht auf Befindlichkeiten im Team nehmen muss – zum Beispiel wenn es gilt, unangenehme Wahrheiten auszusprechen oder einen Teilnehmer in seine Schranken zu verweisen. Ein Externer muss ja nicht weiterhin mit den Teammitgliedern auskommen! Am Ende entscheidet sich Monika trotzdem, den Workshop selbst zu moderieren.

Achtung! Die Doppelrolle Projektleiter und Moderator kann – muss aber nicht – zu Konflikten führen. Wenn Sie sich für einen Profi entscheiden, sollten Sie auf ausgezeichnete Kenntnisse im Projektmanagement achten. Nur wer mit den Methoden des Projektmanagements vertraut ist, kann zur Effizienz des Take-off-Workshops beitragen.

Kick-off-Meeting und Take-off-Workshop werden in den Unternehmen oft synonym verwendet und deshalb auch nicht separat durchgeführt. Dadurch fehlt auch das Bewusstsein für die Sinnhaftigkeit eines gesonderten Take-off Workshops. Es lohnt sich jedoch, beide Veranstaltungen auseinanderzuhalten und sich deren Sinn klarzumachen:

	KICK-OFF-MEETING	TAKE-OFF-WORKSHOP
Veranstaltung	Informationsveranstaltung	Arbeitsveranstaltung
Gastgeber	Projektleiter	Projektleiter
Teilnehmer	Projektteam, betroffene Bereiche, Stakeholder, Auftraggeber	Kernteam, ggf. Auftraggeber
Zielsetzung	Alle Beteiligten über das Projekt informieren	Planung und Vorgehensweise im Kernteam erarbeiten
Zeitpunkt	Ganz zu Beginn des Projekts	Nach der Projektdefinition
Zeitrahmen	max. 3 Stunden	1–2 Tage

Abbildung 30: Kick-off und Take-off im Vergleich

Erfolgreiche Projektleiter investieren verhältnismäßig viel Zeit und Aufwand in die Planung. Aus gutem Grund nutzen sie dabei die Möglichkeit des Take-off-Workshops: Wie die Erfahrungen zeigen, ist eine im Team erstellte Projektplanung nicht nur vollständiger und realistischer – sie wird vor allem auch vom Team mitgetragen.

Praxistipp! Der Take-off-Workshop ist ein Turbolader: Das Team kommt in kürzester Zeit von null auf hundert, alle Beteiligten sind auf dem gleichen Informationsstand, schon am ersten Tag werden greifbare Ergebnisse erzielt. Kurz und gut: Ein Take-off-Workshop minimiert Risiken, spart Zeit und Geld.

Checkliste 13: **Monika & die Hausmesse**

Projekt-Take-off (Tag 1)

09:00–09:15   **Begrüßung**

- Monika eröffnet den Workshop und begrüßt die Teilnehmer.
- Sie stellt die Ziele und den Ablauf des Workshops vor.

09:15–10:30   **Einführung**
Der Vertriebsvorstand erläutert das Projektziel, stellt den Projektauftrag vor und hebt die Bedeutung und den Nutzen des Projektes hervor. Das Projektteam bekommt die Möglichkeit, das Projekt zu hinterfragen.

10:30–10:45   **Kaffeepause**

10:45–12:00   **Strukturplan**
Im Team entsteht der Projektstrukturplan. Gemeinsam fällt es wesentlich leichter, wirklich an alle zu erledigenden Aufgaben zu denken.

12:00–13:00   **Mittagspause**

13:00–14:00   **Teamaktivität**

14:00–15:00   **Ablaufplan**
Das Team diskutiert die Abhängigkeiten und Randbedingungen der geplanten Arbeiten. Das Team bestimmt, welche Aktivitäten sequenziell ablaufen und welche unabhängig voneinander parallel stattfinden können.

15:00–15:15   **Kaffeepause**

15:15–17:00   **Zeit-/Kostenplan**
Der Tag endet mit der wohl mühsamsten Aufgabe: Für jede Aktivität im Ablaufplan muss das Team Aufwand und Dauer schätzen. Nur so kann eine zuverlässige Terminplanung erfolgen.

Danach ...   **Gemeinsames Abendessen**

Checkliste 14: **Monika & die Hausmesse**

Projekt-Take-off (Tag 2)

09:00–09:15   **Begrüßung**

09:15–10:45   **Risikoanalyse**
Monika nimmt mit ihrem Team zunächst das Projektumfeld unter die Lupe. Im Fokus stehen dabei Personen oder Personengruppen, die auf unterschiedliche Weise Einfluss auf das Projekt nehmen könnten.

Anschließend befasst sich das Team mit den Risiken, die den Projektverlauf negativ beeinflussen könnten. Es werden Maßnahmen besprochen, um von Beginn an erfolgreich gegenzusteuern.

10:45–11:00   **Kaffeepause**

11:00–12:00   **Organisation**
Monika bespricht mit ihrem Team die formale Organisation der Projektarbeit. Das Team vereinbart wichtige Spielregeln (zum Beispiel für die Projektarbeitszeiten, Meetings, Absprachen, Entscheidungsverfahren etc.).

12:00–13:00   **Mittagspause**

13:00–13:45   **Vorbereitung**
Das Team bereitet die bevorstehende Präsentation vor.

13:45–14:00   **Kurze Pause**

14:00–15:30   **Präsentation**
Monika und ihr Team stellen ihrem Vertriebsvorstand – basierend auf ihren Plänen – die grundsätzliche Vorgehensweise im Projekt vor. Sie diskutieren darüber hinaus mit ihm die identifizierten Risiken.

Der Workshop endet mit einer »Blitzlichtrunde«, in der jeder einen Satz zum Abschluss sagt. Diskutiert wird darüber nicht mehr.

4.4 Das Team zusammenschweißen

Die Zusammenarbeit ordentlich auf Touren bringen

»Ein gutes Teamwork wird sich jetzt mehr oder weniger von allein einstellen«, denken viele Projektleiter. Hat die Arbeit erst einmal richtig begonnen, so glauben sie, werden die Mitglieder zueinanderfinden und die Zusammenarbeit wird sich einspielen. Häufig ein Trugschluss! Viele Projektteams nehmen nie richtig Fahrt auf. Konflikte und andere Reibungsverluste behindern den Projektfortschritt.

Viele Projekte sind interdisziplinär besetzt. So entsteht oft ein bunter Mix aus Personen, Qualifikationen und Befindlichkeiten – und der soll möglichst schnell und unkompliziert auf ein gemeinsames Ziel hinarbeiten. Eine Herausforderung, der sich auch Katharina stellen muss: Bei der Einführung einer Zeitdatenerfassung bekommt sie es mit unterschiedlichsten Abteilungen und Charakteren zu tun, die in dieser Konstellation noch nie miteinander zu tun hatten.

Erste Anzeichen, dass einzelne Teammitglieder einander misstrauten, hat Katharina in den Wind geschlagen. »Das wird sich mit der Zeit geben«, dachte sie. Doch die vermeintlich harmlosen Dispute eskalierten innerhalb weniger Wochen. Anstatt fair miteinander zu streiten, verlegten sich einige Mitarbeiter auf Grabenkämpfe. Andere nutzten die Gunst der Stunde, um innerhalb des Projekts ihr »eigenes Ding« zu machen. Der ohnehin holprige Projektstart lässt sich im Nachhinein auf eine einfache Formel bringen: mit Vollgas ins Chaos.

Selbstverständlich kann und soll ein Projektleiter mit Vollgas loslegen. Doch genügt es nicht, sich allein auf die Projektarbeit zu konzentrieren. Noch wichtiger ist es, erst einmal dafür zu sorgen, dass die Teammitglieder zueinanderfinden und das Team insgesamt möglichst schnell seine volle Leistungsfähigkeit erreicht. Worauf es jetzt ankommt, lässt sich in einem Wort zusammenfassen: Teamentwicklung. Monika hätte also gut daran getan, hierzu einige Überlegungen anzustellen, noch bevor ihr Team im Kick-off zum ersten Mal zusammenkam.

In vier Stufen zum High-Performance-Team

Als Projektleiter haben Sie die Aufgabe, die Leistungsfähigkeit Ihres Teams möglichst voll zur Entfaltung zu bringen. Dabei hilft Ihnen eine systematische Teamentwicklung. Es handelt sich dabei um einen permanenten Prozess, der Sie immer wieder fordert. Das ist zum Beispiel dann der Fall, wenn die Regeln für die Zusammenarbeit nicht ausreichend besprochen sind, wenn ein neuer Mitarbeiter ins Team aufgenommen wird oder wenn Vereinbarungen nicht mehr tragfähig sind, weil sich bestimmte Arbeitsbedingungen geändert haben. Besonders kritisch ist die Situation, wenn sich Teilgruppen herausbilden, die sich zwar untereinander verbunden fühlen, nicht aber mit dem Team als Ganzem.

Achtung! Als Projektleiter haben Sie es in der Hand, ob Ihr Team sich positiv entwickelt. Ein paar Incentive-Maßnahmen greifen da in aller Regel zu kurz. Gemeinsam im Hochseilgarten klettern, im Schlauchboot einen wilden Fluss hinunterfahren oder um ein romantisches Lagerfeuer sitzen – all das hat sicherlich einen gewissen teambildenden Effekt. Um ein starkes Team zu formen, braucht es jedoch eine systematische Teamentwicklung.

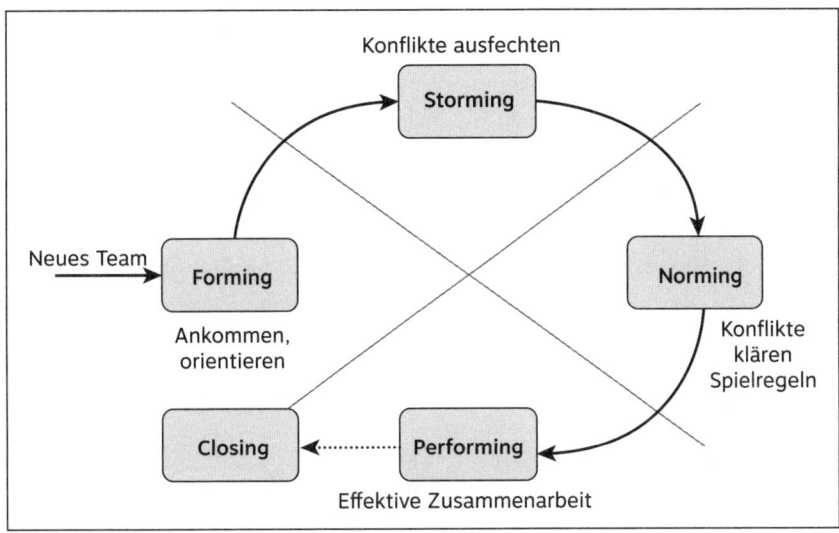

Abbildung 31: Phasen der Teamentwicklung

Ein neu gegründetes Team durchläuft stets mehrere Phasen, ehe es wirklich gut organisiert ist und alle Mitglieder ideal zusammenarbeiten. Insgesamt ist »Teamentwicklung« ein komplexes Phänomen, für das es auch verschiedene Theorien gibt. Einer der bekanntesten Ansätze ist das 1965 entwickelte Phasenmodell des US-amerikanischen Psychologen Bruce Tuckman. Seine »Teamuhr« wird in vier Phasen unterteilt, die jeweils eigene Merkmale aufweisen.

Für einen Projektleiter ist dieses Modell sehr nützlich. Mit seiner Hilfe kann er den aktuellen Stand des eigenen Teams einschätzen und es zielgerichtet in die nächste Phase zu führen. Ursprünglich hatte das Modell vier Phasen, später wurde es um eine abschließende fünfte Phase ergänzt. Schauen wir uns die Phasen etwas genauer an (vgl. Abbildung 31):

- **Forming (Findungsphase):** Zu Beginn des Projekts muss die Gruppe als Team zusammenfinden. Jedes Teammitglied sucht seine Rolle und Position im Projektteam. Ein erstes gegenseitiges Abtasten findet statt: Welche Einstellungen hat der andere, wie ist sein Arbeitsstil? Im Vordergrund steht das Kennenlernen. Zugleich beginnt jeder – hoffentlich motiviert – mit der Arbeit. Die Forming-Phase ist dementsprechend geprägt von Unsicherheit und formeller Höflichkeit.
- **Storming (Nahkampfphase):** In den folgenden Tagen und Wochen kommen sich die Teammitglieder näher. Allmählich erkennen die Beteiligten, mit wem sie es zu tun haben, mit wem sie können und mit wem eben nicht. Jetzt offenbaren sich die Probleme in der Zusammenarbeit und Vorgehensweise. Grüppchen bilden sich, Spannungen entstehen – es kommt zu Konflikten und Unstimmigkeiten. Plötzlich erscheint alles viel schwieriger als gedacht.
- **Norming (Regelungsphase):** Das Team beginnt, die Konflikte zu bearbeiten. Es verständigt sich auf Spielregeln für die Zusammenarbeit. Während der Norming-Phase wird offen diskutiert und festgelegt, wer welche Rolle übernimmt und wie die Zusammenarbeit künftig gestaltet werden soll. Das Team arbeitet nun deutlich lösungsorientierter, auch wenn noch nicht alles »rund« läuft.
- **Performing (Leistungsphase)** Langsam aber sicher kommt das Projektteam auf Touren – die Performing-Phase beginnt. Die Teammitglieder spielen sich immer besser aufeinander ein. Sie arbeiten effizient und eigenständig. Das Team agiert einvernehmlich und arbeitet auf ein gemeinsames Ziel hin.

Bemerkenswert ist der Umgang untereinander: Man begegnet sich mit Wertschätzung und gegenseitigem Respekt. Jeder weiß, wie er mit den »Macken« der anderen umgehen muss.

- Closing (Auflösungsphase) Die fünfte Phase – auch Adjourning-Phase genannt – ergänzt die Tuckman-Teamuhr: Das Projekt geht zu Ende, das Team löst sich wieder auf. Die Auflösungsphase wird vom Projektleiter aktiv gestaltet, um die vollbrachte Leistung zu würdigen und das Projekt angemessen abzuschließen.

Gewiss, das Modell vereinfacht ziemlich stark. Auch suggeriert es durch seine vier Entwicklungsstufen eine Art automatischen Ablauf, den es in der Realität so nicht gibt. Tatsächlich dauern die gruppendynamischen Phasen unterschiedlich lange. Jede Menge Faktoren wie etwa Firmenkultur, Teamgröße oder Erfahrungen beeinflussen den Ablauf der Phasen. Festhalten lässt sich jedoch: Ein Teambildungsprozess durchläuft grundsätzliche diese Stufen. Wenn sich die Aufgabenstellung ändert oder ein neues Teammitglied hinzukommt, können sich die Phasen auch wiederholen (siehe Abbildung 32).

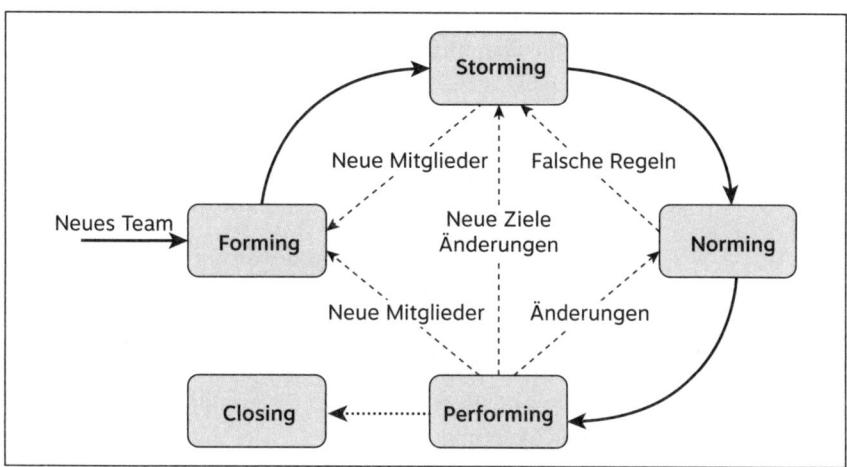

Abbildung 32: Phasen der Teamentwicklung

Forming – Das Team lernt sich kennen

Zu Projektbeginn kann man noch nicht wirklich von einem Team sprechen. In der Anfangsphase besteht die Gruppe eher aus einer Ansammlung von Einzelkämpfern, die sich erst noch als Team finden müssen. Man spürt meist eine gewisse Euphorie. Jedes Mitglied hegt bestimmte Erwartungen und sucht nach seiner Rolle innerhalb der Gruppe. Keiner weiß so genau, wie er die anderen zu nehmen hat und wie er selbst von den anderen gesehen wird.

Gespannte Erwartung, aber auch Bedenken, Vorsicht, Angst und Unsicherheit prägen die Stimmung. Der Umgang ist häufig noch reserviert, vorsichtig und höflich. Während die Teammitglieder eigene Erwartungen und Einstellungen mit denen der anderen abgleichen und dabei ihre Grenzen behutsam austesten, schauen sie zugleich alle auf den Projektleiter: Es besteht der dringende Wunsch, ihn kennenzulernen und sich mit den Projektaufgaben vertraut zu machen. Dem Projektleiter kommt damit unweigerlich eine starke Vorbildfunktion zu – sein Verhalten ist in dieser Phase maßgeblich und richtungsweisend.

Was heißt das für Sie als Projektleiter? Fördern Sie das Kennenlernen – kommunizieren Sie aber auch Ziele, Richtung, Struktur und Nutzen der Zusammenarbeit. So helfen Sie über anfängliche Spannungen hinweg und unterstützen die Teammitglieder dabei, Sicherheit für ihre Rollen und Aufgaben zu gewinnen.

Praxistipps für die Forming-Phase

- Fördern Sie das gegenseitige Kennenlernen, damit die Teammitglieder zueinander Vertrauen fassen.
- Achten Sie als Projektleiter darauf, dass ein Meinungsaustausch möglich ist und jedes Teammitglied seinen Platz im Team findet.
- Nehmen Sie Ängste ernst, klären Sie Erwartungen – und treffen Sie notwendige Vereinbarungen.
- Geben Sie den Beteiligten Orientierung, indem Sie Ihr Team über Projektziele und Projektaufgaben informieren.
- Zeigen Sie klare Strukturen (Zeiten, Grenzen etc.) auf, an denen sich die Teammitglieder orientieren können.

Storming – Das Team probt den Aufstand

Die Storming-Phase macht ihrem Namen alle Ehre. Optimisten bezeichnen sie als Organisationphase, Pessimisten als Nahkampfphase. Kennzeichnend sind Ernüchterung und Frustration. Jetzt offenbaren sich die Probleme, die sowohl in der Zusammenarbeit als auch in der konkreten Projektaufgabe begründet liegen. Man kommt nicht so voran, wie man es sich wünscht, alles erscheint schwieriger als gedacht.

Nach der Sondierungs- und Kennenlernphase beginnen die Teammitglieder, sich auf ihre Aufgaben zu konzentrieren. Dabei offenbaren sich die Schwachstellen und Unzulänglichkeiten im Projekt. Die Anfangseuphorie verfliegt. Diskussionen entstehen, Meinungsverschiedenheiten treten zutage, Interessengegensätze brechen auf. Die Streitenden suchen sich Verbündete für den eigenen Standpunkt. Unversehens beherrschen Reibereien den Projektalltag. Anstatt Ursachen zu analysieren, werden Schuldige ausgemacht. Man zankt sich um Vorgehensweisen, Kompetenzen und viele andere Dinge, von denen man eigentlich meinen sollte, dass vernünftige Menschen sie friedlich klären können. Auch der Projektleiter gerät zur Zielscheibe und wird manchmal sogar infrage gestellt.

Unerfahrene Projektleiter erwischt es kalt, wenn die scheinbare Harmonie der Forming-Phase umschlägt und das Team plötzlich den Aufstand probt. Doch es ist absolut normal, dass es zu diesen Konflikten kommt. Jedes größere Projektteam durchläuft diese Entwicklungsstufe. Nun kommt es darauf an, die Konflikte richtig zu bearbeiten, damit das Team sich weiterentwickelt und bald tatsächlich zur Bestform gelangt.

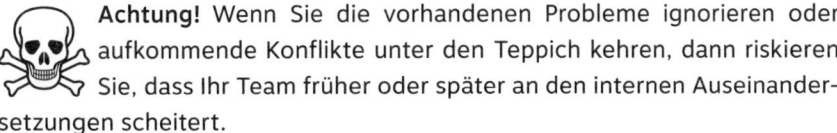 **Achtung!** Wenn Sie die vorhandenen Probleme ignorieren oder aufkommende Konflikte unter den Teppich kehren, dann riskieren Sie, dass Ihr Team früher oder später an den internen Auseinandersetzungen scheitert.

In der Storming-Phase stehen Sie als Projektleiter besonders in der Verantwortung. Bewahren Sie einen kühlen Kopf. Lassen Sie sich durch das aufziehende Gewitter nicht irritieren, sondern setzen Sie auf dessen reinigende Wirkung. Beobachten Sie genau die Verhaltensweisen der einzelnen Mitarbeiter, denn nun treten ihre verschiedenen Charaktere besonders augenfällig zutage. Ermutigen

Sie alle Beteiligten zur Offenheit. Und denken Sie daran: Auch den Mitarbeitern öffnen die Konflikte die Augen – sie erkennen, dass Regeln und Normen für eine konstruktive Zusammenarbeit notwendig sind.

Ein Fehler wäre es, in dieser Phase jeden Konflikt gleich im Keim zu ersticken. Die verschiedenen Standpunkte sollten Gehör finden, nicht nur um den Selbstfindungsprozess im Team zu fördern. Das Ringen um Positionen, Vorgehensweisen oder Regeln kann die Projektarbeit auch bereichern und Entscheidungen absichern.

Praxistipps für die Storming-Phase

- Begrüßen Sie diese stürmische Phase, denn sie ist ein gutes Zeichen. Die Entwicklung Ihres Teams schreitet voran.
- Konzentrieren Sie sich in dieser Phase ganz besonders auf Ihr Team, um es erfolgreich durch die kritischen Tage und Wochen zu bringen. Zeigen Sie als Projektleiter Präsenz.
- Achten Sie darauf, die Teamleitung fest in der Hand zu behalten. Wägen Sie ab, ob Sie als Schlichter Konflikte entschärfen oder als Antreiber den Fokus auf konkrete Ziele lenken.
- Reagieren Sie mit einer gewissen Gelassenheit. Lassen Sie Kontroversen zu, hören Sie sich Kritik an, wägen Sie ab.
- Hüten Sie sich davor, das Ruder völlig an sich zu reißen und Ihre eigenen »Lösungen« durchzupeitschen.
- Stellen Sie sich der Auseinandersetzung. Stoppen Sie destruktive Entwicklungen, greifen Sie dagegen konstruktive Alternativen auf.

Norming – Die Spielregeln werden festgelegt

Ist der Gewittersturm überstanden, beginnt eine konstruktive Entwicklungsstufe: das Norming. Die Wogen glätten sich langsam. Erste Projektfortschritte fördern den Teamgeist, ein Wir-Gefühl entsteht. Damit steigen Motivation und Identifikation des Einzelnen mit dem Projekt. Meinungsverschiedenheiten können immer noch auftreten und die Arbeit behindern, doch die Mitarbeiter bemühen sich erkennbar, in den Diskussionen zu Ergebnissen zu kommen.

Im Norming verständigt sich das Team auf Rollen und Aufgaben; Regeln für die Zusammenarbeit werden gefunden. Es wird festgelegt, wer welche Rolle übernimmt und wie die Zusammenarbeit nun tatsächlich gestaltet werden soll. Dadurch verbessert sich das Klima spürbar. Statt gegeneinander wird jetzt miteinander gearbeitet. Gedanken, Informationen und Ideen werden offen ausgetauscht, diskutiert und bewertet. Man hört einander zu und fängt an, die Leistungen des anderen zu respektieren. Die Teammitglieder lernen die Fähigkeiten der anderen schätzen – und erkennen auch die Vorteile der verschiedenen Teamrollen. Das schafft Sicherheit in der eigenen Rolle und stärkt das Selbstvertrauen.

Der Projektleiter sollte darauf achten, dass die sich nun konkretisierenden Aufgaben- und Rollenverteilungen den Interessen, Bedürfnissen und Stärken jedes Einzelnen gerecht werden. Zudem gilt sein besonderes Augenmerk der Einhaltung der gemeinsam vereinbarten Spielregeln.

Praxistipps für die Norming-Phase

- Unterstützen Sie diesen Prozess. Während es bei der Storming-Phase vor allem auf Führung ankam, steht jetzt die Begleitung im Vordergrund.
- Stimmen Sie die Aufgabe, die Interessen, Stärken und Bedürfnisse jedes Einzelnen mit den Aufgaben und Rollenverteilungen Ihres Teams ab.
- Vereinbaren Sie mit Ihrem Team verbindliche Regeln für die Zusammenarbeit. Lenken Sie die weitere Entwicklung des Teams in die richtigen Bahnen.
- Achten Sie darauf, dass die Flexibilität im Team nicht verloren geht: Manchmal neigen Teams in dieser Phase dazu, sich übermäßig selbst zu regulieren.
- Denken Sie daran: Sie sind verantwortlich dafür, dass die vereinbarten Spielregeln von allen eingehalten werden.

Auch in der Norming-Phase durchläuft das Projektteam eine entscheidende Entwicklungsstufe: Es lernt, mit Problemen kreativ, flexibel und effektiv umzugehen. Misslingt dieser Entwicklungsprozess, wird das Team im Mittelmaß hängen bleiben und die für den Projekterfolg notwendigen Höchstleistungen nicht erreichen.

Durch die Festigung des Teams kann der Projektleiter die Zügel nun etwas lockerer lassen und mehr die Rolle des Moderators und Coach einnehmen. Außerdem kann er nun einzelne Teammitglieder stärker in Entscheidungsprozesse einbeziehen. Es hängt von seiner Art der Führung ab, wie viel Selbstverantwortung die Gruppe bereit sein wird zu übernehmen.

Performing – Das Team zeigt eine Top-Leistung

Nun ist es so weit: Das Team startet durch, die Norming-Phase geht in die Performing-Phase über. Jedes Mitglied kennt seinen Platz im Team und seine Aufgabe. Alle arbeiten weitgehend reibungslos zusammen und sind daran interessiert, gemeinsam die Projektziele zu erreichen. Konflikte und andere Probleme werden in Projektbesprechungen diskutiert oder auf dem »kleinen Dienstweg« zügig gelöst.

Ein High-Performance-Team ist entstanden. Die Mitglieder pflegen engen Kontakt untereinander; manchmal entstehen daraus sogar echte Freundschaften. Selbst in stressigen Situationen wird gescherzt und gelacht. Alle sind bereit, sich für ihre Kollegen einzusetzen. Erste Projektfortschritte fördern dies.

In der Performing-Phase ist das Team leistungsstark und fähig, sehr effektiv und produktiv zu arbeiten. Möglich wird das, indem die Gruppe als Kollektiv agiert. Das Team arbeitet nun weitgehend selbstständig, was den Projektleiter stark entlastet. Damit sind wirklich Spitzenleistungen möglich!

Praxistipps für die Performing-Phase

- Genießen Sie Ihr High-Performance-Team! Sie haben Ihr Team erfolgreich entwickelt, es arbeitet aus sich heraus.
- Es genügt, die Teamprozesse zu moderieren. Als Projektleiter müssen Sie kaum noch steuern, sondern lediglich Impulse geben, um die Prozesse weiter zu optimieren.
- Nun können Sie es sich vielleicht sogar erlauben, mehr Verantwortung an Teammitglieder zu übertragen.
- Nutzen Sie den Spielraum, der durch ein gutes Team entsteht, um Risiken zu minimieren und Störungen vom Team fernzuhalten.

Auf alle vier Stufen kommt es an

Jeder Teambildungsprozess durchläuft diese Stufen – zwar unterschiedlich schnell und intensiv, aber eben doch stets alle vier Stufen. Jede Phase hat eine wichtige Funktion für den Gesamtprozess der Teambildung. Versuchen Sie deshalb nicht, eine der Stufen zu überspringen. Ein anfänglicher Zeitgewinn kann im Nachhinein teuer zu stehen kommen.

Das gilt ganz besonders für die zweite Stufe, das Storming. Man kann ja verstehen, dass selbst erfahrene Projektleiter auf diese Phase gerne verzichten würden. Wer jedoch versucht, sie »glattzubügeln« oder zu ignorieren, läuft Gefahr, dass das Team seine volle Leistung niemals entfaltet. Denn erst durch den schmerzhaften Selbstfindungsprozess wird es Rollen und Spielregeln akzeptieren und die Folgephasen erreichen. Um den begehrten Teamgeist zu entwickeln, muss ein Team die ersten drei Teamphasen durchstehen – und überleben.

4.5 Die Projektarbeit anschieben
Wenn bei den ersten Aufgaben alle in Deckung gehen

Wenn im Projekt die ersten Aufgaben anstehen und To-do-Listen um die Zuständigkeiten ergänzt werden sollen, gehen die Beteiligten gerne in Deckung. Abwarten und hoffen hilft da wenig – aber auch ein autoritäres »Basta!« dürfte keine Lösung sein. Damit sorgen Sie allenfalls für schlechte Stimmung, nicht aber für freiwillig erledigte Aufgaben.

Seit gut zwei Stunden diskutiert Katharina mit ihrem Team über die To-do-Liste. Damit ihr Projekt vorankommt, möchte sie verschiedene Arbeitspakete unter den Teammitgliedern verteilen. Doch die drücken sich. Die einen schweigen beharrlich, andere werfen Nebelkerzen oder lenken vom Thema ab. Eigentlich müsste allen Anwesenden spätestens seit dem Kick-off-Meeting die Bedeutung des Projektes klar sein. Doch jetzt, als es konkret wird, fühlt sich keiner so recht verantwortlich. Man sieht das Projekt nur noch als Zusatzbelastung zum normalen Tagesgeschäft – und die möchte man möglichst vermeiden. Also bleiben alle in Deckung.

»Das ist Mikado auf hohem Niveau«, echauffiert sich Katharina gegenüber ihrem Chef. »Wer zuerst zuckt, der hat verloren.« Damit das Projekt vorankommt, braucht sie eine Lösung – und zwar schnell.

Die Situation, wie sie Katharina gerade erlebt, kennt wohl jeder. Doch was können Sie als Projektleiter tun, wenn es an der Bereitschaft mangelt, die ersten Aufgaben im Projektteam zu übernehmen? Grundsätzlich gibt es verschiedene Ansätze, mit dieser Problematik umzugehen:

- **Klare Anweisungen geben:** Als Projektleiterin hat Katharina das Mandat, Arbeitspakete festzulegen und diese unter ihren Teammitgliedern zu verteilen. Sie muss also gar nicht lange zögern, sondern kann die Aufgaben quasi »von oben« anweisen – getreu dem Motto: »Machen Sie mal!«
- **Auf die Selbstorganisation vertrauen:** Katharina kann sich zurückziehen und auf die Selbstorganisation des Teams vertrauen. Die Teammitglieder sollen sich untereinander austauschen und zu einer gemeinsamen Position gelangen.
- **Eigenverantwortung einfordern:** Katharina kann ihre Teammitglieder in die Pflicht nehmen und sicherstellen, dass jeder Einzelne Verantwortung für das Team als Ganzes übernimmt. Das setzt allerdings voraus, dass sich alle im Kick-off-Meeting dem Projekt verschrieben haben.

Allein entscheiden und anordnen

Allein entscheiden, die Aufgaben per Anweisung vergeben – auf den ersten Blick scheint das der einfachste Weg zu sein. Der Auftrag kam schließlich aus dem Management, und wenn Sie jetzt kurzerhand Aufgaben verteilen, überschreiten Sie damit nicht Ihre Befugnisse. Allerdings müssen Sie damit rechnen, dass eine solche »Basta!«-Mentalität Widerstände hervorruft, die im Laufe des Projektes in Frustration oder offene Konflikte umschlagen können.

Achtung! Es besteht die Gefahr, dass Sie eine Aufgabe zwar anweisen, aber nicht bemerken, wenn Sie damit auf Widerstand stoßen. Fragen Sie deshalb explizit nach, ob sich der betreffende Mitarbeiter auch wirklich der ihm zugewiesenen Aufgabe widmet.

Achten Sie darauf, dass Ihr Arbeitspaket klar umrissen ist. Je mehr Sie per Anweisung führen, desto mehr provozieren Sie einen »Dienst nach Vorschrift«. Wenn diese »Vorschrift« – sprich: Aufgabe – dann nicht wirklich klar vorgegeben ist, werden die Ergebnisse zu wünschen übrig lassen. Legen Sie auch eindeutig fest, woran Sie festmachen, ob die Arbeit erfolgreich erledigt wurde oder nicht.

Die Vorgehensweise hat den Vorteil, dass klare Zuständigkeiten entstehen. Mit der Arbeit kann sofort begonnen werden. Allerdings besteht die große Gefahr, dass die Projektmitarbeiter nicht mit Elan und vollem Herzen bei der Sache sind. Darunter kann die Qualität der Ergebnisse massiv leiden.

Achtung! Immer nur Anweisungen zu erteilen kann gefährlich sein: Wenn sich Mitarbeiter Ihren Anweisungen offen widersetzen, ist die Gefahr groß, dass Sie an Akzeptanz verlieren, Ihren Ruf ruinieren – und am Ende als Verlierer vom Platz gehen.

Sollen Ihre Mitarbeiter die Aufgaben nicht nur gehorsam abarbeiten, sondern optimal und mit guter Ergebnisqualität erfüllen, braucht es ein positives Commitment. Mit »Basta!« kommen Sie da nicht hin.

Checkliste 15: **Aufgaben delegieren**

Idealbesetzung finden: Wer soll es tun?

- Wer ist am ehesten geeignet, die Aufgaben zu übernehmen?
- Wer soll bei der Ausführung helfen bzw. mitwirken?

Aufgabe formulieren: Was soll getan werden?

- Was soll erreicht werden? Welches Ziel wird angestrebt?
- Wie sieht ein gutes Arbeitsergebnis am Ende aus?
- Welche Teilaufgaben sind dabei zu erledigen?

Ziele erläutern: Wozu soll es getan werden?

- Welchem Zweck dient die Aufgabe oder Tätigkeit?
- In welchem Kontext steht diese Aufgabe?
- Was passiert, wenn die Aufgabe nicht richtig ausgeführt wird?

Vorgehensweise festlegen: Wie soll es getan werden?

- Wie soll bei der Ausführung vorgegangen werden?
- Welche Verfahren sollen angewendet werden?
- Welche Vorschriften und Richtlinien sind einzuhalten?
- Wer ist zu informieren? Wer ist zu konsultieren?
- Welche Kosten dürfen (maximal) entstehen?

Voraussetzungen schaffen: Womit soll es getan werden?

- Welche Hilfsmittel sollen eingesetzt werden?
- Welche Unterstützung braucht der Mitarbeiter?
- Welche Unterlagen werden benötigt?

Timing vorgeben: Wann soll es erledigt sein?

- Wann soll/muss mit der Arbeit begonnen werden?
- Wann soll/muss die Arbeit abgeschlossen sein?
- Welche Zwischentermine sind einzuhalten?

Auf die Selbstorganisation vertrauen

Es gibt Projektleiter, die neigen in schwierigen Situationen zur Basisdemokratie. Sprich: Sie suchen nach einer einvernehmlichen Lösung ganz ohne direktive Anweisung. Hierzu laden sie kurzerhand zu einem Workshop ein, in dem das Thema Schritt für Schritt bearbeitet wird. Dabei ziehen sie sich auf eine moderierende Rolle zurück und stellen ihre eigene Meinung hintan.

Dieser Ansatz birgt in dieser frühen Phase des Projektes ein großes Risiko: Meist hat das Team noch gar nicht die Reife, um sich selbst zu organisieren. Wahrscheinlich lösen Sie mit diesem Vorgehen viel eher ein »Storming« aus, das seinem Namen alle Ehre macht (s. Kapitel 4.3).

Achtung! Ein Projektteam, das Sie in einer frühen Projektphase sich selbst überlassen, ist zu einer Selbstorganisation meist noch nicht in der Lage. Mitunter entwickelt es stattdessen eine Eigendynamik, die Sie nur schwer wieder unter Kontrolle bringen.

Hinzu kommt ein weiterer Nachteil: Es ist keineswegs gesagt, dass die Entscheidung, die aus dem Team heraus entsteht, immer die beste Lösung darstellt. Oft einigen sich Teams in einem zähen Ringen um Meinungen und Positionen allenfalls auf den kleinsten gemeinsamen Nenner. Am Ende stehen Sie dann mit einem Minimalkonsens da, der Sie keinen Schritt voranbringt.

Andererseits hat es auch einen Vorteil, wenn alle Beteiligten bei der Verteilung der Aufgaben mitbestimmen können: Es besteht die berechtigte Hoffnung, dass am Ende alle das erarbeitete Ergebnis mittragen werden.

Eigenverantwortung einfordern

Es ist immer einen Versuch wert, die Teammitglieder in die Pflicht zu nehmen und sicherzustellen, dass sie Verantwortung für das Team als Ganzes übernehmen. Das gelingt aber nur, wenn sich wirklich jeder im Team zum Projektauftrag bekennt und genau weiß, wie er selbst zum Gelingen des Projektes beitragen kann und muss.

Das Prinzip der Eigenverantwortung entfaltet seine volle Wirkung erst, wenn Sie wirklich aufzeigen, was jeder Einzelne konkret zum Teamerfolg beiträgt. Oder umgekehrt: Es muss ersichtlich sein, wer dafür verantwortlich ist, wenn das Projekt scheitert. Nur wenn jeder Mitarbeiter weiß, wie sehr von seinem Beitrag der Erfolg des Teams und damit des Projekts abhängt, wird er sich auch ins Zeug legen.

Das Prinzip lautet also: Sie geben Eigenverantwortung ins Team und fordern im Gegenzug eine maximale Leistung.

Achtung! Mit dem Prinzip der Eigenverantwortung überlassen Sie das Handeln weitgehend dem Team. Das sorgt im Idealfall für ein maximales Commitment und eine erstklassige Leistung. Es besteht aber auch das Risiko, am Ende das Projektziel zu verfehlen, weil das Team eigene Wege geht.

Auch hier stellt sich die Frage, ob das Team in seiner Entwicklung schon so weit vorangeschritten ist, dass es mit dieser Eigenverantwortung umgehen kann. Wirklich erreicht wird dieser Punkt eigentlich erst in der Performing-Phase. Zumindest gilt es festzuhalten: Ein wirkliches Commitment können Sie erst erhalten, wenn jeder Mitarbeiter von der Sinnhaftigkeit des Projektes überzeugt ist und sich freiwillig dem Projekt anschließt. Das ist ein Idealzustand, der in der Anfangsphase eines Projekts kaum vorkommt. Meistens wurden die Projektmitglieder ja zwangsverpflichtet und sind vom Sinn des Projektes erst einmal ganz und gar nicht überzeugt.

Achtung! Wenn es Ihnen zu Beginn des Projektes nicht gelingt, die Sinnhaftigkeit Ihres Vorhabens zu vermitteln, erhalten Sie kein Commitment. Damit sind für den weiteren Verlauf Schwierigkeiten vorprogrammiert, die Projekte typischerweise zum Scheitern bringen.

Setzen Sie deshalb alles daran, Ihren Mitarbeitern den Sinn des Projekts zu vermitteln. Führen Sie diese Diskussion, auch wenn Sie sich dabei auf ein schwieriges Terrain begeben – und es mitunter viel Zeit, Energie und Nerven kostet. Für Ihr Team bedeutet es einen wichtigen Entwicklungsschritt, wenn es sich im Zuge der Storming-Phase ernsthaft mit Sinn und Zweck des Vorhabens auseinandersetzt. Im schlimmsten Fall können diese Diskussionen aber auch dazu führen, dass sich eine Mehrheit gegen das Projekt ausspricht. Sprechen Sie dann mit Ihrem Auftraggeber über die Widerstände! So schaffen Sie eine gemeinsame Basis, auf die Sie sich im Verlauf des Projektes immer wieder berufen können.

Mikado – und was nun!?

Wenn alle in Deckung gehen und sich keiner rührt, müssen Sie als Projektleiter reagieren. Wie wir gesehen haben, gibt es dafür unterschiedliche Ansätze, aber nicht die eine Lösung.

Monika beispielsweise wählt die Variante »klare Anweisungen«. Es wäre bei der Realisierung einer Hausmesse geradezu fahrlässig, das Projekt einfach laufen zu lassen und darauf zu hoffen, dass es das Team schon irgendwie richten wird. Deshalb achtet sie darauf, die Fäden fest in der Hand zu behalten: Sie legt die Arbeitspakete fest und verteilt sie im Team. Bei der Umsetzung vertraut sie allerdings darauf, dass die Leute wissen, was sie tun.

Matthias hat den Vorteil, dass seine Kollegen in der Entwicklungsabteilung schon sehr lange dabei sind und gut zusammenarbeiten. Er muss bei der Entwicklung eines neuen Lackes nicht viel sagen. Ist der Auftrag einmal klar, organisieren sich seine Leute in der Regel selbst, ohne dass er viel dafür tun muss – das nennt man Luxus!

Und Katharina, die ihre Situation mit »Mikado auf hohem Niveau« verglichen hat? Sie weiß, dass sie handeln muss – scheut sich aber, klare Anweisungen zu geben. Dafür hätte sie zwar das Mandat, aber der Widerstand gegen die Projekt- und Zeitdatenerfassung ist ohnehin überall zu spüren. Mit Anweisungen »von oben« käme sie nicht weiter. Stattdessen sucht sie nach einem Weg, das Team vom Sinn des Projekts zu überzeugen. Notfalls will sie noch einmal den Auftraggeber einbeziehen, um das Team endlich in die Pflicht zu nehmen.

Praxistipp! Wägen Sie Ihre Reaktion gut ab, wenn Ihre Mitarbeiter bei der Verteilung der Aufgaben in Deckung gehen. Klare Anweisungen sind zwar der einfachste Ausweg, doch birgt er die Gefahr, Widerstände zu provozieren. Möglicherweise ist es der bessere Weg, auf die Selbstorganisation zu setzen oder an die Eigenverantwortung der Teammitglieder zu appellieren.

Survival-Tipps: **Fehlstart ins Projekt**

Es scheint, als könne man beim Start eines Projekts nicht allzu viel falsch machen. Dabei werden gerade am Anfang die Weichen für den weiteren Verlauf des Projekts gestellt. Werden sie falsch gestellt, droht ein Fehlstart ins Projekt – Termine und Kosten laufen dann schnell aus dem Ruder.

- Stellen Sie sicher, dass Sie die notwendige Unterstützung von oben haben, bevor Sie sich auf die Suche nach Mitstreitern machen und die Kollegen direkt ansprechen.
- Nehmen Sie das Kick-off-Meeting ernst. Es geht darum, die Bedeutung des Projekts zu vermitteln und das Team für das Projekt zu motivieren.
- Ein Kick-off-Meeting, das ein High-Performance-Team an den Start bringt, lässt sich nicht aus dem Ärmel schütteln. Es erfordert eine gute Vorarbeit.
- Nehmen Sie sich gemeinsam mit Ihrem Team Zeit für einen Take-off-Workshop, um sich mit dem Projekt bewusst auseinanderzusetzen. Sorgen Sie dafür, dass das Projekt für alle Beteiligten spürbar abhebt.
- Achten Sie auf klare Strukturen. Klären Sie Rollen und Aufgaben im Team, denn unklare Verantwortlichkeiten führen zwangsläufig zu Reibungsverlusten.
- Fördern Sie Offenheit und Vertrauen im Team. Nichts behindert die Teamarbeit so sehr wie unausgesprochene Probleme und Konflikte.
- Ermutigen Sie Ihre Teammitglieder, sich gegenseitig zu unterstützen. Ein Team kann nur dann sein Potenzial ausschöpfen, wenn Probleme gemeinsam gelöst werden und man sich gegenseitig hilft.
- Reagieren Sie sofort, wenn es an der Bereitschaft mangelt, erste Aufgaben im Projektteam zu übernehmen. Nehmen Sie Ihre Leute in die Pflicht und stellen Sie sicher, dass sie Verantwortung für das Projekt übernehmen.

5. DIE BEWÄHRUNGSPROBE

Wie Sie Schwierigkeiten im Projektalltag meistern

»Schluss! Aus! Basta! Wir machen es jetzt so, wie ich es sage!« Welcher Projektleiter hätte sich nicht schon einmal gewünscht, seinen Willen mit einem einzigen Machtwort durchzusetzen? Meist bleibt das ein Traum, denn ein Projektleiter besitzt keine disziplinarische Weisungsbefugnis, hat also im Grunde »nichts zu sagen«. In vielen Projekten wirft das Probleme auf: Teammitglieder stimmen der Erledigung einer Aufgabe erst zu – und verkünden dann in der nächsten Projektbesprechung, sie seien leider nicht dazu gekommen. Im Falle von Monika haben sogar ganze Unternehmensbereiche und Abteilungen ihre Unterstützung für die Hausmesse zugesagt, sie dann aber hängen lassen.

Deutlich wird: Auch kleine Projekte stellen Projektleiter immer wieder vor große Führungsanforderungen. Oft übernehmen frischgebackene Projektleiter ihr Projekt, ohne genügend auf ihre Führungsrolle vorbereitet zu sein. Doch worauf kommt es an, um ein Projektteam erfolgreich zu führen?

Wie Kapitel 5.1 aufzeigt, ist ein Projektleiter in ganz unterschiedlichen Führungsrollen gefordert. Es lohnt sich, diese Rollen auseinanderzuhalten und ihre unterschiedlichen Anforderungen zu kennen! Kapitel 5.2 widmet sich der Suche nach dem idealen Führungsstil – mit dem Ergebnis, dass ein Projektleiter situativ führen sollte. Das heißt: Er sollte seinen Führungsstil jeweils an die Fähigkeiten und die Leistungsbereitschaft seiner Mitarbeiter anpassen.

Wesentliche Führungsaufgabe eines Projektleiters ist das Delegieren von Aufgaben und Arbeitspaketen (Kapitel 5.3). Hierzu muss er sicherstellen, dass der Mitarbeiter alle Vorgaben verstanden hat und über die Möglichkeiten verfügt, jene auch umzusetzen.

Letztlich entscheidend für den Projekterfolg ist vor allem eines: Das Projektteam bleibt auf Kurs und marschiert konsequent in Richtung Projektziel. Damit das gelingt, muss der Projektleiter laufend Entscheidungen treffen – ebenfalls eine zentrale Führungsaufgabe, der sich Kapitel 5.4 widmet.

Während der gesamten Projektzeit stehen Sie als Projektleiter immer wieder vor der Herausforderung, Ihre Teammitarbeiter anleiten zu müssen, ohne auf die Befugnisse eines direkten Vorgesetzten zurückgreifen zu können. Spätestens wenn erste ernsthafte Meinungsverschiedenheiten auftreten, benötigen Sie deshalb ein Mindestmaß an Autorität, um Ihre Vorstellungen dennoch durchsetzen und das Projekt voranbringen zu können. Kapitel 5.5 zeigt Wege, wie Sie sich Einfluss auch ohne formale Macht sichern können.

5.1 Projektleiter ist nicht gleich Projektleiter

Wichtige Rollen und Aufgaben eines Projektleiters

Ein Projekt zu leiten erfordert vielfältige Fähigkeiten, selbst bei kleineren Projekten. Gerade unerfahrene Projektleiter machen sich häufig nicht klar: Fachliches Know-how allein reicht nicht aus, um das Projektabenteuer zu bestehen.

Saskia war überglücklich, als sie im Sender mit der Ausgestaltung der Themenwoche »Orient & Okzident« betraut wurde. Sie hatte das Büro ihres Redaktionsleiters noch gar nicht richtig verlassen, da schossen ihr schon tausend Ideen durch den Kopf: von Flüchtlingskrise bis Terrorgefahr. Was man daraus alles machen kann! Der Orient, das Land der aufgehenden Sonne – einerseits faszinierend. Andererseits beunruhigen fast täglich Nachrichten aus den Krisenregionen des Nahen Ostens. Saskia will sich den zentralen Fragen widmen: Gehört der Islam zu Deutschland? Gibt es eine Islamisierung? Wie sieht die Situation vor Ort aus? Im Iran, im Irak, in Syrien? Wie bedroht ist Europa?

Die Sendeplätze einer ganzen Woche füllen: Was für eine tolle Aufgabe! Die erfahrene Journalistin, Expertin für den Nahen Osten, blüht geradezu auf – und begeht in ihrer Begeisterung möglicherweise bereits einen gravierenden Fehler.

Saskias Themenwoche steht für all jene Projekte, in denen sich die frischgebackenen Projektleiter in ihrer Euphorie lieber mit den Inhalten befassen, anstatt sich um den Rahmen zu kümmern. Das ist auch kein Wunder: Projektleiter kleinerer Projekte werden oft wegen ihrer hervorragenden fachlichen Leistungen ausgewählt. Saskia ist eine Journalistin, die als ausgewiesene Expertin für den Nahen Osten gilt. Marc kennt sich als Informatiker unglaublich gut mit den Produktionssystemen des Unternehmens aus, und Thomas ist als Ingenieur nicht ohne Grund in der Entwicklungsabteilung seiner Firma gelandet. Die große Gefahr: Als Experten ihres Fachs stürzen sie sich mit viel Energie auf die inhaltlichen Herausforderungen, wollen da mit tollen Lösungen glänzen, verlieren darüber aber die anderen Projektanforderungen aus dem Blick.

Rollen eines Projektleiters

Natürlich ist es nicht falsch, einen Projektleiter aufgrund hervorragender fachlicher Leistungen auszuwählen. Meistens braucht er dieses Wissen, um technische oder fachliche Details zu verstehen und die Qualität von Projektergebnissen zu prüfen. Häufig wird jedoch übersehen, dass fachliches Know-how nicht ausreicht. Im Idealfall sollte ein Projektleiter vielmehr in der Lage sein, vier Rollen auszufüllen: neben der des Experten auch die Rollen des Managers, Coach und Unternehmers.

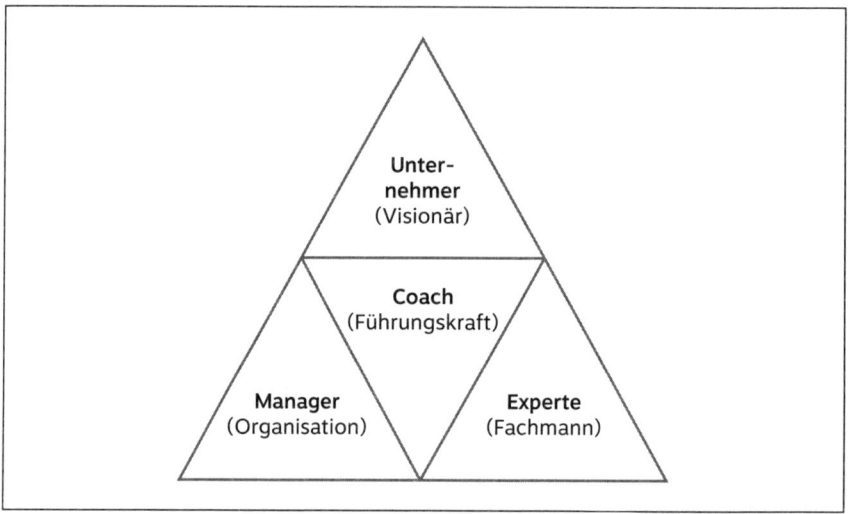

Abbildung 33: Rollen eines Projektleiters (Führungsdreieck)

Die unterschiedlichen Rollen lassen sich in Form eines Führungsdreiecks darstellen (siehe Abbildung 33). Das Dreieck bildet die vier Rollen ab, in denen Projektleiter in Projekten gefordert sind – mal mehr, mal weniger.

- **Der Experte:** Der *Experte* ist der Spezialist oder der Fachmann auf seinem Gebiet. Nicht selten wird dem besten Experten ein Projekt anvertraut, weil er die Arbeit inhaltlich anleiten und beurteilen kann.
- **Der Manager:** Der *Manager* ist der Organisator, der die Fäden in der Hand hält, der abstimmt, entscheidet und treibt. Er klärt den Projektauftrag, plant

das Vorhaben und sorgt dafür, dass die Umsetzung klappt. Kurz: Er managt das Projekt.

- **Der Coach:** Der *Coach* entwickelt, fordert und fördert seine Mitarbeiter. Er gibt Hilfestellung bei der Umsetzung der Projektaufgaben und stärkt vor allem neuen oder unerfahrenen Mitarbeitern in schwierigen Projektsituationen den Rücken.
- **Der Unternehmer:** Der *Unternehmer* übernimmt – für eine begrenzte Zeit – die »Geschäftsführung« des Projekts. Außerdem motiviert er seine Mitstreiter und das Umfeld im Unternehmen, auf diese Projektziele hinzuarbeiten.

Der Projektleiter als Experte

In kleineren Projekten fällt die Wahl zum Projektleiter oft auf den fachlich geeignetsten Mitarbeiter. Das ist nicht verkehrt, denn die Expertenrolle ist in vielen Projekten durchaus erforderlich. So benötigt auch Thomas eine große Expertise, um mit seinem Projekt den Lieferantenwechsel für den Lüfter vorzubereiten. Als Entwicklungsingenieur ist er in der Lage, technische Details zu verstehen, zu bewerten oder auch selbst auszuarbeiten. Die Fachkenntnisse erleichtern ihm die tägliche Arbeit als Projektleiter, weil er die Zusammenhänge schneller durchdringt als dies ein fachfremder Projektleiter könnte.

Achtung! Der beste Fachexperte ist nicht automatisch ein geeigneter Projektleiter. Was nach einem unschätzbaren Vorteil klingt, kann auch zum Nachteil werden: Vielen Fachexperten fällt es schwer, die Arbeitsebene zu verlassen. Dadurch bleiben im Projekt wichtige Führungs- und Organisationsaufgaben unbesetzt.

Der Projektleiter als Manager

Der Projektleiter eines kleineren Projektes hat es nicht leicht. Zusätzlich zu den fachlich-inhaltlichen Themen erwarten ihn jede Menge weitere Aufgaben. Um sie zu bewältigen, benötigt er methodisches Know-how, das heißt Projektmanagement-Kompetenz. Als Projektleiter kommt ihm auch die Rolle eines Managers zu.

Ganz besonders trifft das auf Monika zu: Bei der Vorbereitung der Hausmesse ist sie weniger als Expertin denn als Organisatorin gefragt. Bei ihr laufen alle Fäden zusammen. Sie hat den Projektauftrag geklärt, die Veranstaltung geplant, den Projektplan entworfen und sorgt nun dafür, dass alles wie am Schnürchen läuft. Sie tut gut daran, viele Aufgaben auch zu delegieren. So kann sie sich ganz darauf konzentrieren, die vielfältigen Aktivitäten zu managen.

Achtung! Viele Projektleiter werden in einer Doppelrolle ins Projekt geschickt: Sie sollen das Projekt leiten und gleichzeitig als Experte mitarbeiten. Häufig entstehen daraus Schwierigkeiten, weil die Managerrolle zu kurz kommt.

Man spricht gerne von einer »Chance zur Weiterentwicklung«, wenn ein Fachexperte die Gelegenheit erhält, ein Projekt zu übernehmen. Das mag in einzelnen Fällen durchaus zutreffen. Häufig empfindet der Betroffene das Managen des Projekts aber als unnütze Zusatzaufgabe – als unnötige »Bürokratie«, die man am Freitagabend noch schnell machen muss, um der Form Genüge zu tun. Die Managerrolle im Projekt leidet, weil die fachlichen Aufgaben als das Eigentliche gelten und deshalb allem anderen vorgezogen werden.

Der Projektleiter als Coach

Projektleiter sind auch Führungskräfte. Ihnen obliegt die Rolle eines Coach, der seine Mitarbeiter fördert und fordert. Doch die Praxis zeigt: Gerade diese »weichen« Themen werden bei Weiterbildungen oft wenig beachtet, der Fokus liegt in der Regel auf der Fach- und Methodenkompetenz. So kommt es, dass viele Projektleiter auf ihre Führungsrolle im Projekt nicht vorbereitet sind. »Der Neue wird das schon von selbst lernen«, lautet häufig die Maxime. Das Problem ist nur: In Projekten bleibt für ein Learning by Doing kaum Zeit.

Achtung! Die Führungsaufgaben selbst in kleineren Projekten werden häufig unterschätzt. Ohne eine gewisse Führungserfahrung kann der anfängliche »Traumjob Projektleiter« leicht zum Albtraum werden.

Ein Projektleiter muss sein Team führen können und insbesondere junge, noch unerfahrene Mitarbeiter bei der Bewältigung ihrer Projektaufgaben unterstützen. Zudem sollte er in der Lage sein, die sich teils widersprechenden Interessen von Vorgesetzten, involvierten Abteilungen und den eigenen Projektmitarbeitern zu managen. Der Umgang mit den verschiedenen Stakeholdern eines Projektes erfordert ein hohes Maß an sozialer Kompetenz.

Es stimmt natürlich: Ein schlecht geplantes Projekt lässt sich mit Führungsgeschick und sozialer Kompetenz kaum retten. Verhindern lässt sich damit aber, dass gut geplante Projekte ins Schlingern geraten. Gute Soft Skills ermöglichen dem Projektleiter, seine Fach- und Methodenkenntnis noch wirkungsvoller einzusetzen, um das Projekt zum Erfolg zu führen.

Der Projektleiter als Unternehmer

Projektleiter tragen auch eine unternehmerische Verantwortung. Sie sind, wenn auch nur für eine begrenzte Zeit, quasi »Geschäftsführer« ihres Projekts. Sie stehen an der Spitze eines kleinen »Familienbetriebs« namens Projekt. In dieser Funktion verfolgen sie Ziele, schmieden Pläne, entwickeln Handlungsstrategien, beachten Risiken, verwalten Budgets und vieles mehr.

Eine weitere unternehmerische Komponente kommt hinzu: die »Vermarktung« des eigenen Projekts. Auch bei kleineren Projekten muss der Projektleiter sein Projekt häufig innerhalb und gegebenenfalls auch außerhalb des Unternehmens bekannt machen und »verkaufen«.

Das gilt zum Beispiel für Monika. Die Idee für die Hausmesse stammt zwar von der Geschäftsführung, die das Projekt auch vor der Belegschaft und innerhalb der Führungsriege des Unternehmens angekündigt hat. Von nun an ist es aber an Monika, in ihrer »Unternehmerrolle« das Vorhaben zu vertreten und zum Erfolg zu führen. Sie muss ihre Mitstreiter aus den verschiedenen Fachbereichen motivieren und dazu bewegen, auf die Hausmesse hinzuarbeiten. Der Auftraggeber wird erst zu Beginn der Hausmesse wieder in Erscheinung treten – wenn er die Eröffnungsrede hält.

Niemand braucht eine eierlegende Wollmilchsau

Über welche Qualifikationen und Fähigkeiten verfügt nun der ideale Projektmanager? Diese Frage lässt sich so nicht beantworten. Mehr noch: Sie sollte so gar nicht gestellt werden. Den idealen Projektmanager gibt es nicht – ganz einfach deshalb, weil jedes Projekt nach anderen Fähigkeiten verlangt.

Nicht alle Rollen sind in jedem Projekt gleichermaßen gefragt. Die Vorbereitung einer prestigeträchtigen Hausmesse braucht zum Beispiel eine Projektleiterin, die sich als Managerin und Unternehmerin hervortut. Als Expertin ist Monika eher weniger gefragt – denn die Fachfragen überlässt sie den Abteilungen, die sich mit ihren Produkten und Dienstleistungen auf der Hausmesse präsentieren sollen.

Saskia ist dagegen in starkem Maß in ihrer Rolle als Expertin gefordert – sowohl als Journalistin wie auch als Kennerin des Nahen Ostens. Daneben wird sie auch als Coach gebraucht, weil bei ihrem Projekt mehrere Volontäre und studentische Hilfskräfte mitarbeiten sollen.

 Praxistipp! Überlegen Sie, welche Fähigkeiten Ihr Projekt Ihnen abverlangt. Nehmen Sie die entsprechenden Rollen von Anfang an aktiv wahr – Ihnen bleibt keine Zeit, sich lange auszuprobieren.

5.2 Alles hört auf mein Kommando
Auf der Suche nach dem richtigen Führungsstil

Mit der Führung ist das so eine Sache. Was im einen Fall richtig ist, kann in einer anderen Situation komplett falsch sein. Projektleiter, die nur einen, allenfalls zwei Führungsstile beherrschen, laufen Gefahr, den falschen Ton zu treffen. Unzufriedenheit und schlechte Leistung sind die Folge.

Thomas ist ein erfahrener Entwicklungsingenieur, der weiß, wovon er spricht. Er ist bekannt für seine klare Linie und seine klaren Anweisungen. Nicht ohne Grund wurde er mit dem Verbau des neuen Lüfters beauftragt. Ausgestattet mit der Rückendeckung des kaufmännischen Geschäftsführers hält Thomas das Zepter fest in der Hand. Von Anfang an laufen alle Fäden bei ihm zusammen. Er delegiert strikt nach dem Top-down-Prinzip, um so das Projekt zügig voranzutreiben und schnell entscheiden zu können. Doch seine Kollegen, ebenfalls gestandene Leute, die seit Jahren ihre Jobs ausüben, kommen mit seiner autoritären Führungsweise nicht zurecht. Bald gibt es die ersten Beschwerden gegenüber der Geschäftsleitung …

Saskia praktiziert genau den gegenteiligen Führungsstil. Sie verzichtet weitgehend darauf, in die Arbeitsabläufe ihrer Mitarbeiter einzugreifen. Sie hat ohnehin nur wenig Zeit, sich um ihre Leute zu kümmern; viel zu sehr ist sie mit der inhaltlichen Ausgestaltung ihrer Themenwoche beschäftigt. Gute Mitarbeiter, so glaubt sie, müsse man an der langen Leine führen, sodass sie eigenständig entscheiden können. Sie beschränkt sich lieber darauf, Aufgaben zu verteilen, und überlässt es dem Team, Lösungen dafür zu finden.

Auch in ihrem Projekt läuft es zusehends schwieriger. Der Laisser-faire-Stil bietet den Mitarbeitern zwar die Möglichkeit, eigenständig an die Aufgaben heranzugehen. Die meisten Mitglieder ihres Teams sind aber Volontäre und studentische Hilfskräfte, die mit dieser Freiheit wenig anfangen können. Das fehlende Feedback verunsichert. Sie wissen nicht, ob sie das Richtige tun, und haben den Eindruck, dass Saskia ihre Arbeit gar nicht schätzt. Das führt zu Frust und Demotivation.

Achtung! Ein Führungsstil, der in einem Projekt funktioniert, kann im nächsten Projekt falsch sein. Es ist daher höchst riskant, immer auf die gleiche Weise an Projekte heranzugehen: Ein falscher Führungsstil kann die Mitarbeiter demotivieren und damit das ganze Projekt zu Fall bringen.

Bei kleineren Projekten gerät der Projektleiter leicht in einen Teufelskreis: Das angeblich so kleine Projekt entwickelt sich aufwendiger als gedacht. Der Projektleiter fühlt sich überfordert mit den vielen Aufgaben, die plötzlich auf seinen Schultern lasten. Um voranzukommen, konzentriert er sich auf die inhaltliche Arbeit, anstatt seine Mitstreiter zu fördern und zu fordern. Diese sind dadurch immer weniger in der Lage, Aufgaben zu übernehmen und den Projektleiter zu entlasten. Dementsprechend steigt seine Belastung unter dem Berg immer neuer Aufgaben.

Die Bewährungsprobe

Achtung! Projektmitarbeiter, die Sie zu wenig unterstützen und fördern, fehlt es an Wissen, um selbstständig zu arbeiten und zu entscheiden. Die Folge: Sie stehlen Ihnen Zeit, weil sie permanent rückfragen müssen, weil Nacharbeiten notwendig sind oder weil sie bestimmte Aufgaben gar nicht übernehmen können.

Den perfekten Führungsstil gibt es nicht

Seit Jahrzehnten sind Managementexperten auf der Suche nach dem perfekten Führungsstil. Sie erhoffen sich damit eine Art Allzweckwaffe, die – einmal gelernt – vor allen Eventualitäten schützt. Den perfekten Führungsstil gibt es nicht, lautet dagegen eine zentrale Botschaft des US-amerikanischen Verhaltensforschers und Unternehmers Paul Hersey. Er gilt als Erfinder des situativen Führens. Danach sind Führungskräfte umso erfolgreicher, je flexibler sie im Betriebsalltag reagieren. Mal müssen sie, abhängig von der jeweiligen Situation, loben, mal korrigieren. Mal müssen sie bei der Aufgabenerfüllung unterstützen, ein anderes Mal sich bewusst zurücknehmen.

Zwei grundlegende Verhaltensweisen lassen sich unterscheiden:

- Dirigierendes Verhalten ist von einem hohen Sachbezug geprägt. Als Projektleiter konzentrieren Sie sich darauf, wie die einzelnen Projektaufgaben zu erfüllen sind. Sie zeigen Ihrem Mitarbeiter auf, wann und wie etwas getan werden muss. Das dirigierende Verhalten hat den Zweck, dass der Mitarbeiter lernt und seine Kompetenz erweitert.
- Unterstützendes Verhalten konzentriert sich dagegen mehr auf die Person des Mitarbeiters. Als Projektleiter möchten Sie die Eigeninitiative des Mitarbeiters fördern. Dies kann durch Loben, Zuhören und Ermutigen geschehen. Der Zweck eines solchen unterstützenden Verhaltens liegt darin, Motivation und Engagement des Mitarbeiters zu wecken.

Je nach Verhalten ergeben sich unterschiedliche Möglichkeiten der Führung, wobei eine Führungskraft meistens zu einem bestimmten Führungsstil tendiert. Ausgehend von den beiden grundsätzlichen Verhaltensweisen – dirigierendes Verhalten, unterstützendes Verhalten – lassen sich vier Führungsstile ableiten (s. Abbildung 34):

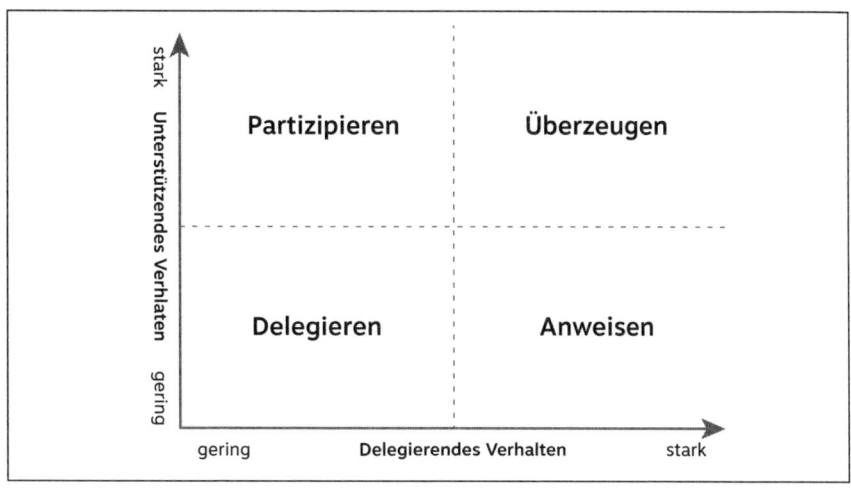

Abbildung 34: Führungsstile nach Paul Hersey

- **Anweisen:** Dieser Führungsstil zeichnet sich durch ein stark dirigierendes und wenig unterstützendes Verhalten aus, das heißt, Sie geben als Projektleiter detaillierte Anweisungen, was zu tun ist und wie der Mitarbeiter dabei vorgehen soll.
- **Überzeugen:** Dieser Führungsstil ist gleichermaßen dirigierend und unterstützend, das heißt, als Projektleiter erläutern Sie Ihre Entscheidungen, erfragen und loben Vorschläge und geben Anleitungen. Ihre Mitarbeiter sollen Ideen für das Vorgehen einbringen, doch Sie treffen die Entscheidungen.
- **Partizipieren:** Kennzeichen dieses Führungsstils ist ein stark unterstützendes und wenig direktives Verhalten, das heißt, es geht primär darum, das Engagement der Teammitglieder zu stärken oder zu wahren. Als Projektleiter hören Sie zu und ermutigen Ihre Projektmitarbeiter zu eigenverantwortlichen Entscheidungen und Problemlösungen.
- **Delegieren:** Bei diesem Führungsstil wird nur wenig dirigiert und unterstützt, das heißt, Sie lassen als Projektleiter Ihre Mitarbeiter weitestgehend eigenständig agieren. Sie bestimmen, welche Ergebnisse gewünscht sind, und stellen die notwendigen Ressourcen bereit.

Welcher Führungsstil ist nun der jeweils richtige? Das hängt vom Entwicklungsstand des Mitarbeiters ab – von seinem »Reifegrad«.

Die Bewährungsprobe

Wie selbstständig sind meine Projektmitarbeiter?

In der Entwicklung eines Mitarbeiters lassen sich, abhängig von deren Kompetenz und Leistungsbereitschaft, vier Reifegrade oder Stufen der Selbstständigkeit unterscheiden (siehe Abbildung 35):

Abbildung 35: Reifegrade nach Paul Hersey

- **Reifegrad 1:** In diesem Fall ist ein Mitarbeiter für die Projektaufgabe zwar nur gering qualifiziert, jedoch hoch motiviert. Meist soll der Mitarbeiter im Rahmen des Projekts eine neue Aufgabe übernehmen und sieht hierin eine besondere Herausforderung. Er freut sich auf die Aufgabe, auch wenn er vom Thema noch wenig Ahnung hat.
- **Reifegrad 2:** Nun haben wir es mit einem Mitarbeiter zu tun, der für eine anstehende Projektaufgabe weder motiviert noch qualifiziert ist. Vermutlich arbeitet der Mitarbeiter nicht freiwillig im Projekt mit, sondern wurde »zwangsverpflichtet«. Er wird nun mit einer Aufgabe konfrontiert, von der er nur wenig Ahnung hat; entsprechend frustriert reagiert er.
- **Reifegrad 3:** Der Mitarbeiter ist eigentlich bestens qualifiziert, jedoch wenig motiviert. Er bringt alle fachlichen Voraussetzungen mit, um die Projektaufgabe zu erfüllen. Und doch packt er die Aufgabe nicht engagiert an. Ein Grund dafür kann zum Beispiel fehlendes Selbstvertrauen sein.

- Reifegrad 4: Hier agiert ein Profi – hoch qualifiziert und hoch motiviert. Er ist mit Engagement bei der Sache und verfügt über alle notwendigen Kompetenzen, um erfolgreiche Projektarbeit zu leisten: Kreativität, Eigenständigkeit, fachliches Know-how, Organisationstalent und Disziplin.

Der richtige Führungsstil hängt vom jeweiligen Grad an Fachkompetenz und Leistungsbereitschaft ab. Das heißt, je nach Reifegrad des Mitarbeiters ist ein anderes Führungsverhalten angebracht. Doch Vorsicht: Die vier Stufen der Selbstständigkeit beziehen sich stets nur auf eine bestimmte Aufgabe. Bei der nächsten Projektaufgabe kann der Reifegrad eines Mitarbeiters wieder ganz anders sein.

Autoritärer Führungsstil: anweisen

Der autoritäre Führungsstil orientiert sich vorrangig an den Aufgaben im Projekt. Thomas ist beispielsweise ein erfahrener Entwicklungsingenieur, der es gewohnt ist, das Zepter in der Hand zu halten und sämtliche Entscheidungen allein zu treffen. Bei ihm wird nicht lange diskutiert und erklärt: Thomas dirigiert und weist an. Er strukturiert die einzelnen Projektaufgaben, sagt seinen Mitarbeitern genau, was sie zu tun haben, und legt fest, wann der nächste Kontrollzeitpunkt ist. Er redet nicht über den Sinn einer Aufgabe, gibt seinen Mitarbeitern aber eine klare Orientierung. Er bestimmt die Richtung und erklärt auf eine konstruktive Art und Weise, wie die anstehenden Projektaufgaben zu erledigen sind.

Autoritärer Führungsstil heißt also: Als Projektleiter geben Sie dem Mitarbeiter klar vor, was zu tun ist und wie er dabei vorgehen soll.

Lassen Sie sich von dem Gedanken, autoritär zu führen, nicht abschrecken. Ein autoritärer Führungsstil ist angebracht, solange ein Mitarbeiter nicht in der Lage ist, eigene Verantwortung im Projekt zu übernehmen. Seine Leistungsbereitschaft ist hoch ausgeprägt, seine Fachkompetenz jedoch gering (Reifegrad 1 in Abbildung 35). Häufig ist das bei jungen, motivierten Mitarbeitern der Fall: Angesichts einer neuen Projektaufgabe brennen sie darauf, loszulegen, doch fehlen ihnen noch Wissen und Erfahrung. Deshalb brauchen sie Orientierung, um ihre Aufgabe erfolgreich zu bewältigen – mithin also einen autoritären Führungsstil.

Die Bewährungsprobe **187**

Praxistipp! Geben Sie klare Anweisungen und überwachen Sie die Leistungen, wenn ein Mitarbeiter angesichts seiner Aufgabe zwar hoch motiviert ist, aber nicht über das nötige Know-how verfügt.

Projektleiter, die wie Thomas zu einem autoritären Führungsstil neigen, sind in der Regel fachlich äußerst kompetent und haben den Ehrgeiz, die Projektziele unbedingt zu erreichen. Da sie jedoch die Aufgabenorientierung in den Mittelpunkt stellen, kann sich das »Wir-Gefühl« im Team nur schwer entwickeln. Wo kein Austausch stattfindet, leiden Kreativität und Ideenreichtum, es entstehen starre Abläufe. Demotivation ist die Folge, im Extremfall kann es auch zu Widerstand, Ablehnung oder Trotzreaktionen gegen die autoritäre Führung kommen.

Achtung! Ein autoritärer Führungsstil lässt den Mitarbeitern oft zu wenig Handlungsspielraum. Der große Nachteil: Ohne den Projektleiter läuft dann nichts mehr – denn die Mitarbeiter trauen sich nicht, in seiner Abwesenheit Verantwortung zu übernehmen.

Kooperativer Führungsstil: überzeugen

Der kooperative Führungsstil orientiert sich gleichermaßen an den Projektaufgaben und den Bedürfnissen der Projektmitarbeiter. Vanessa arbeitet bereits seit einigen Jahren in der Buchhaltung ihres Unternehmens. Sie bindet ihre Kolleginnen und Kollegen in Entscheidungen mit ein und legt Wert auf eine gute Zusammenarbeit. Sie ist für die Projektbeteiligten stets ansprechbar; vieles wird auf dem »kurzen Dienstweg« erledigt. Die Atmosphäre ist von Wertschätzung und Respekt geprägt.

Vanessa geht – im Gegensatz zu Thomas – mehr auf ihre Projektmitarbeiter ein. Auch sie definiert und strukturiert die Aufgaben klar, vermittelt ihren Projektmitarbeitern dann aber auch die Gründe für ihre Vorgehensweise. Sie möchte den einzelnen Mitarbeiter vom Sinn der Aufgabe und des vorgeschlagenen Weges überzeugen. Der Mitarbeiter fühlt sich dadurch ernst genommen und macht sich motiviert an die Arbeit.

Empfehlenswert ist ein kooperativer Führungsstil besonders dann, wenn bei einem Mitarbeiter sowohl die Leistungsbereitschaft wie auch die Fachkompetenz gering ausgeprägt sind (Reifegrad 2 in Abbildung 35). In diesem Fall muss der Mitarbeiter überzeugt und befähigt werden, die anstehenden Aufgaben zu erledigen. Paul Hersey spricht hier von »Selling«, Verkaufen: Da es weder um die Qualifikation noch um das Engagement des Mitarbeiters gut bestellt ist, muss der Projektleiter ihm die Projektaufgabe regelrecht verkaufen, also schmackhaft machen.

Deutlich wird: Der kooperative Führungsstil kann sehr anstrengend sein, weil Sie Ihre Aufmerksamkeit der Person und der Sache gleichermaßen widmen müssen. Sie müssen den Mitarbeiter intensiv coachen, um ihn für eine Aufgabe zu gewinnen, auf die er keine Lust hat – und ihm obendrein noch inhaltlich auf die Sprünge helfen.

 Praxistipp! Erklären Sie Ihre Entscheidungen und versuchen Sie, den Mitarbeiter dafür zu gewinnen, wenn es weder um die Qualifikation noch um das Engagement des Mitarbeiters gut bestellt ist.

Wer wie Vanessa zu einem kooperativen Führungsstil neigt, stärkt mit seinem Verhalten den Zusammenhalt und Motivation im Projektteam. Er vermittelt das Gefühl, dass alle »in einem Boot« sitzen. Zugleich fördert er Selbstständigkeit und Eigeninitiative seiner Mitarbeiter und gibt ihnen die Gelegenheit, in allen Phasen des Projekts aktiv am Erfolg mitzuwirken.

Richtig angewandt ist der kooperative Führungsstil sehr erfolgreich und gilt daher als der beste Führungsstil. Sein Nachteil liegt darin, dass er enorm hohe Anforderungen an den Projektleiter stellt und extrem viel Zeit in Anspruch nimmt – Zeit, die gerade in kleineren Projekten oft fehlt.

Karitativer Führungsstil: partizipieren

Der karitative Führungsstil orientiert sich vorrangig an den Bedürfnissen der Mitarbeiter. Monika setzt diesen Führungsstil ein, um ihre Hausmesse zu organisieren: Immer wieder greift sie die Fragen, Bedenken und Unsicherheiten von Mitarbeitern auf, die an der Vorbereitung mitwirken. Hier ist Ihre Fähigkeit gefragt, zuzuhören und beim Mitarbeiter nachzufragen, welches er denn für die bestmögliche Vorgehensweise hält. Es geht ihr darum, positives Feedback zu geben, zu bestärken, aufzubauen und zu unterstützen. Sie sieht es nicht als ihre Aufgabe, Strukturen und Wege aufzuzeigen, vielmehr will sie die Vorgehensweise aus dem Mitarbeiter »herausholen«.

Der karitative Führungsstil stellt somit den Menschen in den Mittelpunkt, während die Projektaufgaben erst einmal nachrangig sind. Er ist vor allem dann angebracht, wenn ein Mitarbeiter zwar fachlich kompetent ist, es aber an Leistungsbereitschaft fehlen lässt (Reifegrad 3 in Abbildung 35).

Mitarbeiter, die durchaus wissen, was zu tun ist, aber das notwendige Engagement missen lassen, gibt es in Projekten immer wieder. Der Grund dafür kann mangelndes Selbstvertrauen sein. In diesem Fall sollten Sie auf den karitativen Stil zurückgreifen, also auf ein stark unterstützendes Führungsverhalten. Vorrangig, jedoch mit Takt und Einfühlungsvermögen, kümmern Sie sich um die Leistungsbereitschaft des Mitarbeiters.

Was heißt das konkret? Treffen Sie sich zum Beispiel mit Ihrem Mitarbeiter zum Kaffee oder machen einen Spaziergang, um so den Grund für sein reduziertes Engagement zu erfahren. Dabei gilt es, Vertrauen zu signalisieren und Zuversicht zu vermitteln. Hören Sie gut und viel zu, fördern Sie den Mitarbeiter und ermutigen Sie ihn, seine Projektaufgaben anzugehen. Ihr Ziel ist, Motivation und Engagement des Mitarbeiters so weit zu stärken, dass er die Projektaufgabe eigenverantwortlich in Angriff nimmt. Mit anderen Worten: Leisten Sie Hilfe zur Selbsthilfe.

Praxistipp! Leisten Sie Hilfe zur Selbsthilfe, wenn ein Mitarbeiter zwar weiß, was er zu tun hat, aber im Moment das notwendige Engagement vermissen lässt: Kümmern Sie sich um sein Wohlbefinden und ermutigen Sie ihn, eigenverantwortlich Entscheidungen zu treffen.

Wer wie Monika zu einem karitativen Führungsstil neigt, setzt auf eine stärkere Mitwirkung der Teammitglieder an Entscheidungen und stärkt damit auch deren Selbtsvertrauen. Er schafft eine Atmosphäre des gegenseitigen Aufeinander-Angewiesenseins, in der sich die Mitarbeiter für eine Aufgabe verantwortlich fühlen. Allerdings erfordert der karitative Führungsstil eine hohe Führungskompetenz. Zum Beispiel kann eine zu starke Beteiligung der Mitarbeiter die Leistung wiederum beeinträchtigen – für die Führungskraft oft eine schwierige Gratwanderung.

Laisser-faire-Führungsstil: delegieren

Der Begriff »Laisser-faire« kommt aus dem Französischen und bedeutet so viel wie »machen lassen«. Ein Beispiel hierfür ist Saskia: Sie ist so mit der Ausgestaltung ihrer Themenwoche beschäftigt, dass sie ihre Projektmitarbeiter an einer sehr langen Leine hält. Die Projektleiterin führt auf Augenhöhe, delegiert die Projektaufgaben, bietet die Chance für gelegentliche Rückfragen, hält sich aber eher im Hintergrund. Sie macht wenig Vorgaben zu Vorgehensweisen, verlangt keine Spielregeln und gibt den Mitarbeitern viele Freiräume – in der Erwartung, damit deren Kreativität zu fördern. Dieser Führungsstil verlangt von Saskia hohes Vertrauen in ihre Mitarbeiter.

Achtung! Laisser-faire heißt nicht, dass Sie gleichgültig gegenüber Ihren Mitarbeitern sein dürfen. Das würde sie schnell demotivieren. Das gilt umso mehr, wenn Ihre Mitarbeiter gar nicht in der Lage sind, die Verantwortung für eine Aufgabe zu übernehmen, weil ihnen hierfür die Qualifikation fehlt.

Mit dem Laisser-faire-Führungsstil lassen Sie Ihre Mitarbeiter im besten Sinne des Wortes »laufen« – Sie delegieren und übergeben einen Großteil der Verantwortung. Der Führungsstil setzt ein klares Verständnis zwischen Ihnen und Ihrem Team voraus: Aufgaben und Ziele müssen eindeutig sein, zwischen Ihnen und Ihrem Mitarbeiter muss Einigkeit über das Vorgehen bestehen. Angebracht ist ein Laisser-faire-Führungsstil, wenn bei einem Mitarbeiter sowohl die Leistungsbereitschaft wie auch die Fachkompetenz hoch ausgeprägt sind (Reifegrad 4 in Abbildung 35).

Praxistipp! Übergeben Sie die Verantwortung für eine Aufgabe an den Mitarbeiter und lassen Sie ihn einfach machen – aber nur dann, wenn Sie sicher sind, dass der Mitarbeiter für die Aufgabe qualifiziert ist und sich zudem eigenständig und motiviert in die Projektarbeit stürzt.

Laisser-faire heißt nicht, Ihre Mitarbeiter einfach nur sich selbst zu überlassen. Zwar geben Sie ihnen große Freiräume, kümmern sich aber sehr wohl um sie: So sorgen Sie für die nötigen Ressourcen, stellen Klarheit über die Ziele her und bestimmen, welche Ergebnisse erreicht werden sollen. Als Projektleiter sind und bleiben Sie für die Leistung Ihrer Mitarbeiter verantwortlich. Letztlich wird hieran auch Ihre eigene Leistung gemessen.

Achtung! Ohne jegliches Feedback zur eigenen Arbeit nimmt die Motivation schnell ab. Dies führt häufig zum schleichenden Verlust von Eigeninitiative. Es wird nur noch das Nötigste gemacht, denn alles, was darüber hinausgeht, wird nicht »belohnt«.

Die hohe Kunst der situativen Führung

Projektteams können in ihrer Zusammensetzung sehr heterogen sein. Das Wissen, die Erfahrung und die Persönlichkeiten der Mitarbeiter können sich stark unterscheiden. Ein gutes Führungsverhalten setzt voraus, die Mitarbeiter entsprechend ihrer Kompetenz und ihrer Leistungsfähigkeit zu führen. Wie groß ist die fachliche Kompetenz eines Mitarbeiters? Wie stark ist seine Leistungsbereitschaft ausgeprägt? Die Antwort auf diese Fragen hilft Ihnen, den jeweils richtigen Führungsstil zu finden (siehe Abbildung 36).

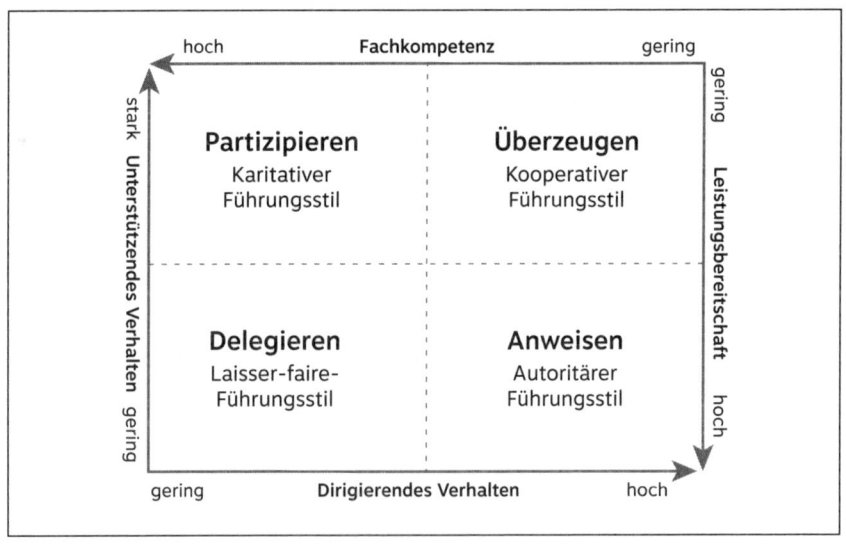

Abbildung 36: Situative Führung nach Paul Hersey

Im Projektverlauf werden immer wieder Situationen auftreten, die einen Wechsel des Führungsstils erfordern. Zum Beispiel beobachten Sie, wie die Leistung eines Mitarbeiters nachlässt, der seine Aufgabe bislang absolut professionell erfüllt hat. Protokolle enthalten Fehler, Termine werden nicht mehr eingehalten, Nachlässigkeiten schleichen sich ein. Dann ist es an der Zeit, ein klares Feedback zu geben und zu versuchen, die Ursachen für den Leistungsabfall zu ermitteln. Je nach Ergebnis des Gesprächs kann es angebracht sein, den Führungsstil zu ändern, um so das frühere Engagement des Mitarbeiters wiederherzustellen. Das sollten Sie auch offen sagen – und ihm zum Beispiel erklären, dass Sie sein Vorgehen künftig häufiger kontrollieren und bei Bedarf korrigierend eingreifen werden.

Ein situativer Führungsstil hat viele Vorteile. Als Projektleiter tun Sie nur das, was notwendig ist. Sie kümmern sich nur dann um Mitarbeiter, wenn sie es brauchen – vermeiden also überflüssige Gespräche. Sie agieren situativ richtig, was die Mitarbeiter als wertschätzend und motivierend empfinden. Dieses flexible Führungsverhalten fördert die Kompetenz der Mitarbeiter und baut deren Leistungsvermögen sukzessive aus. Für Sie als Projektleiter bedeutet das: Sie müssen seltener als »Feuerwehr« eingreifen und haben mehr Zeit für Ihre Kernaufgaben.

5.3 Die Kunst, zu delegieren

Wer nicht delegiert, macht am Ende alles allein

Eigentlich haben Sie die Arbeitspakete klar definiert. Doch sie werden von Ihren Projektmitarbeitern nur mangelhaft abgearbeitet. Termine werden versäumt, Ergebnisse enthalten Fehler – das ganze Projekt fängt an, Schaden zu nehmen. Zusätzlicher Druck bringt nichts, er verschlechtert die Lage eher.

Vanessa müht sich redlich, den Projektplan einzuhalten, um die einheitliche Kontierung termingerecht einzuführen. Doch das Projekt gerät in Verzug – und der Auftraggeber stellt ihr einen externen Projektcoach zur Seite. Der macht schon nach wenigen Tagen eine interessante Beobachtung: Immer wenn Vanessa ein Arbeitspaket an einen Mitarbeiter delegiert, klingt das so, als würde sie um einen

Gefallen bitten. Darauf angesprochen, rechtfertigt sich Vanessa, sie habe doch gar nicht die Position, einem Mitarbeiter Anweisungen zu geben, schließlich sei sie doch nur eine Kollegin.

Anstatt als Projektleiterin eine Aufgabe klar und verbindlich zu delegieren, bittet Vanessa ihre Teammitarbeiter um einen »Gefallen«. Das Projekt leidet merklich unter dieser Gepflogenheit: Wenn Vanessa einen Kollegen um einen Gefallen bittet, sagt dieser zwar in aller Regel zu. Warum auch nicht? Doch die Zusage bleibt ein Stück weit im Unverbindlichen. Es stört den Mitarbeiter nicht weiter, die Aufgabe auch eine Weile liegen zu lassen. Wird er dann nicht rechtzeitig fertig, plagt ihn vielleicht kurzzeitig ein schlechtes Gewissen, seiner Verantwortung entledigt er sich jedoch mit einem kurzen »Tut mir leid!« – es war ja nur ein Gefallen. Ausbaden muss das Problem dann Vanessa.

Zu den wichtigsten Führungsaufgaben zählt das Delegieren. Das gilt auch für Projektleiter, die sich damit oft noch schwerer tun als Linienmanager. Wie Vanessa glauben viele von ihnen, dass sie gar nicht delegieren dürfen. Andere wollen Aufgaben und Verantwortlichkeiten nicht aus der Hand geben – vielleicht weil sie schlechte Erfahrungen gemacht haben und denken, es selbst ohnehin besser zu können. Oder sie scheuen das Risiko, ihre Mitarbeiter könnten Fehler begehen. Auch Ehrgeiz, Angst vor der Konkurrenz, Kontrollsucht und vieles mehr kann vom Delegieren abhalten.

Delegieren Sie klar und eindeutig

Richtiges Delegieren hat mehr Vor- als Nachteile. Wie gut Sie auch immer sind – es gibt Tätigkeiten, die andere einfach besser können. Und das ist nicht schlimm, sondern Ihre Chance! Sie erzielen viel bessere Arbeitsergebnisse, wenn Sie ein Team an fähigen Kräften zusammenstellen und durch Delegieren die verschiedenen Kompetenzen miteinander kombinieren. Größere Projekte lassen sich überhaupt nur so bewältigen – allein ist das gar nicht möglich.

Beim Delegieren kommt es entscheidend auf die richtige Kommunikation an. Das bedeutet insbesondere:

- **Klare Formulierung der Aufgabe:** Der Erfolg der Delegation hängt vor allem von der Klarheit ab, mit der eine Aufgabe übertragen wird. Formulieren Sie also die Arbeitsaufgabe so konkret und eindeutig wie möglich und versichern Sie sich durch Rückfragen, ob Sie richtig verstanden wurden. Was für Sie klar ist, muss für Ihren Mitarbeiter noch lange nicht klar sein.

- **Klare Formulierung des Ziels:** Legen Sie neben der Aufgabe auch das Ziel klar fest. Das ist ebenso wichtig – aber leider gar nicht so selbstverständlich, wie es sich anhört. Eine normale Aufgabenbeschreibung beinhaltet nur selten eine konkrete Zielformulierung. Ein Mitarbeiter sollte jedoch auch das Ziel der Aufgabe kennen, die Sie ihm übertragen.
- **Informationen zum Erledigen der Aufgabe:** Optimale Ergebnisse kann Ihr Mitarbeiter nur erreichen, wenn er über alle Informationen und Mittel verfügt, die er zur Erledigung der ihm übertragenen Aufgabe benötigt. Vertrauen Sie nicht darauf, dass er selbst nachfragt; versorgen Sie ihn von vornherein mit allen Informationen. Fragen Sie auch sicherheitshalber nach, ob ihm noch etwas fehlt.

Achtung! Hat Ihr Mitarbeiter wirklich verstanden, was er erledigen soll? Nicht jeder Mitarbeiter gibt Unklarheiten von sich aus zu. Fragen Sie deshalb nach, wenn Sie einen Mitarbeiter mit einer wichtigen Aufgabe betrauen.

Wenn Delegieren nicht funktioniert

Wenn Projektmitarbeiter Zusagen nicht einhalten, sind viele Projektleiter auch menschlich enttäuscht. Sie haben das Gefühl, man lässt sie hängen. Die einen reagieren emotional und machen ihren Mitarbeitern Vorwürfe. Andere kapitulieren: Mit Blick auf ihre fehlende Weisungsbefugnis akzeptieren sie die gebrochene Zusage ohne Murren.

Achtung! Nehmen Sie eine gebrochene Zusage niemals klaglos hin. Wenn sich Ihre Nachgiebigkeit herumspricht, hält sich kaum mehr jemand an seine Zusagen. Denn man hat ja gesehen: Sie wehren sich nicht.

Selbstverständlich sind Sie sauer, wenn ein Teammitglied Sie hängen lässt. Schließlich müssen Sie jetzt mit den daraus resultierenden Problemen klarkommen. Dennoch ist es besser, kühlen Kopf zu bewahren: Machen Sie dem betreffenden Kollegen nicht gleich Vorwürfe, aber kapitulieren Sie auch nicht klaglos. Versuchen Sie stattdessen herauszubekommen, warum der betreffende Mitarbeiter Sie im Stich gelassen hat. Gehen Sie dabei systematisch vor, indem Sie die folgenden vier Möglichkeiten prüfen (siehe Abbildung 37).

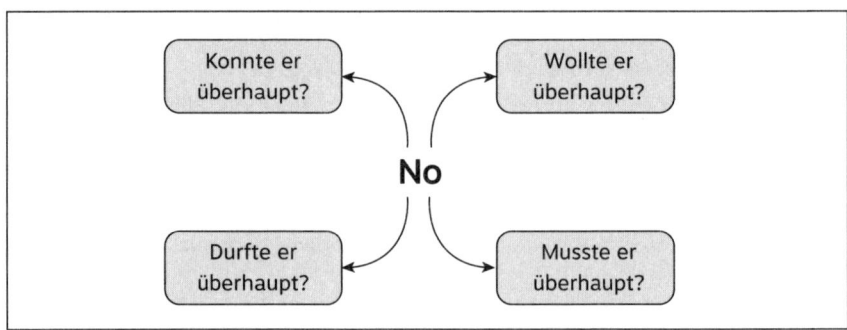

Abbildung 37: Wenn Zusagen nicht eingehalten werden

- **Fall 1 – Er konnte nicht.** Ihr Projektmitarbeiter wusste nicht genau, was er tun sollte. Das heißt: Nicht Ihr Mitarbeiter hat Sie hängen lassen, sondern Sie haben Ihren Mitarbeiter nicht oder nicht ausreichend instruiert. Wenn ein Mitarbeiter nicht das liefert, was vereinbart wurde, liegt hier oft der Grund: Ihm war nicht wirklich klar, was von ihm erwartet wurde – und welche Auswirkungen seine Minderleistung auf das Projekt haben oder welchen zusätzlichen Aufwand er damit verursachen würde.
- **Fall 2 – Er wollte nicht.** Die Mitarbeit in kleineren Projekten ist immer auch eine Frage der Motivation, schließlich müssen Ihre Mitarbeiter die Projektarbeit parallel zum Tagesgeschäft bewältigen. Wer mit seiner eigentlichen Arbeit voll eingedeckt ist, fühlt sich schnell überfordert. Wenn er in dieser angespannten Situation nicht wirklich vom Sinn des Projekts überzeugt ist, fehlt ihm die Motivation: Er wird sich für das Projekt nicht engagieren.
- **Fall 3 – Er durfte nicht.** Ein Projektmitarbeiter kann und will liefern, darf es aber nicht. Sein Chef hält das Tagesgeschäft oder andere Aktivitäten für wichtiger – und deshalb wird die Projektaufgabe hintangestellt. Hier zeigt sich, wie kontraproduktiv es wäre, dem Projektmitarbeiter Vorwürfe zu machen: Sie

träfen den Falschen! Vielmehr steht nun ein Gespräch mit dem Vorgesetzten an, um eine Freistellung des Mitarbeiters zu erreichen.

- **Fall 4 – Er musste nicht.** Der Mitarbeiter meint achselzuckend, es sei ja gar nicht seine Aufgabe gewesen, das zu erledigen. Zugleich verweist er auf einen Ablauf oder eine Regelung im Unternehmen, die besagt, dass er für diese Aufgabe gar nicht zuständig ist. Dieser Fall ist meist Folge einer mangelhaften Kommunikation. Eigentlich müsste beim Delegieren der Aufgabe schon im ersten Gespräch deutlich werden, wenn ein Mitarbeiter für eine bestimmte Aufgabe nicht zuständig ist.

Die Devise lautet also: die Hintergründe analysieren, dann gezielt reagieren, möglicherweise eskalieren (s. Kapitel 6.5). Stattdessen reden jedoch viele Projektleiter dem Teamkollegen gut zu, drohen ihm oder versuchen, ihn zu erziehen. Der mag dann zwar eifrig nicken und Besserung geloben – die nächste Zusage hält er deshalb noch lange nicht ein. Auch nützt die bestgemeinte Zusage herzlich wenig, wenn etwa Fall 3 zutrifft: Der Mitarbeiter hat dann wirklich keine Möglichkeit, für das Projekt zu arbeiten.

Führen durch Zielvereinbarungen

Die Delegation größerer Arbeitspakete ist gar nicht so einfach. »Da schreibe ich ellenlange E-Mails, sodass eigentlich jeder Anfänger kapieren müsste, worauf es ankommt«, klagt Katharina. Sie hat bei ihrer IT-Abteilung einen ersten Prototypen zur Projekt- und Zeitdatenerfassung in Auftrag gegeben – und muss nun feststellen: Die Software funktioniert nun doch nicht so, wie sie es benötigt. Nun muss die IT-Abteilung große Teile noch einmal neu programmieren.

Bei kleineren Projekten sind die Aufgabenpakete meistens überschaubar und damit relativ leicht zu beschreiben. Dann genügt eine kurze Instruktion, um sie auch an projektfremde Personen in den Fachbereichen erfolgreich zu delegieren. Ein solch »enges Delegieren« versagt jedoch bei umfangreichen Arbeitspaketen wie etwa der Entwicklung von Katharinas Software-Tool. Selbst wenn aus Sicht des Projektleiters alle Aspekte klar definiert und vorgegeben sind, ist die delegierte Aufgabe so komplex, dass der Koordinationsaufwand und die Gefahr von

Missverständnissen enorm steigen. Termine werden nicht gehalten, die Ergebnisse lassen zu wünschen übrig.

Welches ist die Alternative? Anstatt in einer »ellenlangen E-Mail« Aufgaben und Vorgehensweisen vorzugeben, hat sich bei größeren Arbeitspaketen eine andere Führungstechnik bewährt: das Management by Objectives, das Führen durch Zielvereinbarung. Die Grundidee liegt darin, bestimmte Entscheidungs- und Weisungsbefugnisse mitsamt der dazugehörigen Verantwortung zu delegieren. Streng genommen wird also nicht die Aufgabe delegiert, sondern die Handlungsverantwortung.

Bezogen auf das Projektmanagement heißt das: Der Projektleiter vereinbart mit einem Projektmitarbeiter Ziele, macht jedoch keine Vorgaben für die Arbeitsausführung. Die Wahl der Arbeitsmethode und Arbeitsmittel fällt vollständig in den Verantwortungsbereich des Projektmitarbeiters. Wenn die Zielvereinbarung gut gelingt, fördert sie auf beiden Seiten nicht nur die Verbindlichkeit, sondern auch das Vertrauen. Damit stehen die Chancen gut, dass der Mitarbeiter alles daransetzt, die vereinbarten Ziele zu erreichen.

Achten Sie bei einer Zielvereinbarung auf folgende Aspekte:

- **Positive Gesprächsatmosphäre:** Der Erfolg eines Zielvereinbarungsgesprächs hängt entscheidend von einer guten Gesprächsatmosphäre ab. Versuchen Sie, einen ungezwungenen Einstieg in das Gespräch zu finden.
- **Sinn und Zweck der Aufgabe:** Wer Sinn und Zweck einer Aufgabe versteht, tut sich viel leichter, sie zu erledigen. Zeigen Sie dem Mitarbeiter deshalb den Gesamtkontext auf, in dem die Aufgabe steht.
- **Klare Formulierung der Aufgabe:** Der Erfolg einer Zielvereinbarung hängt davon ab, dass der Mitarbeiter die Aufgabe verstanden hat. Formulieren Sie die Arbeitsaufgabe so konkret und eindeutig wie möglich – und versichern Sie sich durch Rückfragen, dass der Mitarbeiter Sie richtig verstanden hat.
- **Klare Formulierung des Ziels:** Eine Aufgabenbeschreibung beinhaltet in der Regel noch keine konkrete Zielformulierung. Für den Erfolg ist es aber entscheidend, neben der Aufgabe auch das Ziel klar zu formulieren. In der Praxis ist das leider nicht so selbstverständlich, wie es sich anhört.
- **Einholen der Zustimmung:** Definieren Sie nicht nur die Aufgabe und das Ziel, sondern holen Sie auch die Zustimmung des Mitarbeiters ein. Prüfen Sie, ob der Mitarbeiter wirklich bereit ist, das Arbeitspaket zu erledigen. Falls

dessen Mitwirken beziehungsweise Engagement keine Selbstverständlichkeit ist, sollten Sie dessen Zustimmung auch anerkennen.

- **Abklären der Vorgehensweise:** Klären Sie die Vorgehensweise mit dem Mitarbeiter, auch wenn er die Verantwortung dafür trägt. Das ist aus zwei Gründen sinnvoll: Zum einen erkennen Sie, ob der Mitarbeiter weiß, wie er das Ziel erreichen will – und zum anderen erfahren Sie, ob die Ideen Ihres Mitarbeiters grundlegend von Ihren Vorstellungen abweichen.
- **Treffen einer Vereinbarung:** Fassen Sie am Ende des Gesprächs die Zielvereinbarung zusammen. Legen Sie dar, auf welche Punkte Sie sich geeinigt haben. Auf diese Weise vermeiden Sie Missverständnisse – schließlich geben Sie jetzt die komplette Verantwortung für dieses Arbeitspaket aus den Händen.

Denken Sie daran: Auch ein Zielvereinbarungsgespräch ist ein Stück Führung, bei dem es auf den richtigen Führungsstil ankommt (siehe Kapitel 5.2). Je nach Mitarbeiter und Situation sollten Sie eine andere Ansprache und einen anderen Ton wählen

Praxistipp! Achten Sie auch bei der Zielvereinbarung darauf, je nach Mitarbeiter den richtigen Führungsstil zu wählen. Wie lang darf die Leine sein, an der Sie den Mitarbeiter führen? Ist ein uneingeschränkter Laisser-faire-Stil wirklich angebracht? Oder ist es besser, einige »Kontrollpunkte« zu vereinbaren?

Wie Sie den Affen wieder loswerden

Es ist ein beliebtes Mittel, sich das Leben zu erleichtern: Ein Mitarbeiter stellt sich dumm und bittet Sie als Projektleiter um Hilfe. Aus Sorge um Ihr Projekt, nehmen Sie sich des Problems an – schließlich soll Ihr Projekt ja erfolgreich werden. Doch damit sitzen Sie schon im Schlamassel: Ihr Mitarbeiter hat es erfolgreich geschafft, Ihnen noch mehr Arbeit aufzubürden. Der »Affe« sitzt auf Ihrer Schulter, und zwar so lange, bis Sie das Problem gelöst haben. Ja, genau Sie, und eben nicht Ihr Mitarbeiter!

Matthias kommt morgens zur Arbeit. Der Durchbruch bei der Farbzusammensetzung des Speziallacks ist noch immer nicht gelungen. Bereits auf dem

Korridor kommt ihm ein Mitarbeiter aus seinem Projektteam entgegen: »Guten Morgen, kann ich dich einen Moment sprechen?« grüßt er. »Ich habe da ein riesiges Problem.« Und was macht Matthias? Natürlich, er folgt dem Kollegen und will das Problem durch schnelles, energisches Handeln am besten noch an Ort und Stelle lösen. Doch nach 20 Minuten ist immer noch keine Lösung in Sicht. Matthias vereinbart deshalb einen Folgetermin, um das Problem noch einmal konzentriert anzugehen.

Der Mitarbeiter hat seinen Affen an den Projektleiter weitergegeben – so würde an dieser Stelle Ken Blanchard sagen. In seinem 1990 erschienenen Buch *Der Minuten-Manager und der Klammer-Affe* steht der Affe für ein schwierig zu lösendes Problem. Der Mitarbeiter hat dieses Problem an den Projektleiter weitergegeben und der kümmert sich nun darum.

Klar, manchmal erweist sich der Affe beim näheren Hinsehen tatsächlich als maskierter Bandit, den Sie in der Tat sofort bekämpfen müssen. Aber meistens handelt es sich um unliebsame Probleme, die der Mitarbeiter einfach loswerden will. Wie gehen Sie nun damit um? Wie hätte sich Matthias besser verhalten?

Anstatt gleich selbst nach einer schnellen Lösung zu suchen, ist es besser, gezielte Fragen an den Mitarbeiter zu stellen:

- Wo genau liegt Ihrer Meinung nach das Problem?
- Was geschieht, wenn wir nichts unternehmen?
- Was haben Sie bislang unternommen?
- Mit welchen Folgen?
- Warum hat es Ihrer Meinung nach nicht funktioniert?
- Was haben Sie bislang noch nicht versucht?
- Was hat Sie daran gehindert, dies zu versuchen?
- Was passiert, wenn das auch nicht funktioniert?
- Was schlagen Sie als nächsten Schritt vor?
- Wer könnte Sie – außer mir – optimal darin unterstützen?

Die Fragen bilden die sogenannte »Affentreppe«. Sie sind aufeinander abgestimmt und sollten auch in dieser Reihenfolge gestellt werden. Mithilfe der Affentreppe gelingt es, das Problem erst einmal richtig zu verstehen und dabei – das ist der zentrale Punkt! – die Potenziale des Mitarbeiters für die Problemlösung zu aktivieren. So können Sie vermeiden, dass Ihr Mitarbeiter Ihnen noch mehr Arbeit aufbürdet.

Checkliste 16: **Aspekte des Delegierens**

Was?	• Was soll delegiert werden?
	• Um welche Aufgabe handelt es sich?
Wer?	• Wer soll es tun? Wer soll mitarbeiten?
	• Welche Personen sind geeignet?
Warum?	• Warum soll die Person es tun?
	• Welches ist der Zweck der Aufgabe?
Wie?	• Wie soll es erledigt werden?
	• Welche Vorgehensweise ist gewünscht?
Womit?	• Womit soll die Person es machen?
	• Welche Arbeitsmittel werden benötigt?
Wann?	• Wann soll es erledigt sein?
	• Welche Termine sind einzuhalten?

5.4 Entscheiden statt debattieren
Entscheidungen treffen und konsequent umsetzen

Entscheidungen während eines Projekts müssen nicht nur verschiedene Interessen berücksichtigen, von großer Bedeutung sind auch Qualität und Schnelligkeit. Eine falsche, unklare oder zu spät getroffene Entscheidung lässt sich selbst durch eine effiziente Projektumsetzung kaum mehr kompensieren.

Katharina hat gemeinsam mit allen Beteiligten eine weitreichende Entscheidung getroffen: Festgelegt wurde, wie die Mitarbeiter künftig ihre Projekt- und Zeitdaten erfassen sollen. Eigentlich war der Beschluss eindeutig. Doch schon nach wenigen Wochen muss die Projektleiterin erkennen, dass offenbar nicht alle die Entscheidung als endgültig ansehen. Die anfangs noch leisen Bedenken werden immer lauter, finden immer mehr Gehör – bis schließlich eine Diskussion entbrennt, die Katharina nicht mehr einfangen kann. Ihr bleibt nichts anderes übrig, als erneut eine Entscheidung herbeizuführen.

Die neuerlichen Diskussionen kosten wertvolle Zeit. Schlimmer noch: Die Entscheidung wird tatsächlich revidiert. Damit wandert die Projektarbeit der letzten Wochen teilweise direkt in die Mülltonne, der Rest muss zumindest noch einmal überdacht werden – und das Projekt gerät unvermeidlich in Verzug.

Achtung! Solange die Projektbeteiligten eine Entscheidung nicht akzeptieren wollen, werden sie sich ihr widersetzen oder sie zumindest infrage stellen. Machen Sie Ihren Teammitarbeitern deshalb unmissverständlich klar, ab wann eine Entscheidung zu akzeptieren ist und alle Diskussionen ein Ende haben.

Klare Entscheidungen zu treffen ist eine schwierige Aufgabe und erfordert auch eine gehörige Portion Mut. Aber genau dafür gibt es ja den Projektleiter: Eine seiner Hauptaufgaben ist, laufend Entscheidungen zu treffen und so das Projektteam erfolgreich zum Projektziel zu führen.

Entscheidungsabläufe in Teams

Kaum etwas erzeugt in einem Projektteam derart viel Unbehagen wie undurchsichtige Entscheidungsprozesse. Das kann bis hin zur Resignation (»Da ist eh' nichts zu ändern!«) oder zum rebellischen Rückzug (»Soll der doch seinen Mist allein machen!«) führen. Demgegenüber wirkt eine transparente Entscheidungskultur motivierend und führt auch dann zu einer akzeptierten Entscheidung, wenn das eine oder andere Teammitglied mit ihr nicht einverstanden ist.

Wie lässt sich eine solche transparente Entscheidungskultur schaffen? Orientieren Sie sich hierzu am Ablauf eines idealtypischen Entscheidungsprozesses. Er besteht aus vier Phasen:

- Die Informationsphase: Alle für die Entscheidungsfindung relevanten Informationen werden zusammengetragen. Möglicherweise kommt das Team während dieser Phase zu der Erkenntnis, dass die Informationen für eine tragfähige Entscheidung noch nicht ausreichen. Dann gilt es, noch einmal weitere Informationen einzuholen.

- **Die Beratungsphase:** Die einzelnen Informationen werden im Team diskutiert und bewertet. Es geht darum, möglichst viele Perspektiven und Optionen zu entwickeln. Oft entstehen dabei ganz neue Lösungsansätze. Am Ende der Beratungsphase holt der Projektleiter ein Meinungsbild ein.
- **Die Entscheidungsphase:** Die Diskussionsbeiträge aus der Beratungsphase werden noch einmal gewichtet. Im Wesentlichen dient diese Phase jedoch dazu, eine Entscheidung herbeizuführen.
- **Die Transparenzphase:** Der Projektleiter sorgt dafür, dass alle Projektbeteiligten informiert werden (auch diejenigen, die an der Entscheidung nicht unmittelbar beteiligt waren) und nachvollziehen können, warum die Entscheidung so getroffen wurde. Doch Vorsicht: Transparenz herzustellen bedeutet, die Entscheidung lediglich zu erläutern, nicht jedoch sie zu rechtfertigen oder gar erneut zu diskutieren.

 Praxistipp! Machen Sie Ihrem Team bewusst: Eine Entscheidung zu akzeptieren und zu befolgen heißt nicht, mit ihr in jedem Fall auch einverstanden zu sein.

Eine Entscheidung zu akzeptieren heißt: Ende der Diskussion. Für die Teammitglieder existiert kein Spielraum mehr, weiter darüber zu diskutieren oder die Entscheidung gar noch zu bekämpfen. Nun sollten alle Beteiligten ihr Tun und Handeln darauf ausrichten, den Beschluss umzusetzen. Dabei darf es keine Rolle spielen, ob ein Mitarbeiter mit der Entscheidung einverstanden ist oder nicht.

Hilfreiche Methoden zur Entscheidungsfindung

Entscheidungen gehören zum Tagesgeschäft eines Projektleiters. Entscheidungsfreude zählt daher zu den Merkmalen, die einen erfolgreichen Projektleiter auszeichnen. Um eine Entscheidung richtig zu treffen, gibt es eine ganze Reihe von Methoden zur Entscheidungsfindung. Sie helfen, die verschiedenen Alternativen gegeneinander abzuwägen und abzuschätzen, welche Möglichkeit den größten Nutzen verspricht. An dieser Stelle seien drei dieser Methoden genannt:

- Consider All Facts (kurz: CAF): Die Methode CAF von Edward de Bono eignet sich besonders dazu, die Randbedingungen einer Entscheidungssituation zu erfassen und mit in die Entscheidung einfließen zu lassen. Es geht darum, möglichst alle Informationen und Einflussfaktoren, die mit der Entscheidungssituation zu tun haben, zu sammeln und zu berücksichtigen. Der Gedanke dahinter: Je mehr Sie wissen, desto leichter fällt die Entscheidung. Alle Faktoren, die Sie aufgeschrieben haben, helfen dabei, die Entscheidungssituation besser erkennen und einschätzen zu können.
- Plus Minus Interesting (kurz: PMI): Die Methode PMI, ebenfalls von Edward de Bono, ermöglicht, die positiven und negativen Aspekte einer Entscheidung zu erkennen und gegeneinander abzuwägen. Die Methode PMI gibt noch keine klare Antwort auf die Frage »Ja oder nein?«. Vielmehr dient sie dazu, die Aufmerksamkeit gezielt auf die Plus- und Minuspunkte einer Fragestellung zu lenken und sich so über möglichst alle Folgen der anstehenden Entscheidung klar zu werden. Zusätzlich erhalten Sie einen Überblick über offene Fragen.
- Entscheidungsmatrix: Eine Entscheidungsmatrix ist ein hilfreiches Instrument, um Entscheidungen rational zu treffen. Die Methode führt zu einem klaren Ergebnis für eine der Entscheidungsalternativen. Mithilfe der Matrix werden die einzelnen Kriterien gewichtet – was dann sinnvoll ist, wenn nicht alle Kriterien dieselbe Wichtigkeit oder Bedeutung haben. Lassen Sie sich nicht dadurch entmutigen, dass die »Methode der bewerteten Entscheidungsmatrix« ein bisschen kompliziert wirkt.

Praxistipp! Trotz aller Methoden sollten Sie auch auf Ihr Bauchgefühl hören. Ihre Intuition erfasst viele Dinge, die Sie bewusst gar nicht wahrnehmen. Versuchen Sie deshalb, Ihre Entscheidung nicht nur mit dem Kopf zu treffen.

Keine Entscheidung schadet am meisten

»Sollen wir das Experiment wirklich wagen?«, fragt Marc den Produktionsleiter. Ihm ist klar: Das Abgreifen von Daten direkt an der Schnittstelle einer Produktionsmaschine ist mit großen Risiken verbunden. Wenn etwas schiefgeht, so vermutet Marc nicht ganz zu Unrecht, hätte das ziemlich unangenehme Konsequenzen. Wahrscheinlich würde man ihm die Schuld für das Desaster geben...

Es ist nachvollziehbar, dass Thomas die Entscheidung schwerfällt. Wie ihm ergeht es in kritischen Projektsituationen vielen Projektleitern. Oft erscheint es dann viel einfacher, ein Problem auszusitzen oder auf eine Entscheidung von oben zu warten. Doch Zuwarten und Hinauszögern ist fast immer das falsche Rezept, meist entsteht dem Projekt dadurch ein erheblicher Schaden. Gute Gründe sprechen dafür, stattdessen eine zügige Entscheidung zu treffen:

- **Entscheidungen vermeiden Stillstand:** Projekte, in denen wichtige Entscheidungen aufgeschoben werden, gelangen schnell an einen toten Punkt. Es fehlt die weitere Marschroute. Das Projektteam stellt die Arbeit ein, bis die Entscheidung schließlich doch gefallen ist. Wertvolle Zeit verstreicht ungenutzt. Das Projekt verliert an Schwung und gerät dauerhaft in Verzug.
- **Entscheidungen vermeiden Frust:** Projekte, die sich aufgrund verschleppter Entscheidungen unnötig in die Länge ziehen, wirken frustrierend auf alle Beteiligten. Wenn es nicht mehr vorangeht, wird schnell die Führungskompetenz des Projektleiters infrage gestellt.
- **Entscheidungen bringen neue Erkenntnisse:** Hat sich eine Entscheidung als falsch herausgestellt, führt sie immerhin zu neuen Erkenntnissen. Aus Fehlentscheidungen kann man mindestens so viel lernen wie aus richtigen Entscheidungen.

Als Projektleiter haben Sie die Aufgabe, Entscheidungen zügig herbeizuführen. Ja – es kann auch einmal eine Fehlentscheidung sein. Und ja – diese Entscheidung kann viel Zeit und Geld kosten. Aber das gehört nun mal zu Ihrem Job. Fest steht jedenfalls: Keine Entscheidungen zu treffen ist für den Erfolg des Projekts noch viel riskanter.

 Praxistipp! Halten Sie sich nicht zu lange mit dem Abwägen der Entscheidungsalternativen auf. Ob sich die Faktenlage bis morgen, übermorgen oder in einer Woche substanziell ändert, ist mehr als fraglich. Sicher ist jedoch, dass bis dahin kostbare Zeit verstreicht.

Checkliste 17: **Gute Entscheidungen treffen**

Schritt 1   **Das Problem präzise bestimmen**

- Wie lauten Meinungen? Welches sind Tatsachen?
- Welches sind relevante Tatsachen und objektive Fakten?
- Worin besteht das wirkliche Problem?

Schritt 2   **Anforderungen an die Entscheidung definieren**

- Welche positiven Effekte muss die Entscheidung bewirken?
- Was muss mindestens erreicht werden?

Schritt 3   **Alternativen herausarbeiten**

- Welche unterschiedlichen Alternativen gibt es?
- Welche Lösungsoptionen sind denkbar?

Schritt 4   **Mögliche Risiken durchdenken**

- Welche Risiken sind mit jeder Alternative verbunden?
- Wie lange legen wir uns mit dieser Alternative fest?
- Wie reversibel ist die Entscheidung? Wie groß sind die Risiken?

Schritt 5   **Grenzen/Grenzbedingungen festlegen**

- Unter welchen Grenzbedingungen macht die Realisierung der Entscheidung gerade noch Sinn?
- Unter welchen Umständen muss eine völlig neue Entscheidung gefällt werden?

Schritt 6   **Entschluss fassen**

- Wer trifft die Entscheidung? Wie wird die Entscheidung gefällt?

Schritt 7   **Umsetzung auf den Weg bringen**

- Welche kritischen Maßnahmen sind notwendig, um die Entscheidung umzusetzen?
- Wer ist verantwortlich für die Maßnahmen? Welche Deadlines gelten?

5.5 Möge die Macht mit Ihnen sein

Wie man im Projekt an Einfluss gewinnt

Ein Projektleiter hat von Haus aus keine Weisungsbefugnis gegenüber seinen Projektmitarbeitern. Er läuft deshalb Gefahr, bei Machtkämpfen als zahnloser Tiger dazustehen.

Die Einführung einer neuen Projekt- und Zeitdatenerfassung würde kein Kinderspiel sein – das ist Katharina von Anfang an klar. Doch damit hat sie nicht gerechnet: Immer mehr Kollegen und Führungskräfte widersetzen sich dem Vorhaben, die Projekt- und Zeitdaten zu erfassen und so mehr Transparenz in die Projektarbeit zu bekommen. Was ihr wirklich zu schaffen macht, ist die Tatsache, dass ihre Gegner offensichtlich mehr Einfluss auf das Projekt ausüben können als sie selbst. »Manchmal komme ich mir vor wie ein zahnloser Tiger«, beklagt sie sich bei ihrer besten Freundin. »So viel ich auch brülle – irgendwie nimmt mich niemand für voll.«

Katharina hat versäumt, eine eigene Hausmacht aufzubauen. Sie hätte sich frühzeitig in Stellung bringen und mit eigenen »Machtquellen« versorgen müssen. Jetzt ist es zu spät. Am Ende muss ihr der Auftraggeber aus der Klemme helfen und mit einem Machtwort sicherstellen, dass Katharina wieder Herrin über ihr Projekt wird.

Das Beispiel zeigt: Ohne ein Mindestmaß an Autorität geht es nicht. Als Projektleiter müssen Sie Ihre Mitarbeiter führen, ohne deren direkter Vorgesetzter zu sein, also ohne über disziplinarische Befugnisse zu verfügen. Bei Konflikten, unterschiedlichen Meinungen oder auch schon bei der Vergabe der Aufgabenpakete kommt es darauf an, dass Sie Ihre Vorstellungen durchsetzen und das Projekt voranbringen können.

Einflussreich ohne formale Macht

Welche Wege gibt es für einen Projektleiter, sich Macht und Einfluss zu verschaffen? Im Folgenden wollen wir die möglichen Machtquellen systematisieren und herausstellen. In Anlehnung an ein Modell der US-amerikanischen Sozialpsychologen John R. P. French und Bertram H. Raven lassen sich Belohnungsmacht, Zwangsmacht, legitime Macht, Identifikationsmacht und Expertenmacht unterscheiden; darüber hinaus lässt sich auch ein Informationsvorsprung als eine Form von Macht interpretieren.

- **Macht durch Belohnung:** Belohnungsmacht resultiert aus der Fähigkeit, Belohnungen zu vergeben. So können Führungskräfte Mitarbeiter beispielsweise für gute Leistungen belohnen. Beispiele hierfür sind Prämien oder Gehaltserhöhungen.
- **Macht durch Bestrafung:** Das Gegenteil der Belohnungsmacht ist die Fähigkeit, einen Mitarbeiter zu bestrafen. Eine Führungskraft hat die Möglichkeit, einem Mitarbeiter eine unangenehme Aufgabe zu geben, ihn abzumahnen, zu versetzen oder gar zu entlassen.
- **Macht durch Legitimation:** Legitime Macht resultiert aus den Vereinbarungen, die in einer Organisation gelten. In jedem Unternehmen existieren Regeln, die festlegen, wer sich wem unterzuordnen hat. Rollen sowie deren Aufgaben und Befugnisse werden somit von allen akzeptiert.
- **Macht durch Identifikation:** Auch wer keine formale Machtposition innehat, kann über großen Einfluss verfügen – allein durch seine Reputation. Eine Person mit hohem Ansehen gilt als ehrlich, pflichtbewusst, freundlich, hilfsbereit und effektiv. Zu ihr hat man Vertrauen, mit ihr identifiziert man sich.
- **Macht durch Sachkenntnis:** Expertenmacht heißt: mit Sachkenntnis und Expertise Einfluss nehmen. Im Unterschied zu den anderen Machtbasen ist die Expertenmacht hochspezifisch und auf den Bereich beschränkt, auf dem der Experte erfahren und qualifiziert ist.
- **Macht durch Informationsvorsprung:** Besser informiert zu sein – auch das bedeutet Macht. Wer einen Informationsvorsprung hat, verfügt automatisch über Macht gegenüber den weniger gut Informierten. Er kann die überzeugenderen Argumente anführen, aber auch Informationen gezielt einsetzen.

Wie können Sie als Projektleiter die verschiedenen Machtquellen nutzen? Sehen wir uns hierzu die fünf Varianten noch etwas näher an.

Variante 1: Macht durch Belohnung

Über Belohnungsmacht verfügt, wer in der Lage ist, gute Leistungen zu honorieren. Meist denken wir dabei an materielle oder finanzielle Belohnungen in Form von Incentives, Prämien, Gehaltserhöhungen oder Beförderungen. Als Projektleiter haben Sie hier in der Regel wenig Spielraum. Trotzdem: Was spricht dagegen, es zu versuchen und mit dem Auftraggeber über die Möglichkeit einer kleinen Erfolgsprämie für Ihr Team zu verhandeln?

Doch es gibt noch einfachere Möglichkeiten, einen Teammitarbeiter zu belohnen. Zum Beispiel können Sie eine interessante Aufgabe vergeben, ihn kollegial unterstützen oder seinen Verantwortungsbereich vergrößern. Neben Aufmerksamkeit, Lob und Zuwendung bietet auch das Arbeitsumfeld Gestaltungsmöglichkeiten, die sich für Belohnungen nutzen lassen. Eine besondere Chance liegt darin, dass sich Ihr Projekt außerhalb der Linienorganisation bewegt, sich also ein Stückweit aus dem Unternehmenskontext herauslöst. Dadurch können Sie mit Ihrem Team wie auf einer Insel agieren und eine Projektkultur schaffen, die sich deutlich von der Unternehmenskultur unterscheidet. Sie können – überspitzt formuliert – Basisdemokratie einführen, während sonst im Unternehmen hierarchische Strukturen herrschen.

 **Praxistipp!** Verschaffen Sie sich Möglichkeiten, Ihre Mitarbeiter durch Belohnung für gute Leistung zu motivieren. Stellen Sie zum Beispiel ein motivierendes Umfeld in Aussicht oder handeln Sie bei Ihrem Auftraggeber die Möglichkeit aus, eine Teamprämie zu vergeben.

Variante 2: Macht durch Bestrafung

Das Gegenteil der Belohnungsmacht ist die Befugnis, einen Mitarbeiter zu bestrafen. Das versetzt Sie in die Lage, Sanktionen zu verhängen. Ein Mitarbeiter erhält zum Beispiel eine unangenehme Aufgabe, wird abgemahnt, versetzt oder entlassen.

Mitunter fällt es schwer, zwischen den beiden Machttypen Belohnung und Bestrafung zu unterscheiden: Ist der Entzug einer Belohnung tatsächlich schon eine Bestrafung? Oder umgekehrt: Ist die Aufhebung einer Bestrafung bereits eine

Belohnung? Auch wenn die Frage philosophisch anmutet, ist sie für die Praxis doch relevant. Es macht einen Unterschied, wie der Mitarbeiter eine solche Maßnahme empfindet. Sieht Ihr Mitarbeiter sie als Belohnung, steigen Sie im Ansehen des Mitarbeiters, erkennt er darin eine Bestrafung, drückt es die Stimmung und kann sogar Widerstand provozieren.

Bei der Macht durch Bestrafung geht es im Kern darum, dass Sie als Projektleiter in der Lage sind, einem Mitarbeiter zu drohen und die angedrohten Konsequenzen notfalls auch durchzusetzen. Eine ebenso einfache wie wirkungsvolle Maßnahme besteht darin, dass Sie sich offiziell zum Projektleiter ernennen lassen. Es genügt eine E-Mail an alle Beteiligten, in der Ihr Auftraggeber das Projekt ankündigt und in etwa Folgendes hinzufügt: »Herr X wurde von mir zum Projektleiter bestimmt. Ich gehe davon aus, dass Sie ihn bestmöglich unterstützen und jeder von dem Projekt betroffene Fachbereich eng mit ihm zusammenarbeitet. Um das Gelingen des Projekts sicherzustellen, werde ich mich regelmäßig mit ihm abstimmen.«

Auf diese Weise überträgt der Auftraggeber seine Bestrafungsmacht ein Stück weit auf Sie. Formal verfügen Sie zwar nach wie vor über keine disziplinarischen Befugnisse. Jeder weiß aber, dass der Auftraggeber hinter Ihnen steht. Damit ist auch jedem klar, dass Sie beim Auftraggeber jederzeit einen Verweis oder eine Abmahnung bewirken können.

Praxistipp! Verschaffen Sie sich Bestrafungsmacht, indem Sie sich für alle sichtbar mit dem Auftraggeber und den Vorgesetzten der Teammitglieder verbünden. Die Mitarbeiter wissen dann: Fehlverhalten im Projekt hat Konsequenzen, weil der Chef es erfährt.

Variante 3: Macht durch Legitimation

Legitime Macht resultiert aus den Vereinbarungen, die in einer Organisation gelten. In jedem Unternehmen existieren Regeln, die festlegen, wer sich wem unterzuordnen hat. In der Linienorganisation sind diese Regeln selbstverständlich und von allen akzeptiert: Da gibt es den Vorgesetzten, der seine Mitarbeiter disziplinarisch führt – und damit über legitime Macht verfügt.

Weniger eindeutig sind die Regeln bei Projekten. In vielen Unternehmen ist der Projektleiter Gleicher unter Gleichen – und verfügt somit über keine legitime

Macht. Das muss nicht so sein: Ein Unternehmen kann auch festlegen, dass die Mitglieder eines Projektteams den Weisungen des Projektleiters Folge zu leisten haben. Damit stattet es den Projektleiter mit legitimer Macht aus. Sind in einem Unternehmen Aufgaben, Befugnisse und Verantwortlichkeiten bei Projekten in einem Regelwerk klar definiert, weiß jeder Teammitarbeiter: »Der Projektleiter trägt die Verantwortung, er hat auch die Befugnis, bestimmte Entscheidungen zu treffen – und ich habe mich ihm unterzuordnen.«

Ein solches Regelwerk lässt sich relativ leicht schaffen, ist jedoch noch immer die Ausnahme. In den meisten Unternehmen werden Projekte so organisiert, dass die Position des Projektleiters keine legitime Macht vorsieht. Doch auch dort lässt sich legitime Macht organisieren. Dies geschieht dadurch, dass Sie im Rahmen Ihres Teams Vereinbarungen treffen. Auf diese Weise können Sie sich selbst, aber auch einzelne Teammitglieder mit legitimer Macht ausstatten. Eine solche Vereinbarung kann zum Beispiel vorsehen, dass der Technikexperte im Team Entscheidungen stoppen darf, wenn er eine technische Fehlentwicklung befürchtet. Mit dieser Befugnis begegnen Sie der Gefahr, dass der Techniker im Team seine Ansicht zurückhält und so die Projektgruppe in eine falsche Richtung marschiert.

 Praxistipp! Organisieren Sie legitime Macht, indem Sie im Team Regeln vereinbaren und Entscheidungsbefugnisse festlegen.

Variante 4: Macht durch Identifikation

Auch ohne eine formale Machtposition innezuhaben, können Sie über großen Einfluss verfügen – allein durch Ihre Reputation. Eine Person mit hohem Ansehen gilt als ehrlich, pflichtbewusst, freundlich, hilfsbereit und effektiv. Zu ihr hat man Vertrauen, mit ihr identifiziert man sich. Aus dieser besonderen Form der Verbundenheit resultiert eine weitere Variante der Macht, die Sie für sich nutzen können: die Identifikationsmacht. Je stärker sich die Mitarbeiter mit Ihnen identifizieren, desto größer ist die Bereitschaft, Ihr Verhalten gut zu finden und Ihre Anweisungen und Entscheidungen zu akzeptieren.

Identifikationsmacht liegt in Ihrer Person selbst, in Ihrem Charakter begründet. Sie lässt sich als eine Art natürliche Autorität beschreiben, die Sie als Führungskraft mitbringen. Zu ihr gehören Eigenschaften wie Ausstrahlung und

Charisma, Authentizität und Souveränität. Damit ist auch klar, dass sich Identifikationsmacht nur langfristig entwickelt.

Überlegen Sie, wie Sie kraft Ihrer natürlichen Autorität überzeugen können. Wie gestalten Sie Ihr Auftreten, damit das Team Ihnen freiwillig folgt? Beachten Sie auch, dass Sie eine Vorbildfunktion einnehmen und die Erwartungen dementsprechend hoch sind. Ein Fehler im Auftritt ist dann wie ein Kratzer, der sich nicht so einfach wieder entfernen lässt. Wenn Sie zum Beispiel bei einer Teamsitzung komplett ausrasten, werden Sie es schwer haben, Ihre frühere Akzeptanz wiederzuerlangen.

 Praxistipp! Führen Sie kraft Ihrer persönlichen Autorität. Bauen Sie Identifikationsmacht auf, indem Sie dafür sorgen, dass die Teammitglieder Sie schätzen und sich mit Ihnen verbunden fühlen.

Variante 5: Macht durch Sachkenntnis

Mit Sachkenntnis und Expertise Einfluss nehmen – auch das ist eine Machtquelle. Im Unterschied zu den anderen Machtbasen ist eine solche »Expertenmacht« hoch spezifisch und auf den Bereich beschränkt, auf dem der Experte erfahren und qualifiziert ist. Haben Sie als Projektleiter auf einem Gebiet sehr viel Wissen, können Sie hieraus Macht und Einfluss gewinnen. Die Teammitarbeiter akzeptieren Sie, weil Sie auf diesem Gebiet über besondere Erfahrungen und Fähigkeiten verfügen. Sie vertrauen darauf, dass Sie das Richtige tun – und folgen Ihnen deshalb auch.

Die Kunst liegt darin, Besserwisserei zu vermeiden, aber das Expertenwissen dennoch auszuspielen – nämlich so, dass es den Mitarbeitern ein Gefühl der Sicherheit gibt. Dominieren Sie das Team mit Ihrem Wissen, wirkt das schnell demotivierend. Die Eigeninitiative der Mitarbeiter erlahmt, etwa in dem Tenor: »Wenn er eh alles besser weiß, kann ich ja gleich warten, bis er mir sagt, was ich tun soll.«

 Praxistipp! Nutzen Sie einen Wissens-, Fähigkeits- oder Erfahrungsvorsprung, um Expertenmacht aufzubauen. Je größer Ihre Expertise ist, desto mehr vertrauen Ihnen die Mitarbeiter – und desto größer ist Ihr Einfluss.

Variante 6: Macht durch Informationsvorsprung

Besser informiert sein: Wer einen Informationsvorsprung hat, verfügt automatisch über Macht gegenüber den weniger gut Informierten. Er kann die überzeugenderen Argumente anführen oder kann Einfluss zu nehmen, indem er Informationen gezielt einsetzt. Um als Projektleiter einen Informationsvorsprung zu gewinnen, benötigen Sie Zugang zu den wichtigen Informationsquellen und die Kontrolle über die wesentlichen Kommunikationskanäle.

Praxistipp! Verschaffen Sie sich als Projektleiter einen Informationsvorsprung – denn Wissen ist Macht. Sorgen Sie dafür, dass Sie über alle Aspekte, die das Projekt tangieren, stets gut unterrichtet sind.

Survival-Tipps: **Keiner hört auf mein Kommando**

- Auch kleine Projekte stellen Führungsanforderungen, die oft unterschätzt werden. Konflikte treten auf, Entscheidungen sind umstritten, Mitarbeiter liefern ihre Ergebnisse nicht oder zu spät ab: Immer wieder treten Situationen auf, in denen Führung gefragt ist. Fachliches Know-how allein reicht da nicht aus. Wenn Sie ein Projekt übernehmen, sollten Sie auch auf Ihre Führungsrolle vorbereitet sein.
- Machen Sie sich Gedanken darüber, welche Fähigkeiten Ihnen das Projekt abverlangt. Nehmen Sie die entsprechenden Rollen von Anfang an aktiv wahr – nur so erleben Ihre Teamkollegen einen starken Projektleiter.
- Entwickeln Sie einen Blick dafür, wie selbstständig Ihre Mitarbeiter sind. Kompetenz und Leistungsbereitschaft sind wichtige Faktoren, die in Ihre Beurteilung einfließen sollten.
- Unterscheiden Sie zwischen verschiedenen Führungsstilen (autoritär, kooperativ, karitativ, Laisser-faire) – und wählen Sie den für eine Situation jeweils passenden.
- Machen Sie sich klar, dass Sie als Projektleiter eine Führungsfunktion übernehmen – und dass hierzu auch das verbindliche Delegieren von Aufgaben zählt.

- Setzen Sie bei größeren Arbeitspaketen auf das Management by Objectives, das Führen durch Zielvereinbarung: Sie vereinbaren mit dem Mitarbeiter Ziele, machen jedoch keine Vorgaben für die Arbeitsausführung.
- Zeigen Sie sich entscheidungsstark. Führen Sie Entscheidungen herbei, ohne allzu lange zu zögern. Am Ende ist es oft viel schlimmer für das Projekt, keine Entscheidung zu treffen als eine falsche Entscheidung.
- Machen Sie Ihren Leuten klipp und klar deutlich, ab wann eine Entscheidung zu akzeptieren ist und Diskussionen ein Ende haben müssen.
- Stärken Sie frühzeitig Ihre Machtbasis und bedienen Sie sich verschiedener Machtquellen, damit Sie am Ende nicht als zahnloser Tiger dastehen.

6. DIE PROJEKTSTEUERUNG

Wie Sie die Fäden in der Hand behalten

Ein Freund erzählt gerne die Anekdote von einem Waldarbeiter, der seine Kollegen schon nach der morgendlichen Brotzeit ungeduldig zur Weiterarbeit drängte: »S'werd bald Nacht!« Hinter dieser Marotte steckt mehr Einsicht in die Frühentstehung von Zeitnot als bei manchem Projektleiter. Denn typisch sind für Projekte drei Phasen: eine erste, in der man glaubt, genügend Zeit zu haben und infolgedessen alles in Ruhe und grundsätzlich diskutiert, eine zweite, in der man zu ahnen beginnt, dass es nun langsam eng wird – und eine dritte, in der man mit wachsender Hektik einem Ziel hinterherläuft, das in der verbliebenen Zeit kaum mehr zu erreichen ist.

Deutlich wird: Die Projektsteuerung ist eine Kernaufgabe des Projektleiters. Sie besteht im Wesentlichen darin, die Umsetzung der Aufgaben sicherzustellen, mögliche Abweichungen vom Projektplan vorherzusehen, eingetretene Abweichungen zu erkennen sowie schnell und angemessen darauf zu reagieren. Mitunter erwarten den Projektleiter hier große und auch schmerzhafte Probleme. Selbst wenn das Projekt von langer Hand vorbereitet wurde, Pläne sorgfältig ausgearbeitet sind und das Team motiviert mitarbeitet, werden Abweichungen auftreten und der Projektleiter muss sicherstellen, dass alles nach Plan läuft.

Kapitel 6.1 stellt die Mechanismen des Projektcontrollings vor: Sie erfahren, wie Sie Abweichungen vom Plan erkennen, bewerten und bewältigen können. Wenn im Projekt Abweichungen auftreten, kann es ungemütlich werden. Als Projektleiter geraten Sie von allen Seiten unter Beschuss. Wie Sie solche Situationen vermeiden oder – wenn sie doch auftreten – in Griff bekommen, beschreibt Kapitel. 6.2.

Kleinere Projekte, die zusätzlich zur täglichen Arbeit bewältigt werden müssen, sollten straff organisiert werden – andernfalls drohen die administrativen

Aufgaben das Projekt lahmzulegen (Kapitel 6.3). Wo Leute zusammenarbeiten, bleiben Konflikte nicht aus. Doch was tun, wenn im Projekt dicke Luft herrscht? Wichtig ist jetzt entschlossenes Handeln, wie Kapitel 6.4 aufzeigt.

Wenn Teammitglieder ihre Arbeitspakete verspätet oder unvollständig abliefern, nützt es nichts, den Mitarbeitern Vorwürfe zu machen. Stattdessen kommt es auf eine gezielte Eskalation an (Kapitel 6.5). Hin und wieder drohen einem Projekt auch Gefahren von außen. Wie Sie das Projekt vor Widersachern und Saboteuren schützen, erfahren Sie in Kapitel 6.6.

6.1 Die Steuerungsmechanismen

Das Projekt souverän navigieren

Fast immer verläuft ein Projekt anders als geplant. Mit diesen Veränderungen müssen alle Beteiligten zurechtkommen. Manchmal aber treten auch Ereignisse ein, die den ursprünglichen Plan komplett umwerfen – und das gesamte Vorhaben droht aus dem Ruder zu laufen.

»Hier herrscht der reinste Projektwahnsinn!« Marks Auftraggeber ist entsetzt. Das Projekt zur Entwicklung eines Informationssystems in der Produktion scheint langsam, aber sicher aus dem Ruder zu laufen: Mark hat keine Software, sondern eine sogenannte »Bloatware« produziert – eine Software, die mit Funktionen überladen ist (engl. to bloat »aufblähen«).

Was war geschehen? Im Projektverlauf haben sich immer neue Ideen und Wünsche eingeschlichen. Immer mehr Funktionen kamen hinzu, die mit dem ursprünglichen Projektziel nichts mehr zu tun hatten – das Projekt erkrankte an »Creeping Featuritis«. Die fatale Folge: Für die Anwender an den Abfüllanlagen ist das Programm dadurch völlig unübersichtlich geworden.

Fehler werden in jedem Projekt gemacht, Mark ist da kein Einzelfall. Auch bei sorgfältiger Planung treten während der Projektdurchführung immer wieder Probleme auf. Es kommt zu Abläufen, Ereignissen und Ergebnissen, die so ursprünglich nicht geplant waren. Die Gründe dafür können vielfältig sein: Fehler in der Planung, Widerstand unter den Betroffenen, fachliche Probleme, technische Änderungen oder abnehmende Motivation unter den Beteiligten. Die Kunst des Projektleiters liegt darin, das Projekt trotzdem kontinuierlich auf Kurs zu halten.

Projektcontrolling

In der Projektarbeit spielt Kontrolle eine wichtige Rolle – noch wichtiger ist jedoch, Transparenz herzustellen. Ein gutes Projektcontrolling leistet beides: Es ermöglicht, laufend den Soll- und Ist-Zustand abzugleichen, aber auch den aktuellen Status in den Ampelfarben Grün, Gelb und Rot darzustellen und gegebenenfalls mit dem Team Korrekturmaßnahmen zu entwickeln (siehe Abbildung 38).

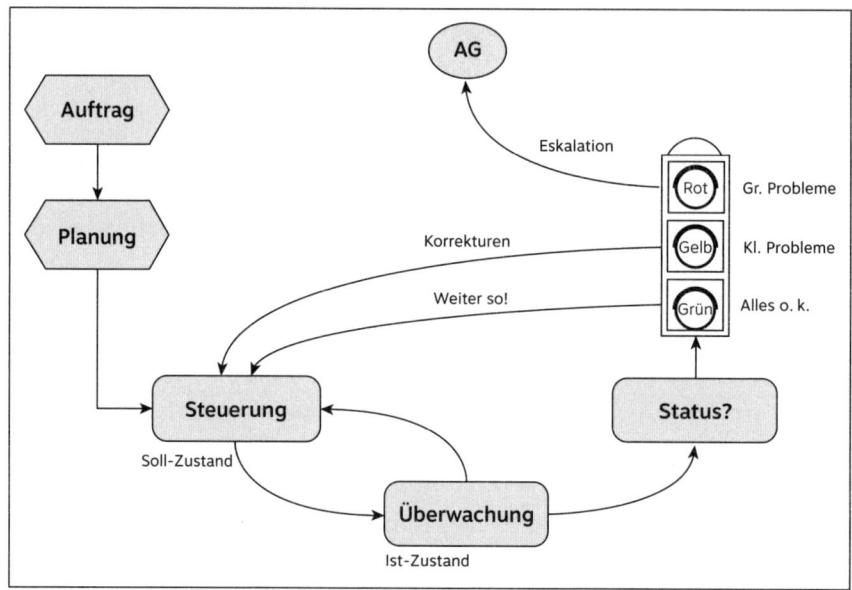

Abbildung 38: Mechanismen des Projektcontrollings

Das Projektcontrolling hat die Aufgabe, Abweichungen festzustellen und das Projekt wieder auf Kurs zu bringen. Letztlich handelt es sich darum, die Projektplanung während der Projektdurchführung konsequent fortzusetzen.

Praxistipp! Abweichungen vom Plan gehören zur Normalität in Projekten. Als Projektleiter zählt es zu Ihren Aufgaben, sich mit diesen Abweichungen und den damit verbundenen Konflikten auseinanderzusetzen. Also: Haben Sie ein wachsames Auge auf Ihr Projekt!

Beim Vergleich von Projektstatus und Plan sind drei Alternativen denkbar:

- **Grün – alles okay:** Wenn es keine Abweichungen gibt, das heißt alles nach Plan verläuft, kann im Projekt einfach weitergearbeitet werden. Vergessen Sie nicht, diese gute Nachricht auch an den Auftraggeber weiterzugeben.
- **Gelb – kleinere Probleme:** Bei geringen Abweichungen vom Plan setzen Sie sich mit Ihrem Team zusammen und beraten, mit welchen Maßnahmen Sie die Probleme wieder in den Griff bekommen. Wenn Sie die Abweichung aus

eigenen Kräften beheben können, brauchen Sie Ihren Auftraggeber nicht zu informieren.

- Rot – große Probleme: Wenn Sie große Abweichungen vom Plan feststellen, ist eine Eskalation angesagt. Analysieren Sie zunächst die Ursachen für die Probleme und entwickeln Sie Alternativen, die Sie dem Auftraggeber in dieser schwierigen Situation vorschlagen können. Klar ist: Der Plan ist so nicht mehr zu halten.

Maßnahmen entwickeln Sie gemeinsam mit Ihrem Team auf der Basis der Abweichungen und ihrer Bewertung. Vordringlich geht es darum, die Probleme in den Griff zu bekommen. Zugleich sollten Sie aber auch Vorkehrungen treffen, damit die Planabweichungen nicht erneut auftreten oder sich verschlimmern.

Krisenmanagement

Projekte können in ernsthafte Schwierigkeiten geraten und schließlich sogar scheitern. Dafür gibt es viele Gründe. Dazu zählen unklare Ziele, unzureichende Ressourcen, fehlerhafte Planung und Steuerung, zu hohe Komplexität, fehlende Expertise im Team – die Liste ließe sich fortsetzen. Die meisten Projektkrisen entstehen durch eine Kombination dieser Aspekte.

Auch unvorhergesehene Ereignisse können den Projektplan außer Kraft setzen und das Projekt an den Rand einer ernsthaften Krise bringen. Ob nun ein wichtiger Projektmitarbeiter ausfällt, ein Lieferant einen kritischen Termin nicht einhält oder ein Wasserschaden den Server lahmlegt – in solchen Situationen hilft es wenig, nach Ursachen und Schuldigen zu suchen. Die Lage ist, wie sie ist. Nun gilt es, die Probleme zu meistern. Der Weg dahin erfolgt über eine Eskalation (siehe Abbildung 39).

Der erste Schritt liegt darin, die Situation zu erkennen und die Krise im Projekt einzugestehen (Ampelfarbe Rot). Bevor Sie nun den schwierigen Gang zum Auftraggeber antreten, sollten Sie die Geschehnisse analysieren, die zu den Schwierigkeiten geführt haben.

Praxistipp! Ihre erste Aufgabe als Projektleiter sollte sein, Ihr Team aufzufangen – also Druck wegzunehmen und eine Panik zu verhindern. Schuldzuweisungen, egal ob offiziell oder inoffiziell, gilt es unbedingt zu vermeiden!

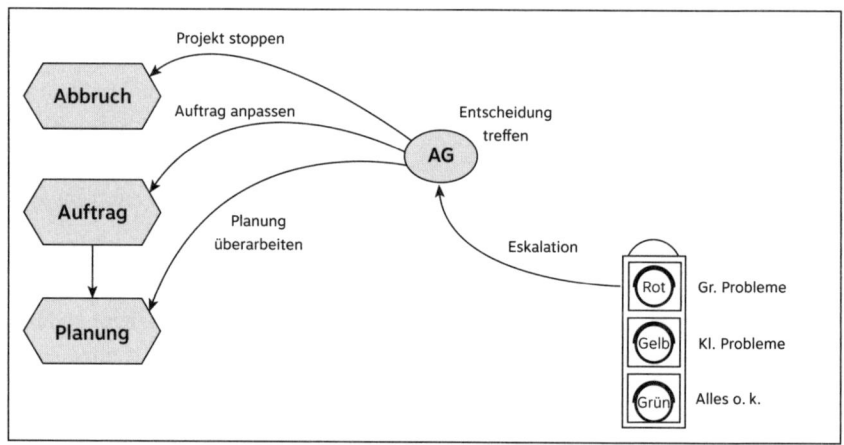

Abbildung 39: Mechanismen des Krisenmanagements

Der Analyse folgt die Stunde der Wahrheit. Über das weitere Vorgehen kann jetzt nur der Auftraggeber entscheiden. Ihre Aufgabe als Projektleiter ist jedoch, ihm dabei zu helfen, die richtigen Entscheidungen zu treffen. Grundsätzlich sind drei Varianten möglich:

- Planung überarbeiten. Bei der Abschätzung der Konsequenzen wird deutlich, dass der Plan so nicht mehr zu halten ist, ein neuer Projektplan das Projekt aber retten kann.
- Auftrag anpassen. Die Projektziele erscheinen nicht mehr erreichbar und müssen neu verhandelt werden.
- Projekt abbrechen. Das Projekt kann nicht mehr sinnvoll fortgeführt werden – es muss gestoppt werden.

Praxistipp! Sorgen Sie dafür, dass der Auftraggeber die notwendigen Entscheidungen zügig trifft. In der Krise kommt es darauf an, dass alle Teammitglieder mit anpacken. Das geht nicht mit einem Projektplan, der nicht mehr zu halten ist und von keinem der Beteiligten mehr ernst genommen wird.

Eine Krise, womöglich verbunden mit einem Projektstopp, bedeutet Schwerstarbeit. Als Projektleiter müssen Sie den Karren aus dem Dreck ziehen – sprich das Projekt neu planen oder sogar die Projektziele neu verhandeln. Vermeiden Sie diese Situation, indem Sie das Projektcontrolling wirklich ernst nehmen: In der Ausführung und Kontrolle Ihres Projekts sollten Sie alles daransetzen, bei Ihrem ersten Projektplan bleiben zu können. Entscheidend dafür ist es, den Projektstatus von Anfang an regelmäßig zu erfassen. So können Sie frühzeitig eingreifen und schon bei kleinen Abweichungen gegensteuern.

Ein Projekt verändert sich während der Durchführung. Auch bei sorgfältigster Planung kommt es vor, dass der eine oder andere wichtige Punkt vergessen wird. Ebenso können sich im Projektverlauf Ziele, Anforderungen und Projektinhalte ändern. Der Projektleiter muss mit solchen Änderungen umgehen können, wenn er den Projekterfolg nicht gefährden möchte. Empfehlenswert ist ein professionelles Änderungsmanagement mit einem klar festgelegten Ablauf (siehe Abbildung 40): Jeder Änderungswunsch wird in seinen Auswirkungen bewertet und dem Auftraggeber zur Entscheidung vorgelegt.

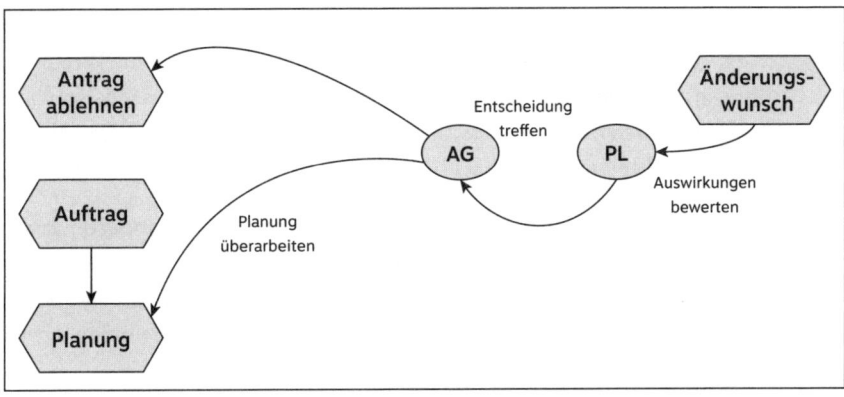

Abbildung 40: Mechanismen des Änderungsmanagements

Natürlich kommen viele Änderungswünsche auch direkt aus dem Umfeld des Auftraggebers. Doch viele davon sind provoziert – ausgerechnet von Ihnen selbst! Denn: Je ungenauer Sie Ihre Auftragsklärung machen, desto mehr Änderungen müssen Sie in Kauf nehmen. Oder umgekehrt ausgedrückt: Je besser Sie die Wünsche, Ziele und Bedürfnisse Ihres Auftraggebers verstanden haben, desto weniger werden Sie im Verlauf des Projekts mit neuen Anforderungen konfrontiert sein.

Die Projektsteuerung

Praxistipp! Auch wenn es bürokratisch erscheint: Stellen Sie zu Projektbeginn allen Beteiligten ein einfaches Formular »Änderungsantrag« zur Verfügung. So stellen Sie klar, dass Änderungen formal freigegeben werden müssen – ganz gleich, wer eine Änderung für notwendig hält.

Angenommen, ein Änderungswunsch wird an Sie herangetragen – wie gehen Sie vor? Entscheidend ist die Frage, welche Folgen die Änderung für den Projektplan haben könnte:

- **Analyse:** Prüfen Sie zusammen mit Ihrem Team, wie sich der Änderungswunsch auf das Projekt auswirkt: Welcher Aufwand wird dadurch verursacht? In welchem Umfang müssen bisherige Ergebnisse angepasst oder ergänzt werden? Was folgt hieraus für die Terminplanung?
- **Bewertung:** Wenn es sich wirklich nur um eine kleine Änderung handelt, die dem Projektplan nicht weiter schadet, können Sie dem Antrag zustimmen. Wenn der Aufwand den Rahmen sprengt, untersuchen Sie die Auswirkungen auf Qualität, Budget und Terminplan.
- **Genehmigung:** Besprechen Sie die Auswirkungen mit Ihrem Auftraggeber und einigen Sie sich mit ihm über die anfallenden Zusatzkosten und mögliche Terminverschiebungen. Stimmt er zu, überarbeiten Sie mit Ihrem Team die Projektplanung.

Praxistipp! Lassen Sie wesentliche Projektänderungen immer vom Auftraggeber gegenzeichnen – insbesondere wenn die Änderungen sich auf das Budget, die Termine oder die Qualität auswirken. Der Auftraggeber entscheidet, ob der Änderungswunsch umgesetzt werden soll.

6.2 Das Elend mit den Abweichungen

Zeitverzug in den Griff bekommen

Die Projektplanung steht, die Termine sind bekannt. Nun warten die Beteiligten, allen voran der Auftraggeber, auf die Ergebnisse. Wenn jetzt Abweichungen auftreten, wird es für den Projektleiter ungemütlich. Er gerät von allen Seiten unter Beschuss.

Matthias kämpft gegen immer neue Verzögerungen. Auf der einen Seite drängt ihn sein Chef, das Projekt in einem ohnehin engen Zeitraum durchzupeitschen – schließlich winkt ein Großauftrag, wenn es gelingt, die richtige Farbzusammenstellung für den Speziallack zu finden. Auf der anderen Seite treiben ihm unerwartete Planabweichungen die Schweißperlen auf die Stirn. »Hält sich denn hier niemand an die Termine?«, platzt es aus dem Entwicklungsleiter heraus. Matthias und seine Kollegen senken schuldbewusst ihren Blick.

Wie vermeiden Sie, in eine solche Lage zu geraten? Wo liegen die Ursachen für den Zeitverzug? Und wie bekommen Sie ihn in den Griff?

Projektpläne sind nicht die Realität

Zunächst gilt es festzuhalten, dass Projektpläne niemals die Realität abbilden. Ein Plan muss nicht in allen Details – sprich mit allen Zwischenterminen – zu 100 Prozent verwirklicht werden. Das geht gar nicht, schließlich ist ein Projektleiter kein Hellseher. Trotzdem verhalten sich unerfahrene Projektmanager häufig so, als würde man genau das von ihnen erwarten. Damit legen sie die Messlatte viel zu hoch und setzen sich unnötig unter Druck – denn Tatsache ist: Jedes Projekt hat seine Unwägbarkeiten.

Praxistipp! Kein Projekt läuft von allein – und reibungslos schon zweimal nicht. Abweichungen im Projekt sind nicht die Ausnahme, sondern die Regel. Lassen Sie sich also nicht verunsichern, wenn nicht alles nach Plan läuft – Abweichungen gehören einfach zum Tagesgeschäft.

Ein Projektplan basiert auf Schätzungen. Er beschreibt, wie es gelingen *könnte* (Konjunktiv!), die Projektziele zu erreichen. Zugleich ist er eine Vereinbarung zwischen den Projektbeteiligten, wie vorgegangen werden soll, um die Projektziele zu erreichen. Während der Projektdurchführung dient der Plan dann dazu, Abweichungen zwischen Soll und Ist festzustellen und so auch Fehleinschätzungen zu erkennen. Aus den Abweichungen lässt sich ableiten, welche Maßnahmen notwendig sind, um wieder in ein realistisches Szenario zu kommen.

Dem Projektplan fehlt die Akzeptanz

Ein Projektplan beschreibt quasi die Ideallinie – und Ziel der Projektsteuerung ist, diese Ideallinie möglichst gut zu halten. Die Wahrscheinlichkeit, dass das gelingt, steigt mit der Akzeptanz des Plans: Je stärker die Teammitglieder hinter dem Projektplan stehen, desto mehr werden sie sich für ihn einsetzen.

 Achtung! Wenn Sie Ihren Projektplan im stillen Kämmerlein entwickelt haben, können Sie kaum erwarten, dass Ihr Projektteam ihn akzeptiert, geschweige denn sich an ihn hält.

Hier zeigt sich die Kurzsichtigkeit vieler Projektleiter, die den Take-off-Workshop (s. Kapitel 4.3) für eine unnötige Zeitverschwendung halten. Wenn die spätere Termintreue mit der Akzeptanz des Plans steht und fällt, sollte man für eben diese Akzeptanz sorgen. Und der Take-off Workshop eignet sich hervorragend dafür: Das Team erarbeitet den Projektplan gemeinsam – und versteht diesen Plan dadurch besser als jeden anderen, der einfach nur vorgegeben wird. Mehr noch: Eine ehrliche Beteiligung macht den Projektplan zu einer Art Vertrag. Das Team vereinbart damit, wie es vorgehen will, um die Projektziele zu erreichen. Damit ist die Akzeptanz fast schon garantiert.

Legen Sie also nicht nur Wert auf einen guten Projektplan, sondern ebenso auf das gemeinsame Planen. Die hier investierte Zeit, beispielsweise in einem Take-off-Workshop, zahlt sich mehrfach aus: Weil die Mitarbeiter den Plan akzeptieren, werden sie die Abgabetermine besser einhalten – was wiederum den Aufwand für Umplanungen deutlich reduziert.

Viele Probleme sind hausgemacht

Wenn Abweichungen auftreten, interessiert einen Projektleiter meist nur eines: »Wie kann ich die Situation möglichst schnell und ohne großes Aufsehen wieder in den Griff bekommen?« Eine Auseinandersetzung über die Ursachen hingegen scheut er, zumal er ahnt, dass er an den Problemen nicht unschuldig ist. Niemand ist erpicht darauf, einem Auftraggeber hinsichtlich Terminverzug, Budgetüberschreitung oder Qualitätsproblemen reinen Wein einschenken zu müssen. Der Spaßfaktor einer solchen Besprechung ist eher gering.

So berechtigt das Interesse ist, die Sache aus eigenen Kräften wieder in den Griff zu bekommen: Um Abweichungen wirklich zu bekämpfen, müssen die Ursachen auf den Tisch. Da zeigt sich dann, dass eine Abweichung nur selten in der Situation verursacht wird, in der sie auftritt. Drei Viertel der Abweichungen lässt sich sogar auf Fehler zurückführen, die bereits in der Anfangsphase des Projekts gemacht wurden. Hierzu zählen vor allem:

- **Der Auftraggeber ändert ständig seine Ziele.** Das ist oft das Ergebnis einer mangelhaften *Auftragsklärung*. Offenbar war das ganze Projekt von Anfang an unklar.
- **Wichtige Aufgaben wurden nicht erledigt.** Das passiert, wenn die *Projektplanung* ohne die notwendige Sorgfalt erledigt wird. Vielleicht wurde die Aufgabe schlicht vergessen oder es fehlte an Experten, die den Projektleiter auf wichtige Aufgaben hätten aufmerksam machen können.
- **Die Mitarbeiter haben viel zu wenig Zeit.** Hier wurde wohl im Zuge der *Aufwandsschätzung* mit falschen Zahlen operiert. Offenbar hat der Projektleiter die Terminpläne seiner Projektmitarbeiter nicht gekannt und falsch eingeschätzt, wie viel Kapazität ihm real zur Verfügung steht.
- **Es treten überraschende Probleme auf.** Hier deutet einiges auf eine unzureichende *Risikoanalyse* hin. »Überraschend« heißt nämlich nicht unvorhersehbar. Offenbar hat sich das Projektteam zu wenig Gedanken darüber gemacht, was alles schieflaufen könnte.
- **Die Zusammenarbeit funktioniert nicht.** Das ist oft das Ergebnis eines holprigen *Projektstarts*. Offenbar wurde es versäumt, den Grundstein für eine gute Zusammenarbeit im Kick-off-Meeting und im Take-off-Workshop zu legen.

Die Liste ließe sich noch verlängern. Grundsätzlich fällt auf, dass die meisten Abweichungen auf Versäumnisse bei der Vorbereitung zurückgehen – mithin hausgemacht sind.

 Achtung! Die meisten kritischen Abweichungen treten auf, weil die Vorbereitung unzureichend war. Jetzt rächt sich, wenn man sich unbedacht ins Projektabenteuer gestürzt hat.

Es mag wie ein Wunder erscheinen: Erfahrenen Projektleitern gelingt es immer wieder, mit nur wenigen Abweichungen Kurs zu halten. Jedem Sturm trotzend navigieren sie ihre Projekte fast immer termin- und budgettreu in den Zielhafen. Blickt man hinter die Fassade dieser Kapitäne auf rauer See, wird man ein simples Erfolgsgeheimnis ausmachen: Sie lassen sich durch nichts von einer akribischen Vorbereitung abbringen, bevor sie in See stechen.

Praxistipp! Je eiliger Sie es haben, je dringender das Projekt ist und je mehr Ihr Umfeld Druck auf Sie ausübt, desto mehr Zeit und Aufmerksamkeit sollten Sie in die Vorbereitung investieren. Andernfalls kentern Sie beim erstbesten Windstoß.

Während in großen Projekten mitunter Wochen an Vorbereitung stecken, ist der Aufwand bei kleineren Projekten überschaubar – hier genügen zwei bis vier Planungstage. Der Effekt jedoch ist enorm: Sie ersparen sich Wochen an vermeidbaren Verzögerungen und halten sich von vornherein jede Menge Ärger vom Hals.

Wo mancher frischgebackene Projektleiter mit viel Elan einen regelrechten Blitzstart hinlegt, lässt es der erfahrene Kollege langsam angehen. Er weiß, dass er mit einer akribischen Vorbereitung zügiger vorankommt und am Ende erfolgreich ist. Das hat auch mit Technik, aber viel mehr noch mit Haltung zu tun.

Achtung! Lassen Sie sich nicht irritieren, wenn jemand verständnislos auf eine sorgsame Projektvorbereitung reagiert. Die Leute, die jetzt auf einen schnellen Projektstart drängen, sind nachher die Ersten, die Ihnen Vorwürfe machen, wenn Sie nicht im Zeitplan liegen.

Die regelmäßige Wartung

Drei Viertel der Abweichungen lassen sich, wie gesagt, mit einer guten Vorbereitung von vornherein vermeiden. Bleibt also noch ein Viertel, mit dem Sie sich befassen müssen. Hier gilt die klare Empfehlung: Lassen Sie sich von diesen Abweichungen nicht überraschen!

Mit einer regelmäßigen »Wartung« Ihres Projekts können Sie eine drohende Abweichung erkennen und abwenden – wie bei einem Auto, das Sie regelmäßig zur Inspektion geben. Ist ein Motorschaden erst einmal eingetreten, kann die

Werkstatt auch nichts mehr ausrichten. Gleiches gilt für Projekte: Ist die Abweichung erst einmal aufgetreten, ist es zu spät.

In kleineren Projekten reicht es aus, wöchentlich oder zweiwöchentlich eine solche Wartung vorzunehmen. Setzen Sie sich hierzu mit Ihrem Team zusammen und führen Sie eine Inspektion des Projekts durch. Richten Sie dazu folgende Fragen an jedes Teammitglied:

- **Wirst du mit deinen Arbeitspaketen rechtzeitig fertig?** Wenn nein: Wann dann? Fragen Sie schon im Vorfeld möglicher Terminverzögerungen nach, ob alles wie geplant läuft oder möglicherweise Abweichungen zu erwarten sind.
- **Gibt es Probleme? Wie können wir sie lösen?** Sorgen Sie dafür, dass Ihre Teammitglieder ein Problembewusstsein entwickeln und eigenständig nach Lösungen suchen, statt die Probleme bei Ihnen »abzuladen«.
- **Wie läuft es insgesamt? Wie geht's euch im Projekt?** Fragen Sie auch nach der Stimmung. Ist das Team überlastet oder die Stimmung schlecht, sind Probleme und Abweichungen programmiert.

An der Besprechung nehmen alle Mitarbeiter des Projekts teil. Die Teilnehmer tauschen Informationen aus, sprechen offene Punkte an und bringen sich auf den aktuellen Projektstand. Dieses regelmäßige Projektmeeting ist somit kein Arbeitstreffen, sondern vielmehr ein »Statusmeeting« oder »Inspektionsmeeting«.

Das Projekt auf Kurs halten

Wenn Sie die »Wartungsarbeiten« an Ihrem Projekt regelmäßig vornehmen, werden Sie bevorstehende Abweichungen erkennen und meist noch rechtzeitig verhindern können. Dabei werden Sie feststellen, dass es immer wieder auf die gleichen Schwierigkeiten hinausläuft, mit denen Sie sich auseinandersetzen müssen, um das Projekt auf Kurs zu halten:

- **Die Ergebnisse kommen zu spät:** Was tun, wenn wichtige Arbeitspakete einfach nicht fertig werden? Selber machen? Druck machen? Vorwürfe? Besser nicht! Rufen Sie stattdessen Ihr Team zusammen und suchen Sie gemeinsam nach Lösungen. Sollte die Abweichung auf die Trödelei eines Teamkollegen zurückzuführen sein, wird ihm das Team schon zu verstehen geben, künftig einen Zahn zuzulegen. Wenn es sich zeigt, dass die verlorene Zeit nicht mehr aufzuholen ist, sollten Sie möglichst schnell Ihren Auftraggeber informieren. So können Sie gegebenenfalls nachverhandeln und für das Projekt noch rechtzeitig zusätzliche Kapazitäten oder eine längere Laufzeit sicherstellen.

- **Es fehlen die richtigen Mitarbeiter:** Welcher Projektleiter möchte sein Projekt nicht mit einem absoluten Top-Team bestreiten? Leider bleibt das oft nur ein Traum. Die besten Leute sind heiß begehrt – und es ist eher unwahrscheinlich, dass sie gerade jetzt für Ihr Projekt verfügbar sind. Sicher: Auch ein B-Team kann erfolgreich arbeiten, sofern es ein echtes Wir-Gefühl entwickelt und hinter den Projektzielen steht. Es bleibt allerdings das Risiko einer unzureichenden Erfahrung, die sich auch durch hohes Engagement nicht immer wettmachen lässt. Beugen Sie lieber vor und verdeutlichen Sie Ihrem Auftraggeber gleich zu Projektbeginn, dass man mit einer B-Mannschaft nur bedingt in der Champions League spielen kann.
- **Immer neue Änderungswünsche:** Die Änderungsanträge wollen einfach kein Ende nehmen! Dieses Problem kommt vor allem in Kundenprojekten immer wieder vor. Vielleicht war der Auftrag zu Beginn nicht sauber geklärt. Oder der Kunde weiß selbst nicht genau, was er braucht. Manche Anforderungen werden tatsächlich erst im laufenden Projekt klar. Als Projektmanager geraten Sie in Teufels Küche, wenn Sie Änderungen nicht systematisch managen. Klären Sie mit dem Kunden möglichst schnell alle offenen Fragen.

6.3 Die Administrivialitäten

Die Projektarbeit vernünftig organisieren

Gerade auch kleinere Projekte, die zusätzlich zur täglichen Arbeit bewältigt werden müssen, sollten straff organisiert sein. Andernfalls nehmen die administrativen Aufgaben schnell überhand und drohen die eigentliche Projektarbeit lahmzulegen.

Um 9 Uhr trifft sich Katharina mit ihrem Projektteam und vier weiteren Personen aus den Fachabteilungen zu einer Projektbesprechung. Die Sitzung zieht sich in die Länge. Nach zwei Stunden steht einer der Teilnehmer auf und verlässt sichtlich verärgert den Raum: »Und wieder ist nichts dabei herumgekommen«, schimpft er. Die Versammlung löst sich auf – und auch die anderen Mitarbeiter sehen keineswegs zufrieden aus. Es bewahrheitet sich der Spruch: »Besprechungen sind der Ort, wo viele hingehen, aber wenig rauskommt.«

Wer kennt sie nicht – Projektsitzungen, die zu Plauderstunden verkommen? Abstimmungsprozesse, die sich wie ein Kaugummi in die Länge ziehen? Langwierige Besprechungen, in denen das »Wer-hat-Recht-Spiel« gespielt wird?

Tom DeMarco beschreibt in seinem Buch *Der Termin* vier Grundsätze guten Managements: Ein Projektleiter müsse erstens die richtigen Leute auswählen, zweitens die richtigen Mitarbeiter mit den richtigen Aufgaben betrauen, drittens die Mitarbeiter motivieren und viertens dem Team dazu verhelfen, durchzustarten und abzuheben. Alles andere seien »Administrivialitäten«.

Richtig! Das Problem ist nur: Diese Administrivialitäten können Ihnen im Projektalltag ganz schön zusetzen, zumal wenn das Tagesgeschäft nur wenig Zeit für die Projektarbeit lässt. Keiner der Beteiligten hat da noch Verständnis dafür, mehrere Stunden pro Woche mit nicht produktiven Tätigkeiten verbringen zu müssen. Wenn Sie die administrativen Vorgänge nicht in den Griff bekommen, kann das Projekt schnell ernsthaft in Schwierigkeiten geraten.

Achtung! Überbordende Meetings, komplizierte Abstimmungen und endlose Freigabeprozesse können die eigentliche Projektarbeit lahmlegen. Die Gefahr ist groß, dass Sie in diesen nicht produktiven Tätigkeiten regelrecht ertrinken.

Wie gelingt es nun, das Projekt straff zu organisieren und die administrativen Vorgänge auf ein Minimum zu beschränken? Bewährt haben sich folgende Instrumente, die es effektiv einzusetzen gilt:

- **Verbindliche Spielregeln:** Vereinbaren Sie mit Ihrem Team drei bewährte Prinzipien für eine effektive Zusammenarbeit – das Sofort-Prinzip, das Direkt-Prinzip und das Vertragsprinzip.
- **Jour fixe:** Treffen Sie sich regelmäßig mit Ihrem Team, um sich über den Stand des Projekts auszutauschen.
- **Inhaltliche Besprechungen:** Sorgen Sie für gut strukturierte und effektive Projektbesprechungen, die tatsächlich Ergebnisse erzielen.

- Statusberichte: Halten Sie den Auftraggeber mit einem kompakten und standardisierten Bericht auf dem Laufenden.

Sehen wir uns im Folgenden die einzelnen Instrumente näher an.

Verbindliche Spielregeln vereinbaren

Von erfolgreichen Projektteams kann man viel lernen – und in kleineren Projekten profitieren. Das gilt auch für die Spielregeln, nach denen die Teammitglieder zusammenarbeiten. Vor allem drei einfache Prinzipien haben sich als sehr wirkungsvoll erwiesen:

- **Das Sofort-Prinzip besagt:** Jedes Teammitglied meldet sich sofort, wenn es Informationen benötigt oder ein Problem auftaucht. So lassen sich Verzögerungen vermeiden – und der Aufwand, das Problem zu beseitigen, hält sich meist noch in Grenzen.
- **Das Direkt-Prinzip besagt:** Jedes Teammitglied kümmert sich selbst um alle Informationen und Vorleistungen, die es für seine Arbeit benötigt. Dies schließt ein, direkt auf die jeweiligen Zulieferer zuzugehen. Das Direkt-Prinzip führt zu kurzen Dienstwegen, entlastet den Projektleiter und beugt Missverständnissen vor.
- **Das Vertragsprinzip besagt:** Jede Interaktion innerhalb des Projektteams hat die Form eines Vertrags. Der Auftraggeber einer Aufgabe beschreibt darin präzise das erwartete Ergebnis (das »Was«), der Auftragnehmer möglichst nachvollziehbar die Lösung (das »Wie«). Auf dieser Grundlage führt der Auftragnehmer eigenverantwortlich die Aufgabe aus, meldet sich aber sofort, wenn er eine Zusage nicht einhalten kann.

Insbesondere das Vertragsprinzip zwingt die Beteiligten, ihren Teil der Verantwortung in der Projektarbeit zu klären. So entstehen Verbindlichkeit, Einbeziehung, Wertschätzung und damit Eigenverantwortung. Das bringt Ihnen als Projektleiter eine spürbare Entlastung, weil Ihre Teammitglieder eigenständig das Was und Wie ihrer Aufgaben definieren und sich hierfür auch verantwortlich fühlen.

Der Jour fixe ist keine Plauderstunde

Wenn sich ein Projektteam nicht regelmäßig trifft, führt das nahezu zwangsläufig zu erheblichen Problemen. Die Teammitglieder haben einen unterschiedlichen Kenntnisstand, stimmen sich nicht ausreichend ab und bleiben im Unklaren darüber, was im Projekt abläuft. Grund genug, ein regelmäßiges Treffen einzurichten.

Hinzu kommt: Als Projektleiter müssen Sie jederzeit wissen, wer was in Ihrem Team macht, wie weit die Arbeit fortgeschritten ist, was noch zu tun ist, wo es Probleme gibt, wo Entscheidungen notwendig sind. Ein regelmäßiges Treffen bietet die Möglichkeit, sich von den Mitarbeitern den jeweils aktuellen Status berichten zu lassen und zeitnah zu reagieren. Als Format eignet sich dafür der Jour fixe.

Achtung! Besprechungen gehen immer zulasten der effektiven Arbeitszeit im Projekt. Da gerade in einem kleineren Projekt die Zeit, die den Teammitgliedern für die Projektarbeit zur Verfügung steht, ohnehin äußerst knapp bemessen ist, sollten Sie Besprechungen auf das Notwendigste reduzieren.

Der Begriff »Jour fixe« stammt aus dem 18. Jahrhundert; er bezog sich meist auf kulturelle Veranstaltungen, die regelmäßig an einem festen Tag in der Woche stattfanden. In Projekten bezeichnet der Jour fixe einen festen Termin, zu dem das Projektteam regelmäßig zu einer Besprechung zusammenkommt. Das Treffen hat das Ziel, sich auf denselben Stand zu bringen, offene Punkte zu klären, das weitere Vorgehen abzustimmen und Entscheidungen zu treffen.

Der prototypische Ablauf eines Jour fixe sieht etwa so aus:

- Statusbericht der Projektmitarbeiter: Jeder Mitarbeiter bekommt maximal fünf Minuten Zeit, um zu berichten, welche Arbeiten er erledigt hat, woran er gerade arbeitet, was als Nächstes ansteht und mit welchen Problemen er zu kämpfen hat.
- Statusbericht des Projektleiters: Der Projektleiter hat für seinen Statusbericht ebenfalls maximal fünf Minuten Zeit. Er kommentiert den Zustand des

Projekts im Allgemeinen, hebt Arbeiten hervor, die abgeschlossen wurden, und weist auf Entscheidungen hin, die das Projektteam betreffen.

- **Probleme, Risiken und Änderungen:** Der Projektleiter diskutiert mit dem Team die wichtigsten Probleme, akute Risiken und mögliche Änderungsanträge. Gegebenenfalls beschließt das Team Maßnahmen, um die Probleme in den Griff zu bekommen. Dafür stehen maximal 15 Minuten zur Verfügung.

Die vereinbarten Zeiten sollten nur in Ausnahmefällen überschritten werden. Hilfreich kann auch ein Meeting im Stehen sein. Das fördert kurze Redebeiträge, sodass die Teilnehmer eher beim Thema bleiben und sich auf das Wesentliche konzentrieren.

Praxistipp! Nicht jedes Thema betrifft alle Teammitglieder. Diskutieren Sie deshalb nicht jeden offenen Punkt vor versammelter Mannschaft – das kostet unnötig Zeit. Vereinbaren Sie stattdessen Vier-Augen-Gespräche im Anschluss an den Jour fixe. Währenddessen können die anderen an ihre Arbeit zurückkehren.

Der Jour fixe sollte auf jeden Fall stattfinden, auch wenn es einmal kein wichtiges Thema zu besprechen gibt. Halten Sie die Besprechung dann besonders kurz, aber verzichten Sie nicht darauf. So ist allen Teammitgliedern klar, dass der Jour fixe eine wichtige Institution ist – und beim nächsten Mal sicherlich wieder relevante Themen anstehen.

Ergebnisse erzielen in Besprechungen

Neben dem Jour fixe sind oft noch weitere Besprechungen notwendig. Anders als beim Jour fixe geht es hier um die inhaltliche Arbeit. Zu diesen Projektbesprechungen treffen sich Mitarbeiter aus dem Projektteam, aber auch aus dem Projektumfeld, um gemeinsam an einem bestimmten Thema zu arbeiten.

Häufig genießen diese Projektbesprechungen keinen besonders guten Ruf. Viele Mitarbeiter stecken ohnehin Tag für Tag in Besprechungen fest und haben das Gefühl, dort ihre Zeit zu verschwenden. Gerade in kleinen Projekten, für die ohnehin nur wenig Zeit zur Verfügung steht, erweisen sich Besprechungen schnell als überproportionale Zeiträuber.

Und es stimmt ja auch! Viele Projektbesprechungen machen ihrem schlechten Ruf tatsächlich alle Ehre. Die Teilnehmer stürzen sich auf das erstbeste Thema und debattieren darüber, ohne vorher geklärt zu haben:

- Was müssen wir heute besprechen?
- Welches sind die dringlichsten Themen?
- Welche Ziele wollen beziehungsweise können wir erreichen?
- Welches Vorgehen ist sinnvoll?

Entsprechend unstrukturiert verläuft das Meeting. Die Erwartungen sind unterschiedlich, ebenso der Kenntnisstand bei einzelnen Themen. Einige Teilnehmer sind mit ihren Gedanken noch anderswo und stellen später unnötige Rückfragen. Die einen möchten bei einem Thema Nägel mit Köpfen machen, andere nur mögliche Lösungen ausloten.

 Praxistipp! Verständigen Sie sich zu Beginn eines Meetings über die Tagesordnungspunkte und die damit verbundenen Erwartungen und Ziele. Vereinbaren Sie das Vorgehen – und stellen Sie einen Zeitplan auf zur allgemeinen Orientierung.

Die meisten Projektbesprechungen haben den Zweck, eine bestimmte Frage gemeinsam zu bearbeiten. Katharina möchte zum Beispiel eine Lösung für die Projekt- und Zeitdatenerfassung finden. Hierzu hat sie Mitarbeiter und Führungskräfte aus allen Bereichen zu einem Workshop eingeladen. Zunächst möchte sie möglichst breit Ideen und Vorschläge sammeln, dann einen konkreten Lösungsansatz erarbeiten und schließlich umsetzbare Maßnahmen entwickeln.

Der Workshop ist auf vier Stunden angelegt und gliedert sich in folgende Phasen:

- Informationsphase: Katharina begrüßt die Anwesenden und erläutert kurz Zielsetzung und Ablauf des Workshops. Dann hält sie einen zehnminütigen, mit Grafiken illustrierten Vortrag, in dem sie den Projektauftrag darstellt. Es geht es ihr darum, einen gemeinsamen Kenntnisstand herzustellen.
- Zielphase: »Zur Erfassung der Projekt- und Zeitdaten wollen wir eine für die Mitarbeiter möglichst einfach zu handhabende Lösung entwickeln«, beschreibt Katharina das Ziel des Workshops. Sie muss damit rechnen, dass es Widerspruch gibt, einzelne Teilnehmer womöglich sogar das Projektziel

als Ganzes infrage stellen. Umso wichtiger ist es, zu Beginn des Workshops Klarheit über das Ziel der Veranstaltung herzustellen. Mit gut vorbereiteten Argumenten gelingt es ihr, die Teilnehmer für das Ziel zu gewinnen.

- **Ideensuche:** Nun folgt das Sammeln der Ideen. »Wie könnten wir künftig die Projekt- und Zeitdaten erfassen?«, fragt Katharina – und lässt die Teilnehmer zu zweit oder zu dritt jeweils fünf bis sechs Vorschläge auf Karten schreiben und zunächst ungeordnet an eine Pinnwand heften. Im nächsten Schritt werden die Ideen geordnet, zu Clustern zusammengefasst und mit Überschriften versehen.
- **Vertiefung:** Die Teilnehmer entscheiden sich nach einer kurzen Diskussion für drei Vorschläge, die weiter vertieft werden sollen. Drei Kleingruppen arbeiten die Vorschläge weiter aus und präsentieren anschließend die Ergebnisse im Plenum.
- **Entscheidung:** Katharina ermuntert die Teilnehmer, sich für eine der drei Möglichkeiten zu entscheiden. Den Favoriten möchte sie dann gemeinsam mit dem Projektteam genauer unter die Lupe nehmen und ausarbeiten.
- **Maßnahmen:** Die Teilnehmer haben sich für einen der drei Vorschläge entschieden. Nun legen sie das weitere Vorgehen und entsprechende Maßnahmen fest. Zu diesem Maßnahmenkatalog gibt es nun keine Alternative mehr – denn nur so ist sichergestellt, dass dem Workshop auch Taten folgen. Für Katharina und ihr Projektteam stehen damit die nächsten Arbeitsschritte fest.

Achtung! Manch schöner Maßnahmenkatalog versandet trotz festgelegter Deadlines. Das ist ein klassisches Risiko in Projekten. Am Ende einer Projektbesprechung muss daher klar sein, dass die eigentliche Arbeit erst beginnt.

Statusberichte – Rückmeldung aus dem Projekt

Der Auftraggeber hat ein berechtigtes Interesse, zu erfahren, wie das Projekt läuft und ob er mit den Projektergebnissen zum vereinbarten Termin rechnen kann. Hierzu dient der Projektstatusbericht, der ihn regelmäßig über den aktuellen Stand des Projekts informiert. Der Projektstatusbericht hat eine festgelegte Form und ermöglicht dem Auftraggeber, einen schnellen und präzisen Überblick zu

Projektstatusbericht: Hausmesse 2018

Projektleiter	Monika S.	Bericht Nr.	5	Zeitraum	August 2017
POS	Vorbereitung und Durchführung einer exklusiven Hausmesse im Frühjahr kommenden Jahres zur Gewinnung und Bindung von Großkunden. Neben Fachvorträgen und Produktpräsentationen neuester Technologien soll ein ausgefallenes Rahmenprogramm für einen exklusiven Charakter sorgen. Es wird mit ca. 250 Besuchern gerechnet.				

Stand der Dinge

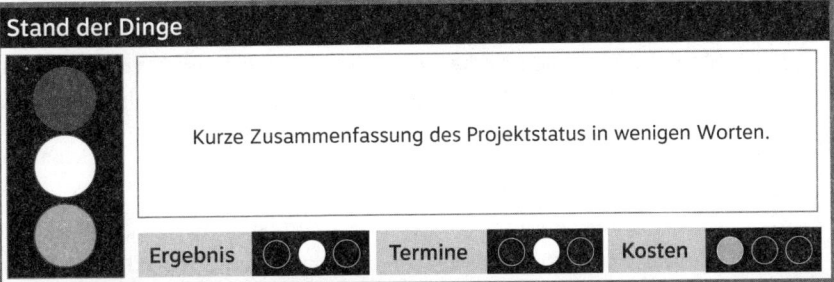

Kurze Zusammenfassung des Projektstatus in wenigen Worten.

Ergebnis ⚫⚪⚪ Termine ⚫⚪⚪ Kosten ⚫⚪⚪

Projektfortschritt

-
-
- Welche wichtigen Arbeitspakete wurden abgeschlossen?
-
-
-

Nächste Schritte

-
-
- Welche wichtigen Arbeitspakete stehen als Nächstes an?
-
-

Aktuelle Probleme

-
- Welches sind derzeit die gravierendsten Probleme?
-
-

Maßnahmen

-
- Welche Maßnahmen wurden getroffen, um die Probleme zu lösen?
-

Aktuelle Risiken

-
- Was könnte den Projekterfolg im Moment gefährden?
-
-

Entscheidungen

-
- Welche wichtigen Entscheidungen stehen als Nächstes an?
-
-

Statusbericht | erstellt am 02.09.2017 | erstellt von Monika S. | Version 1.0

Abbildung 41: Projektstatusbericht

erhalten. Dieser Überblick ist umso wichtiger, wenn der Auftraggeber nicht nur ein Projekt verantwortet: Je mehr Projekte er hat, desto weniger kann er sich bei allen Projektleitern über deren Projekte erkundigen – und desto mehr ist er auf die Statusberichte angewiesen.

Der Statusbericht sollte bei allen Projekten eine einheitliche Form wahren. So weiß der Auftraggeber bei jedem Statusbericht, wo welche Information steht; er findet sich schnell zurecht und muss sich nicht bei jedem Projekt neu einlesen. Ein Beispiel für den Aufbau eines Projektstatusberichts zeigt Abbildung 41.

Achten Sie bei der Erstellung des Statusberichts auf folgende Aspekte:

- **Dokumentenkopf:** Der Kopf des Dokuments sollte Projektname, Projektleitung, Datum und Nummer des Berichts enthalten.
- **Stand der Dinge:** Der Gesamtzustand ist auf einen Blick erkennbar. Klassischerweise wird er mit einer Ampel dargestellt – das schafft eine klare Aussage. Ergänzend hierzu sollte der Projektleiter die Ampelfarbe in einem kurzen, aber aussagefähigen Kommentar erläutern. Ein paar Zeilen reichen aus.
- **Projektfortschritt:** Der Projektstatusbericht dokumentiert auch den inhaltlichen Projektfortschritt. Halten Sie fest, welche Arbeiten abgeschlossen wurden und welche Arbeitspakete als Nächstes in Angriff genommen werden.
- **Probleme:** Mit Problemen sollten Sie offen und ehrlich umgehen. Die wichtigsten gehören deshalb in den Projektstatusbericht. Nennen Sie zugleich auch die Maßnahmen, mit denen Sie das jeweilige Problem in den Griff bekommen wollen.
- **Risiken:** Treffen Sie eine Aussage über die Risiken, die das Projekt gefährden können. Zum einen hat der Auftraggeber einen Anspruch darauf, hierüber informiert zu sein. Zum anderen liegt es in Ihrem Interesse als Projektleiter, bei den Risiken für Transparenz zu sorgen.
- **Entscheidungen:** Ausrichtung, Ressourcen, Budgets und Prioritäten eines Projekts – es gibt viele Dinge, über die Sie als Projektleiter nicht allein entscheiden können. Wenn eine solche Entscheidung für den weiteren Projektverlauf ansteht, sollten Sie den Auftraggeber frühzeitig darauf aufmerksam machen.

In kleineren Projekten genügt ein stark verdichteter Kurzbericht, der alle Informationen auf einer Seite unterbringt. Weder müssen Sie jeden Satz ausformulieren noch irgendwelche Details ausführen. Wenn der Auftraggeber nach dem

Lesen des Statusberichts mehr Informationen braucht, soll er mit Ihnen reden. Das ist ohnehin hilfreicher, wenn es darum geht, offene Fragen zu klären.

Praxistipp! Werden in einer Organisation mehrere Projekte parallel bearbeitet, sollten die Projektstatusberichte standardisiert sein. Das erleichtert den Projektleitern die Erstellung der Berichte – und den Auftraggebern fällt es leichter, bei unterschiedlichen Projekten die relevanten Informationen schnell zu erfassen.

Der Statusbericht hat für Sie als Projektleiter die Funktion eines Steuerungsinstruments, das es Ihnen erlaubt, den Kontakt zum Auftraggeber sachgerecht zu steuern. Dies geschieht mithilfe der Ampelfarben (s. Kapitel 6.1).

- **Grün – alles läuft planmäßig.** Auch wenn es gelegentlich holpert und Sie so manche Schwierigkeit meistern müssen: Ihr Projekt bleibt im grünen Bereich, solange die Probleme sich nicht auf den Projektplan auswirken. Wenn die Ampel oben links im Statusbericht auf Grün steht, weiß Ihr Auftraggeber, dass sein Projekt im Plan liegt. Ihnen kann es dann auch gleichgültig sein, ob Ihr Auftraggeber den Bericht gleich oder irgendwann im Laufe der Woche liest.
- **Gelb – es gibt Abweichungen.** Mit Gelb signalisieren Sie dem Auftraggeber, dass es eine Abweichung zur ursprünglichen Planung gibt. Sie haben die Situation aber unter Kontrolle und bereits die notwendigen Entscheidungen getroffen, um zum ursprünglichen Plan zurückzukehren. Ihr Auftraggeber hat nun die Pflicht, die entsprechenden Passagen des Berichts zu lesen, um sich selbst ein Bild von der Lage zu machen. Eingreifen wird er nur, wenn er gegen Ihre Maßnahmen ein Veto einlegen möchte. Vereinbaren Sie in diesem Fall mit Ihrem Auftraggeber zügig ein Gespräch, um ihn ins Bild zu setzen.
- **Rot – der Plan ist akut gefährdet.** Mit Rot signalisieren Sie dem Auftraggeber Handlungsbedarf: Sie sind allein nicht mehr in der Lage, das Projekt in den grünen Bereich zurückzuholen – notwendig sind Maßnahmen, die Ihre Befugnisse übersteigen. Setzen Sie sich umgehend mit dem Auftraggeber in Verbindung, um die Lage zu besprechen und wichtige Entscheidungen zu treffen. Ihr Auftraggeber sollte nicht erst aus dem Statusbericht erfahren, dass das Projekt in eine Schieflage geraten ist.

In welcher Frequenz sollte in kleineren Projekten ein Statusbericht erscheinen? Wöchentlich, vierzehntäglich oder nur quartalsweise? Und an wen sollte er gehen? Pauschal lässt sich das nicht beantworten. Je häufiger ein Bericht angefordert wird, desto weniger sorgfältig dürfte er erstellt werden. Auch kostet seine Erstellung Zeit, die dann für die eigentliche Projektarbeit fehlt.

Monika hat sich für einen zweiwöchentlichen Rhythmus entschieden und verteilt ihren Statusbericht an alle Abteilungsleiter. Die Hausmesse betrifft das ganze Unternehmen, so ihre Überlegung, also sollen auch alle Abteilungsleiter darüber im Bilde sein. In den Wochen vor der Hausmesse entscheidet sie sich sogar dafür, den Statusbericht wöchentlich herauszugeben.

Mit einem Vier-Wochen-Abstand wählt Vanessa hingegen eine deutlich geringere Frequenz. Da von der neuen Kontierungsrichtlinie nur die Buchhaltung betroffen ist, belässt sie es dabei, die kaufmännischen Leiter der Landesgesellschaften einmal im Monat auf dem Laufenden zu halten. Matthias verzichtet sogar ganz auf einen schriftlichen Statusbericht: Er informiert die Beteiligten einmal in der Woche in einer 15-minütigen Telefonkonferenz über den Stand der Dinge. Um gut vorbereitet zu sein, nutzt er den Statusbericht als Vorlage für seine Notizen.

Antreten zum Rapport

Einen schriftlichen Statusbericht erstellen oder auch im Vier-Augen-Gespräch dem Auftraggeber den Projektstand erläutern – das dürfte auch für noch unerfahrene Projektleiter kein größeres Problem sein. Was aber, wenn sich plötzlich das Topmanagement für Ihr »kleine Projekt« interessiert? Nun wird von Ihnen erwartet, das Projekt kurz und prägnant vorzustellen. Dazu müssen Sie in kürzester Zeit alle wichtigen Informationen zusammenstellen und visualisieren.

Folgender kleiner Leitfaden kann Ihnen hierbei helfen:

- **Worum geht es im Projekt?** Auch wenn es vielleicht überflüssig erscheint: Einige grundlegende Informationen über die Ziele und Inhalte des Projekts gehören in Ihren Bericht. Vermutlich sind diese Informationen im Management schon bekannt, aber die Damen und Herren aus dem Vorstand beschäftigen sich täglich mit unzähligen Themen – und da hilft eine erste Orientierung ungemein. Je klarer dem Management ist, worum es im Projekt geht, desto fundierter fallen die Entscheidungen aus, die dort getroffen werden.

- **Woran arbeiten wir gerade?** Geben Sie einen kurzen Abriss über die Arbeit des Projektteams: Was wurde erledigt? Woran wird aktuell gearbeitet? Was steht als Nächstes an? Verlieren Sie sich aber nicht in den Details! Das Management möchte einen Überblick erhalten, wo das Projekt gerade steht. Um Probleme, offene Punkte oder Ähnliches geht es an dieser Stelle noch nicht.
- **Wie läuft es gerade?** Jetzt folgt der Status des Projekts. Geben Sie in wenigen Sätzen eine kurze Zusammenfassung zur aktuellen Lage. Nutzen Sie hierzu die Ampelfarben: Grün – alles läuft nach Plan. Gelb – es geht voran, allerdings gibt es Probleme. Rot – es gibt gravierende Probleme, die Projektziele sind gefährdet.
- **Was muss entschieden werden?** Nun kommt die wichtigste Phase Ihres Auftritts vor dem Management. Alle relevanten Personen sitzen am Tisch, die über Ausrichtung, Ressourcen, Budgets und Prioritäten des Projekts entscheiden können. Nutzen Sie die Chance, wenn Sie für Ihr Projekt eine Entscheidung benötigen.

Praxistipp! Nutzen Sie die Gunst der Stunde. In einem Management-Meeting können Sie dafür sorgen, dass Sie Unterstützung bekommen. Arbeiten Sie genau heraus, an welchen Stellen es gerade »hängt« und welche Entscheidungen Sie benötigen, um das Projekt voranzubringen.

6.4 Dicke Luft im Projekt
Konflikte rechtzeitig entschärfen

Unter dem Teppich gehaltene Konflikte wären halb so schlimm, wenn die Beteiligten ihre Verstimmung herunterschlucken und weiterarbeiten würden. Doch dazu sind die wenigsten Menschen bereit. So kommt es, dass die Konflikte Schritt für Schritt eskalieren und am Ende das Projekt gefährden.

Katharina hat in ihrem Projekt zwei Teammitglieder, die aus verschiedenen Abteilungen kommen – eine Mitarbeiterin aus der Buchhaltung und ein Mitarbeiter aus der IT-Abteilung. Jene ist schon länger im Unternehmen und steht in der Firmenhierarchie höher als der Kollege aus der IT-Abteilung. Im Arbeitsalltag verstehen sich die beiden ganz gut und Katharina ist ganz selbstverständlich davon ausgegangen, dass sie miteinander klarkommen.

Doch in einem Projekt haben die beiden noch nie zusammengearbeitet. Prompt kriselt es zwischen ihnen: Die Mitarbeiterin der Buchhaltung erwartet von ihrem IT-Kollegen konkrete Zuarbeiten. Er erledigt zwar die Aufgaben, die sie von ihm verlangt, stört sich aber an der Art des Umgangs: »Sie versucht, die Chefin zu spielen.« Entsprechend wenig Bereitschaft zeigt er, sich an Absprachen zu halten. Immer wieder lässt er Abgabetermine verstreichen, was wiederum seine Kollegin verärgert: »Ständig muss ich ihm hinterherrennen.«

Solche Situationen kommen in Projekten immer wieder vor. Man kennt sich aus der Arbeit in der Linienorganisation, hat vielleicht sporadisch miteinander zu tun, doch größere Berührungspunkte gab es nicht. Erst die enge Zusammenarbeit im Projekt lässt latent vorhandene Konflikte aufbrechen. Es lohnt sich also, bei der Zusammenstellung der Teammitglieder genau hinzusehen: Gibt es Erfahrungen aus der Vergangenheit, wie war da die Zusammenarbeit? Gibt es Spannungen aus der Linie, die möglicherweise ins Projekt getragen werden? Gibt es persönliche Antipathien?

Achtung! Die Zusammenarbeit im Projekt ist intensiver als in der Linie. Die Mitarbeiter sind stärker aufeinander angewiesen. Da ist es quasi programmiert, dass latent vorhandene Konflikte ausbrechen.

Den Überblick gewinnen

Ein Konflikt lässt sich als gestörte Beziehung zwischen zwei oder mehreren Personen beschreiben. Wenn er ausbricht, tritt er in einer Auseinandersetzung zwischen diesen Personen zutage. Was jedoch häufig im Dunkeln bleibt, ist seine Ursache. Kann der eine den anderen nicht leiden, handelt es sich also um einen Beziehungskonflikt? Oder stehen sachliche Differenzen hinter dem Konflikt? Der

Konflikt ist offensichtlich – doch welche Ursache er hat, wissen selbst die Konfliktparteien nicht immer.

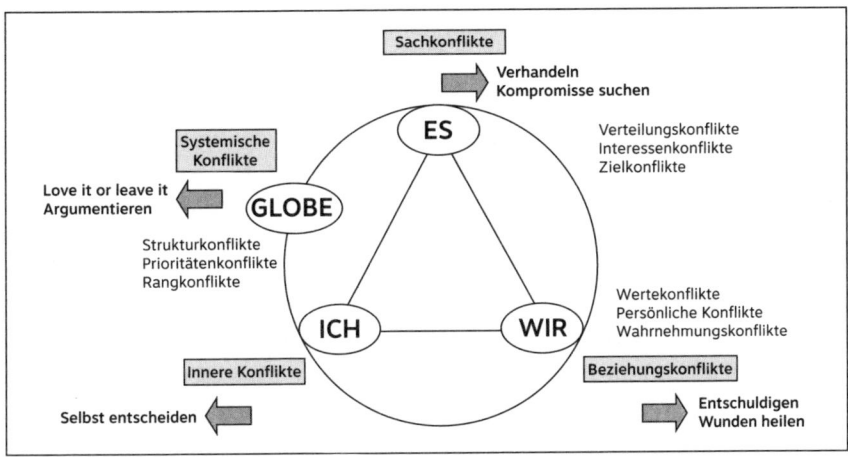

Abbildung 42: Konfliktarten

Eine erfolgreiche Lösung des Konflikts setzt jedoch eine zutreffende Diagnose voraus. Grundsätzlich lassen sich vier Konfliktformen unterscheiden (siehe Abbildung 42). Um eine wirksame Lösungsstrategie zu finden, sollten Sie sorgfältig nach diesen unterschiedlichen Konfliktursachen unterscheiden.

- ICH – innere Konflikte: Innere Konflikte sind Konflikte, die wir mit uns selbst ausfechten. Häufig geht es um anstehende Entscheidungen: Die Person ringt mit sich, was sie tun soll, und ist oft in ihren Handlungen blockiert. Innere Konflikte spielen in Projekten kaum eine Rolle – und müssen uns an dieser Stelle nicht weiter beschäftigen.
- WIR – Beziehungskonflikte: Zwischenmenschliche Konflikte treten auf, wenn Antipathie und persönliche Vorurteile zwischen Menschen auftreten. Verschiedene Temperamente, Arbeitsstile oder Verhaltensweisen können dann nerven. Beziehungskonflikte gehen meist mit starken Emotionen einher und sind für die Mitglieder eines Projektteams sehr belastend.
- ES – Sachkonflikte: Hier geht es um Meinungsverschiedenheiten in der Sache, die auf unterschiedliche Kenntnisse, Erfahrungen, Vorlieben und Sichtweisen zurückgehen. Sachkonflikte entstehen beispielsweise, wenn mehrere

technische oder organisatorische Lösungen möglich sind, man sich aber auf keine der Varianten einigen kann.

- **GLOBE – systemische Konflikte:** Ein systemischer Konflikt liegt vor, wenn eine Partei ihre Ziele nur auf Kosten der Ziele einer anderen Partei erreichen kann. Dazu kommt es häufig bei Veränderungsprozessen – besonders dann, wenn bestehende Strukturen und Prozesse infrage gestellt werden. Systemische Konflikte entstehen meist im Umfeld des Projektes, sodass der Projektleiter dann oft keinen Einfluss auf sie hat.

Unterscheiden Sie klar zwischen der Sach- und Beziehungsebene. Bei einem Konflikt sind immer beide Ebenen beteiligt. Häufig interpretieren die Beteiligten eine sachliche Information unterschiedlich, um so der einen oder anderen Lösung mehr Gewicht zu gegeben. Solange die Beziehungen untereinander gut sind, lassen sich Sachkonflikte relativ einfach lösen. Das ändert sich, wenn Emotionen wie Frust, Angst, Ärger oder Verletzung ins Spiel kommen.

Rechtzeitig einschreiten bei Konflikten

Konfliktscheue Projektleiter neigen dazu, einen Konflikt auszusitzen. »Mein Projekt dauert ohnehin nicht so lange«, sagen sie sich, »es wird schon gut gehen.« Nach außen begründen sie ihre Zurückhaltung dann gerne mit dem Selbstverständnis, nicht autoritär führen zu wollen – nach der Devise: »Ich lasse meinen Mitarbeitern die Freiheit, ihr Miteinander selbst zu regeln.« Mit ihrer Haltung verkennen sie jedoch den Ernst der Lage. Konflikte werden nicht besser, wenn man sie ignoriert. Im Gegenteil.

 Praxistipp! Als Projektleiter müssen Sie auch selbst zum Konflikt bereit sein. Projektarbeit ist per se von potenziellen Konflikten geprägt. Es ist kaum möglich, allen Konflikten aus dem Weg zu gehen.

Oft fängt es ganz harmlos an. An einer Sachfrage entzündet sich eine Diskussion. Kommt es zu einer Einigung, solange noch diskutiert wird, ist der Konflikt beigelegt, ohne weiteren Flurschaden anzurichten. Geht die Diskussion jedoch weiter und findet kein Ende, wird es kritisch: Die Konfliktparteien werden ungeduldig, stellen die

Argumente der anderen Seite infrage – es kommt zu Unterstellungen. Die sachlichen Differenzen werden zunehmend durch Werte- und Beziehungskonflikte überlagert. Emotionen verdrängen die sachliche Auseinandersetzung mit dem Thema.

Achtung! Wenn die eine Seite sich von der anderen nicht ernst genommen fühlt, geht sie zum Gegenangriff über – die Kommunikation ist nun gestört. Beide Seiten versuchen, sich gegenseitig Schaden zuzufügen und unbeteiligte Dritte auf ihre Seite zu ziehen. Der Konflikt eskaliert.

Konflikte haben die Eigenart, sich nach einer heißen Phase häufig wieder zu beruhigen – ein Weitermachen wäre für alle Beteiligten zu anstrengend. Meist bildet sich ein fragiles Gleichgewicht, ohne dass der Konflikt damit aus der Welt wäre. Vielmehr ist er damit chronisch geworden, kann über Jahre andauern – und jederzeit wieder offen ausbrechen.

Wenn ein Konflikt eskaliert und es wirklich brenzlig wird, lässt er sich nicht länger aussitzen. Doch was tun? Viele Projektleiter sehen nun den Projektablauf gefährdet, geraten in Stress und agieren überhastet. Bei allem Handlungsbedarf, der nun besteht: Sie sollten trotzdem Ruhe bewahren, durchatmen und sich die Zeit für eine sorgfältige Analyse nehmen:

- Beteiligte: Wer ist direkt oder indirekt am Konflikt beteiligt? Einzelne Personen oder Gruppen? Gibt es Akteure im Hintergrund? Wer sind die Betroffenen? Gibt es Nutznießer des Konflikts? In welcher Beziehung stehen beide Parteien zueinander?
- Thema: Worum geht es bei dem Konflikt? Worum geht es auf den ersten Blick? Was steckt gegebenenfalls dahinter? Wie sehen die Beteiligten das Thema? Welche Meinung haben sie dazu?
- Interessen: Welche Ziele und Interessen verfolgen die Konfliktparteien? Was wollen sie erreichen? Gibt es Gemeinsamkeiten? Gibt es Unvereinbares? Lassen sich Anknüpfungspunkte erkennen?
- Gefühle: Welche Befürchtungen und Ängste, welche Gefühle haben die Beteiligten? Wie sehen sie die andere Konfliktpartei? Wie reagieren die Konfliktparteien aufeinander? Was sagen sie zueinander oder zu Dritten?
- Verlauf: Was ist passiert? Welche Ereignisse oder Verhaltensweisen waren eskalierend oder deeskalierend? Wie beschreiben die Parteien die aktuelle Situation? Was verschärft den Konflikt? Was könnte ihn entschärfen?

Die Projektsteuerung

- **Folgen:** Was passiert, wenn nichts passiert, der Konflikt also nicht gelöst wird?

Überprüfen Sie, um welche Art von Konflikt es sich handelt (s. Abbildung 37): Geht es eher um die Sache und unterschiedliche Interessen? Oder haben die Konfliktparteien vor allem persönliche oder Beziehungsprobleme miteinander?

Beziehungskonflikte: Ärger im Team beseitigen

Beziehungskonflikte können für ein Projekt sehr gefährlich werden. Die meisten Menschen zögern lange, bis sie einen schwelenden Konflikt offen ansprechen. Lieber beißen sie die Zähne zusammen, ballen die Faust in der Tasche – und verhalten sich zunehmend unkooperativ. Sie bestrafen den Teamkollegen oder womöglich das ganze Projektteam, indem sie abschätzige Bemerkungen fallen lassen und nicht mehr konstruktiv mitarbeiten. Oder sie ziehen in Abwesenheit eines Teammitglieds über dessen »unmögliches Verhalten« her.

Erst wenn sich viel Frustration angestaut hat und »der Kragen platzt«, bricht der Konflikt offen aus. Dann entlädt sich die angestaute Wut mit einer Schärfe und Aggressivität, die fast zwangsläufig zu einer destruktiven und verletzenden Auseinandersetzung führt.

 Praxistipp! Als Projektleiter müssen Sie nicht bei jedem Konflikt eingreifen. Sobald ein Konflikt jedoch anfängt, die geforderte Leistung zu beeinträchtigen, ist es an der Zeit, zu intervenieren.

Schieben Sie Kritik nie auf die lange Bank. Bringen Sie zeitnah aufs Tapet, was Ihnen unangenehm aufgefallen ist. Vereinbaren Sie mit dem betreffenden Mitarbeiter einen Gesprächstermin und sagen Sie auch, worum es geht: »Ich möchte mit Ihnen über … sprechen.« So hat Ihr Mitarbeiter Gelegenheit, sich auf das Gespräch vorzubereiten.

Gehen Sie gut vorbereitet in das Konfliktgespräch. Ziel sollte sein, die Leistung des Mitarbeiters zu verbessern, nicht aber ihn mit Vorwürfen zu überziehen. Rechnen Sie von Anfang an mit der Uneinsichtigkeit Ihres Mitarbeiters. Kommen Sie im Gespräch sofort auf den Punkt und reden Sie nicht lange um den heißen Brei herum: »Ich möchte mit Ihnen über die Art und Weise sprechen, wie Sie … Lassen Sie mich genau ausführen, was ich meine…«

Äußern Sie Ihre Kritik konkret. Beschreiben Sie Situationen, die Sie selbst erlebt haben, und Beschwerden, die Ihnen zu Ohren gekommen sind. Bieten Sie anschließend Ihrem Mitarbeiter die Chance, sein Verhalten aus seiner Sicht zu kommentieren. Vermeiden Sie Vorwürfe und Schuldzuweisungen. Fragen Sie auch nicht nach dem Warum, denn das führt nur zu langatmigen Rechtfertigungen. Suchen Sie stattdessen gemeinsam nach einer Lösung und formulieren Sie dann konkret, was Sie von Ihrem Mitarbeiter erwarten: »Ich erwarte, dass Sie …« Treffen Sie am Ende des Gesprächs eine Vereinbarung über das weitere Vorgehen.

Checkliste 18: **Verhandlungen vorbereiten**

Personen

Welche Personen nehmen an der Verhandlung teil?
Wie viele Personen werden an der Verhandlung teilnehmen? Wer wird mit dabei sein? Welche Position haben die Teilnehmer? Welche Rolle spielen sie in der Verhandlung?
Wer begleitet Sie?
Wie teilen Sie sich die Rollen in der Verhandlung auf?

Zielsetzung

Worin besteht das Ziel der Verhandlung?
Ist Ihnen und dem Verhandlungspartner schon im Vorfeld klar, wie das Thema lauten wird? Welche Probleme sollen gelöst werden? Müssen Sie sich über ein bestimmtes Thema einigen oder zu einer gemeinsamen Lösung kommen? Welches sind die Konsequenzen, wenn keine Einigung erzielt wird?

Interessen

Welche Interessen verfolgen Sie?
Was möchten Sie erreichen? Wie lauten Ihre Ziele? Welches sind Ihre Wünsche? Worin besteht Ihr Interesse? Weshalb ist Ihnen dieses Ergebnis so wichtig? Welches ist das zugrunde liegende Bedürfnis? Wann wären Sie zufrieden?
Versetzen Sie sich auch in die Position der anderen. Überlegen Sie sich, was die anderen erreichen möchten. Worin bestehen ihre Interessen? Welches Bedürfnis liegt dem zugrunde?

BATNA engl. Best Alternative To Negotiated Agreement	**Weches ist die beste Alternative?** Überlegen Sie, wann Sie nicht mehr zufrieden wären. Wo liegen Ihre Grenzen? Wie lautet die beste Alternative zu einem Verhandlungsergebnis? Nehmen wir an, es kommt zu keiner Einigung: Worin bestünde dann Ihre beste Alternative? Was, denken Sie, ist das BATNA der anderen Seite?
Spielräume	**Welche Spielräume haben Sie?** Was müssen Sie in jedem Fall erreichen? Wo existiert Flexibilität? Welche Punkte können Sie leicht aufgeben? Wie groß, denken Sie, sind die Spielräume der anderen Seite? Wie können Sie diese Spielräume für ein gutes Verhandlungsergebnis nutzen?
Optionen	**Welche Optionen gibt es?** Wie lassen sich gegenseitige Interessen verbinden beziehungsweise wie lassen sich für gegensätzliche Interessen Lösungen erarbeiten? Wo können Sie den anderen eventuell etwas anbieten? Überlegen Sie, welche Optionen Ihre und deren Interessen und Bedürfnisse befriedigen.
Angebote	**Wie können Sie entgegenkommen?** In welchen Punkten wollen Sie der Gegenseite entgegenkommen? Welche gezielten Angebote wollen Sie während der Verhandlung der Gegenseite unterbreiten?
Strategie	**Welche Strategie verfolgen Sie in der Verhandlung?** Wie steigen Sie in die Verhandlung ein? Welche Punkte sprechen Sie an, in welcher Reihenfolge? Welche Punkte sind Ihnen wichtig? Machen Sie diese auch klar? Wo haben Sie Möglichkeiten, über eine gezielte gute Platzierung Ihre Interessen klarzumachen?
Probleme	**Was tun in schwierigen Situationen?** Könnte es Schwierigkeiten durch anwesende Personen geben? Welche anderen Schwierigkeiten könnte es geben? Wie werden Sie darauf reagieren? Wie verständigen Sie sich mit Ihren Verhandlungspartnern, wenn Sie sich mit einer unvorhergesehenen Situation konfrontiert sehen?

Sachkonflikte: In Verhandlungen zu guten Lösungen kommen

Als Projektleiter stehen Sie fast täglich vor der Herausforderung, Ihre Projektziele und Interessen gegenüber dem Auftraggeber, Führungskräften, Dienstleistern, Lieferanten und Mitarbeitern zu vertreten und durchzusetzen. Fast jedes Gespräch wird hier zu einer Verhandlung, in der Sachkonflikte gelöst und Einigungen gefunden werden müssen. Auch in Projektbesprechungen sind mitunter harte Debatten zu führen. Um solche Situationen erfolgreich zu meistern und die eigenen Interessen zu wahren, benötigen Sie eine professionelle Verhandlungsführung.

Nehmen Sie sich genügend Zeit, um das Gespräch vorzubereiten (s. Checkliste 19). Machen Sie sich vor allem klar: Was möchte ich erreichen? Wie weit kann ich gehen, wo liegt meine Schmerzgrenze? Was passiert im schlimmsten Fall, wenn keine Einigung zustande kommt? Legen Sie sich gute Argumente zurecht und stellen Sie sich auf mögliche Gegenargumente ein. Befassen Sie sich nicht nur mit Strategie und Taktik der Verhandlung, sondern durchdenken Sie auch die einzelnen Schritte:

- **Aktivieren:** Schaffen Sie eine entspannte Atmosphäre. Fallen Sie nicht gleich mit der Tür ins Haus. Versuchen Sie zunächst, das Eis zu brechen und für ein gutes Gesprächsklima zu sorgen. Die »Warmlaufphase« dient auch dazu, alle Themen auf den Tisch zu legen, die angesprochen oder vertieft werden sollen. Diese Tour d'Horizon verschafft beiden Seiten einen Überblick über die Verhandlungsgegenstände und erleichtert später die Suche nach Lösungen.
- **Verstehen:** Hören Sie erst einmal aufmerksam zu. Viele Verhandlungen scheitern, weil sich zwei scheinbar unvereinbare Positionen gegenüberstehen und beide Parteien sich in einem fruchtlosen Feilschen ergehen. Das Grundproblem bei einer Verhandlung liegt aber nicht in den gegensätzlichen Positionen, sondern im Konflikt der jeweiligen Wünsche, Bedürfnisse, Ziele, Sorgen und Ängste. Ihr Ziel muss deshalb sein, Ihr Gegenüber zu verstehen: Welches sind seine Ziele? Was ist ihm wichtig? Selbst wenn die Positionen unvereinbar erscheinen, sind Lösungen möglich, die den Interessen beider Parteien gerecht werden.
- **Übereinstimmen:** Unterbreiten Sie Lösungsvorschläge. Wenn es Ihnen gelingt, Ihr Gegenüber wirklich zu verstehen, entsteht Vertrauen. Damit haben

Sie den vagen Verdacht, »Der andere will mich über den Tisch ziehen«, ausgeräumt und die Grundlage für eine Lösung geschaffen. Die Frage ist nun: Wie lassen sich widersprüchliche Interessen verbinden, wie lassen sich für gegensätzliche Interessen Lösungen finden? Eine Gefahr liegt darin, sich nicht auf die bestmögliche Lösung, sondern nur auf den kleinsten gemeinsamen Nenner zu einigen. Versuchen Sie deshalb in einem Brainstorming, mit Ihrem Verhandlungspartner möglichst viele Optionen zu erarbeiten, vielleicht können Sie Ihr Gegenüber auch mit Zugeständnissen überraschen. Entscheidend ist: Streben Sie ein Ergebnis an, das für beide Verhandlungsparteien Vorteile bietet.

- Vereinbaren: Halten Sie die Ergebnisse schriftlich fest. Im Idealfall haben Sie eine Lösung oder mehrere Lösungsalternativen erarbeitet, die beide Seiten zufriedenstellen. Möglich ist aber auch, dass die Interessen sich als unvereinbar herausstellen und die Verhandlung scheitert. In jedem Fall sorgt die letzte Phase für einen angemessenen Abschluss des Gesprächs.

Praxistipp! Wenn während der Verhandlung Schwierigkeiten auftreten, lautet die wichtigste Regel: Ruhe bewahren! Wer einen ruhigen und gelassenen Eindruck vermittelt, agiert souveräner und kann dadurch sogar den Verhandlungskontrahenten verunsichern. Daher sollten Sie bei harten Verhandlungsgesprächen die Fähigkeit besitzen, nach außen ruhig zu bleiben.

Systemische Konflikte: Argumentieren wie ein Profi

Ein systemischer Konflikt hat seine Ursache im System – also zum Beispiel in den Rahmenbedingungen, Vorgaben oder Abläufen einer Organisation. Es ist wichtig, das zu erkennen – denn das Problem kann dann nicht von den Konfliktparteien selbst, sondern nur im System gelöst werden.

Mit einem systemischen Konflikt hat es Matthias zu tun. Die Suche nach der richtigen Farbzusammensetzung bereitet ihm seit Tagen schlaflose Nächte – und nun macht ihm auch noch der Kollege aus dem Vertrieb Stress. Da ist er an den Falschen geraten: »Du Idiot hättest deinem Kunden ja nicht alles versprechen müssen«, wirft ihm Matthias an den Kopf. Er liefert sich ein hitziges Wortgefecht mit seinem Vertriebskollgen.

Was auf den ersten Blick aussieht wie ein Beziehungskonflikt unter Kollegen, entpuppt sich bei näherem Hinsehen als systemischer Konflikt. Der Vertriebskollege wird an den zu erzielenden Umsätzen gemessen, während Matthias als Projektleiter die daraus resultierenden Projekte verantworten muss, ohne einen Einfluss darauf zu haben, was vorher verkauft wurde. Beide können ihre Ziele nur dann erreichen, wenn sie die Ziele der anderen Partei durchkreuzen…

Checkliste 19: **Argumentationen vorbereiten**

Schlagzeile

Wie gewinnen Sie die Aufmerksamkeit?
Matthias: »Es grenzt an ein Wunder, dass wir überhaupt noch Kunden haben. Die müssen sich doch langsam fragen, ob bei uns die rechte Hand nicht weiß, was die linke tut …«

Aktuelle Situation

Wie sehen die Fakten beziehungsweise das Problem aus?
Matthias: »Unser Vertrieb wird am Umsatz gemessen und hat deshalb ein großes Interesse, zu Abschüssen zu kommen – notfalls wird dem Kunden das Blaue vom Himmel versprochen. Besonders interessant für den Vertrieb sind Spezialaufträge, in der neue Lacke entwickelt werden müssen.

Aus diesem Grund landen immer mehr Spezialaufträge bei uns in der Entwicklung und legen in Teilen unsere Abteilung lahm. Das müsste gar nicht sein, weil viele Spezialaufträge für den Kunden gar keine Vorteile bieten – ganz im Gegenteil. In manchen Fällen reden wir unseren Kunden Ideen wieder aus, von denen wir sie vorher lange überzeugt haben.«

Negative Auswirkungen

Was passiert, wenn nicht gehandelt wird?
Matthias: »Unsere Kunden reagieren verärgert – und das zu Recht. Wir überreden sie zu teuren Spezialaufträgen, die gar keinen Mehrwert für sie haben. Gleichzeitig legen wir immer mehr unsere Entwicklungsabteilung lahm, die sich mit Spezialaufträgen herumschlagen muss, statt wirklich neue, innovative Farben und Lacke zu entwickeln.«

Die Projektsteuerung

Zielrichtung

Was ist jetzt das Wichtigste?

Matthias: »Ich bin der Meinung, dass wir die Erfahrungen aus der Entwicklung frühzeitig in den Vertriebsprozess mit einbringen müssen.«

Vorschlag

Was schlage ich im Einzelnen vor?

Matthias: »Ich schlage vor, dass wir bei der Anbahnung von Spezialaufträgen künftig einen Entwicklungsingenieur mit der Analyse der Kundenbedürfnisse betrauen. Der Entwicklungsingenieur kann dann feststellen, ob ein Spezialauftrag wirklich notwendig ist oder ob die Anforderungen des Kunden auch auf herkömmlichem Wege erfüllt werden können.

Außerdem schlage ich vor, dass wir künftig bei größeren Aufträgen für den Kunden einen »Discovery Workshop« durchführen. In diesem Workshop geben wir ihm einen Überblick über unser Portfolio, ermöglichen einen intensiven Erfahrungsaustausch mit unseren hoch spezialisierten Entwicklungsingenieuren und ebnen den Weg für den späteren Auftrag.

Postive Ergebnisse

Was bringt uns dieser Vorschlag?

Matthias: »Wenn wir die Entwicklungsabteilung frühzeitig in den Vertriebsprozess einbeziehen, schaffen wir eine gemeinsame Basis im Unternehmen und können die weitere Vorgehensweise abstimmen. Gleichzeitig punkten wir beim Kunden mit unserer Expertise und sorgen früh für eine enge Verbindung zwischen dem Kunden und den Projektleitern, die den Spezialauftrag dann umsetzen. Das wird sich in einer größeren Kundenzufriedenheit und zusätzlichen Aufträgen bemerkbar machen.«

Empfehlung

Was muss jetzt geschehen?

Matthias: »Wir haben uns schon mal Gedanken darüber gemacht, wie ein Discovery Workshop ablaufen könnte. Außerdem können wir sofort damit beginnen, einen neuen Vertriebsprozess zu beschreiben. Und wenn das funktioniert, weiß auch die rechte Hand wieder, was die linke tut.«

Um diesen systemischen Konflikt zu lösen, müsste Matthias die Spielregeln im Unternehmen ändern – beispielsweise dafür sorgen, dass er als Projektleiter bei künftigen Projekten früher in die Diskussionen mit dem Kunden einbezogen wird. Das aber liegt außerhalb seines Einflusses. Um dahin zu kommen, müsste er gezielt »Lobbyarbeit« bei den verantwortlichen Führungskräften betreiben und sich dazu die passenden Argumente überlegen (siehe Checkliste 19).

Folgende Hinweise helfen, ein solche »Systemänderung« durchzusetzen:

- **Gegenperspektive einnehmen:** Nur wenn Sie die Erwartungen und Blickwinkel Ihres Gesprächspartners kennen und ausreichend darauf vorbereitet sind, können Sie souverän im Gespräch agieren. Holen Sie deshalb im Vorfeld Informationen ein über Ihren Gesprächspartner sowie seine Ziele, Erwartungen, Interessen und Bedürfnisse. Ihr Gesprächspartner muss auch einen Nutzen für sich selbst erkennen, damit er auf Ihre Vorschläge und Argumente eingeht.

- **Z.D.F. – Zahlen, Daten, Fakten:** Für einen Skeptiker gibt es nur ein zulässiges Argument: Fakten. Harte Fakten wirken überzeugender als einfache Behauptungen. Sammeln Sie deshalb Zahlen, Daten und Fakten, um Ihre Argumentation zu untermauern.

- **Vorschlag prägnant formulieren:** Worauf wollen Sie hinaus? Wie lautet Ihr Vorschlag, Ihre Idee, Ihr Plan? Formulieren Sie Ihr Ziel möglichst kurz und einleuchtend, ohne allzu plakative und ausschweifende Worte. Sie selbst kennen Ihren eigenen Vorschlag natürlich ganz ausgezeichnet – doch nun muss auch Ihr Gesprächspartner verstehen, worauf Sie hinauswollen. Je eingängiger Sie Ihren Vorschlag darlegen, desto größer sind die Erfolgsaussichten.

- **Einwände und Gegenargumente:** Überlegen Sie auch, was gegen Ihre Argumentation spricht – denn überzeugend sind Sie vor allem dann, wenn Sie in der Lage sind, Ihrem Gesprächspartner bei Einwänden und Gegenargumenten den Wind aus den Segeln zu nehmen. Deshalb sollten Sie auch wissen, welche Nachteile Ihr Vorschlag mit sich bringt und welche Kosten er verursacht. Nur wenn Ihnen die »Risiken und Nebenwirkungen« Ihres Vorschlags bewusst sind, können Sie die Gegenargumente Ihres Gesprächspartners erfolgreich kontern.

Vermutlich verfügen Sie über ein ganzes Arsenal von Argumenten, die Sie auf Ihren Gesprächspartner abfeuern könnten. Wie die Erfahrung zeigt, ist aber die Konzentration auf einige wenige Punkte erfolgversprechender. Wenn Sie knapp und prägnant argumentieren, können Sie Ihren Gesprächspartner am ehesten überzeugen.

Praxistipp! Wenn Sie Ihren Auftraggeber (oder Kunden) von einem Vorschlag überzeugen wollen, sollten Sie nur maximal drei Argumente anführen. Untersuchungen haben gezeigt, dass ab dem vierten Argument die Skepsis rapide ansteigt.

Auch die Reihenfolge der Argumente spielt eine Rolle. Erkenntnisse aus der Rhetorik lehren uns, wie man eine überzeugende Argumentation aufbaut:

- Das zweitbeste Argument gehört an den Anfang. Es bestimmt die Gesprächsatmosphäre und Überzeugungsbereitschaft – es sei denn, Ihr Gesprächspartner winkt schon direkt ab. Das Argument weckt die Aufmerksamkeit des Gesprächspartners, prägt sich aber nicht so gut ein.
- In die Mitte gehört das schwächste Argument – es wird gerne überhört und außerdem am schnellsten vergessen.
- Das Beste kommt bekanntlich zum Schluss: Hier gilt es, mit dem stärksten Argument zu punkten. Es hallt nach und bleibt am längsten haften. An dieses Argument knüpft sich die weitere Diskussion. Wer Ihnen widersprechen will, muss also erst einmal daran vorbei.

Viel Wissen und eine gute Idee reichen allein oft nicht aus, um einen Gesprächspartner zu überzeugen oder gar zu begeistern. Entscheidend sind auch ein vernünftiges Konzept und eine bestechende Argumentation. Das jedoch erfordert eine lückenlose Vorbereitung.

6.5 Eskalation statt Resignation

Projektprobleme schnell und gezielt eskalieren

Wenn Mitarbeiter fehlen, wenn es hinten und vorne klemmt, resignieren viele Projektleiter – und versuchen, mit ihrer eigenen Arbeitskraft die fehlenden Kapazitäten zu ersetzen. Das ist Wahnsinn und führt über kurz oder lang zu einem Burn-out.

Thomas ist der Verzweiflung nahe. Der Austausch des Lüfters zieht einen Rattenschwanz an Folgeaktivitäten nach sich, bei denen er immer wieder auf die Zuarbeit von Kollegen angewiesen ist. Gestern benötigte er einen Einkäufer, der die Nachverhandlungen mit dem neuen Lieferanten führt, heute braucht er einen Spezialisten aus der Qualitätssicherung, der die technischen Spezifikationen prüft. Jeden Tag hat er mindestens fünf Aufgaben, für die er händeringend nach Mitarbeitern sucht. Die einen haben keine Zeit, andere sagen zu und lassen ihn dann doch hängen.

Um den Zeitplan nicht zu gefährden, führt Thomas die unerledigten Aufgaben immer öfter selbst aus. Mittlerweile kommt er kaum mehr vor 20 Uhr nach Hause. In den üblichen 40 Arbeitsstunden erledigt er seine eigenen Aufgaben, weitere 20 Stunden opfert er für Aufgaben, die andere hätten erledigen sollen. Eine 60-Stunden-Woche – und das bei einem kleineren Projekt!

Achtung! Kompensieren Sie nur im äußersten Notfall fehlende Kapazitäten durch Eigenleistung. Wenn Ihre Mitarbeiter Sie hängen lassen, dürfen Sie nicht resignieren, sondern sollten die Situation Schritt für Schritt eskalieren.

Ressourcenkonflikte sind in Projekten ein ständiger Begleiter. Auf der einen Seite trägt der Projektleiter die Verantwortung dafür, das Projekt rechtzeitig abzuschließen – auf der anderen Seite kämpft er um die stets knappen Ressourcen. Was vor allem Probleme bereitet: Er kann nicht davon ausgehen, dass Mitarbeiter in dem Moment, in dem er sie benötigt, tatsächlich immer zur Verfügung stehen.

Erste Eskalationsstufe: Mit dem Kollegen reden

Was tun, wenn ein Teammitglied Sie hängen lässt? Zunächst einmal sind Sie sauer, das ist verständlich. Dennoch sollten Sie vermeiden, nun einen Konflikt vom Zaun zu brechen, indem Sie dem Mitarbeiter Vorwürfe machen, ihm mangelndes Engagement vorhalten oder bösen Willen unterstellen. Bereits beim Thema Delegieren haben wir festgestellt, dass die Situation oft nicht so eindeutig ist. Wie in Kapitel 5.3 ausgeführt, können ganz unterschiedliche Gründe dazu führen, dass ein Mitarbeiter Zusagen nicht einhält (s. Abbildung 37).

Wenn ein Mitarbeiter nicht liefert, was vereinbart wurde, steht dahinter meist keine böse Absicht. Oft war ihm einfach nicht klar, was von ihm erwartet wurde oder welche Folgen seine Nachlässigkeit für das Projekt hat. Um die Situation zu klären, ist die erste Eskalationsstufe die angemessene Reaktion: Reden Sie mit dem Teamkollegen unter vier Augen und treffen Sie mit ihm eine Vereinbarung (Abbildung 43).

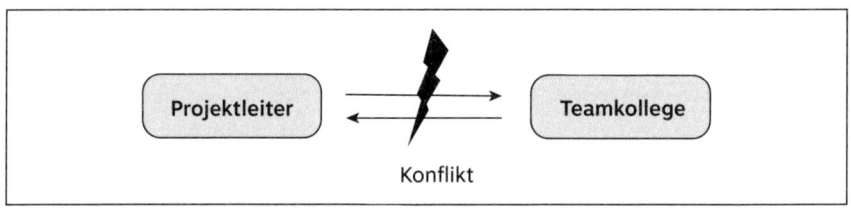

Abbildung 43: Erste Eskalationsstufe – der bilaterale Vertrag

Achtung! Wenn Ihren Mitarbeitern Bedeutung und Ziel des Projekts unklar sind und wenn sie über ihre eigentlichen Aufgaben nur unzureichend informiert sind, können sie die Erwartungen kaum erfüllen. Konflikte sind dann programmiert.

Für das Gespräch mit dem Mitarbeiter sollten Sie sich folgende Fragen stellen und gegebenenfalls mit ihm erörtern:

- Ist Ihrem Mitarbeiter klar, worum es in dem Projekt geht?
- Ist ihm unmissverständlich klar, was Sie von ihm erwarten?
- Ist ihm klar, wozu Sie seine Arbeit brauchen und wer davon abhängig ist?
- Ist ihm klar, was passiert, wenn er nicht liefert?
- Ist ihm klar, welchen Anspruch Sie an seine Arbeitsergebnisse stellen?
- Ist ihm klar, bis wann er das Ergebnis spätestens abliefern muss?
- Kann er den Aufwand realistisch einschätzen und hat er überhaupt Zeit dafür?

Nun gibt es zwei Möglichkeiten. Die erste: Im Gespräch mit dem Mitarbeiter wird deutlich, dass ihm Erwartungen und Folgen nicht klar waren. Indem Sie jetzt in allen Punkten für Klarheit sorgen, treffen Sie mit dem Mitarbeiter eine neue Vereinbarung – Sie schließen mit ihm einen bilateralen Vertrag. Nun können Sie davon ausgehen, dass er Sie nicht mehr hängen lässt.

Die zweite Möglichkeit: Es stellt sich heraus, dass dem Mitarbeiter sehr wohl klar war, was Sie von ihm erwarten. Trotzdem hat er seine Aufgaben nicht ausgeführt. In diesem Fall gehen Sie auf die nächste Eskalationsstufe.

Zweite Eskalationsstufe: Mit dem Chef reden

Die Frage hat uns schon beim Delegieren beschäftigt: Was tun, wenn ein Teamkollege eine Aufgabe zwar ausführen will, es aber nicht darf – beispielsweise weil das Projekt in seiner eigenen Abteilung keine Priorität hat? Wieder wird deutlich, wie sinnlos ein Konflikt mit diesem Teammitarbeiter wäre – der ja willig ist, aber von seinem Chef nicht gelassen wird. Im persönlichen Gespräch mit dem Mitarbeiter (= erste Eskalationsstufe) wird schnell klar, wenn eine solche Konstellation vorliegt. Nun ist es erforderlich, den Vorgesetzen des Mitarbeiters einzubeziehen, also in die zweite Eskalationsstufe zu gehen (siehe Abbildung 44).

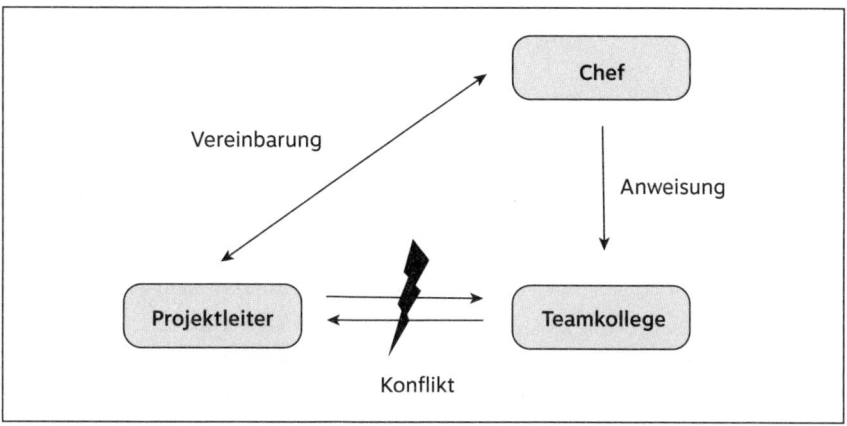

Abbildung 44: Zweite Eskalationsstufe – der Dreiecksvertrag

Vielen Projektleitern fällt der Schritt in die zweite Eskalationsstufe schwer. Sie scheuen sich, den Teamkollegen bei seinem Chef »anzuschwärzen«.

Praxistipp! Entschärfen Sie die Situation, indem Sie den Teammitarbeiter fragen, ob Sie gemeinsam das Gespräch mit dem Vorgesetzten suchen wollen. Im Gespräch selbst sollten Sie dann jeden Vorwurf vermeiden und anstatt über das Problem über mögliche Lösungen sprechen.

Ziel des Eskalationsgesprächs ist eine Vereinbarung mit dem Vorgesetzten, die es dem Teamkollegen ermöglicht, seine Aufgaben im Projekt zu erfüllen. Reden Sie im Eskalationsgespräch deshalb nicht weiter darüber, dass Ihr Teammitarbeiter zu wenig Zeit für das Projekt hat, sondern lenken Sie das Gespräch auf mögliche Lösungen: Wie könnte der Vorgesetzte dafür sorgen, dass sein Mitarbeiter entlastet wird? Lassen Sie sich nicht mit billigen Ausreden abspeisen. Jeder Mitarbeiter lässt sich zeitweise vom Tagesgeschäft freistellen. In der Urlaubszeit findet man auch Mittel und Wege, um ohne ihn klarzukommen. Das muss eben auch mal für ein Projekt so funktionieren!

Praxistipp! Verhandeln Sie mit dem Chef Ihres Projektmitarbeiters – und bleiben Sie hartnäckig. Sie haben schließlich nichts zu verlieren. Jeder Kompromiss ist besser als gar keine Verbesserung.

Wie gehen Sie vor, um den Chef des Mitarbeiters zu überzeugen? Führen Sie ihm zunächst vor Augen, wie wichtig Ihr Projekt tatsächlich ist. Weisen Sie ihn darauf hin, wie das Unternehmen von dem Projekt profitiert – und welchen Nutzen das Projekt auch für ihn und seine Abteilung bringt. Verkaufen Sie ihm das Projekt!
Lassen Sie sich hierzu folgende Fragen durch den Kopf gehen:

- Ist dem Chef des Mitarbeiters klar, worum es in dem Projekt geht?
- Ist ihm klar, was Sie von seinem Mitarbeiter brauchen?
- Ist ihm klar, was passiert, wenn der Mitarbeiter nicht (rechtzeitig) liefert?
- Ist ihm klar, was für das Unternehmen auf dem Spiel steht?
- Ist ihm klar, welchen Nutzen seine Abteilung von Ihrem Projekt hat?

Wenn dem Vorgesetzten Ihres Mitarbeiters diese Punkte bis dato nicht klar waren, dann ist es höchste Zeit, nun für diese Klarheit zu sorgen. Sobald ihm der Nutzen des Projekts für seine Abteilung einleuchtet, lässt sich meist schnell eine Lösung finden. Das Ergebnis ist dann ein »Dreiecksvertrag«: eine Vereinbarung zwischen ihm, dem Mitarbeiter und Ihnen (siehe Abbildung 44).

Dritte Eskalationsstufe: Mit dem Auftraggeber reden

Bleibt das Gespräch mit dem Vorgesetzten des Teammitarbeiters erfolglos, sollten Sie nicht aufgeben. Die Aufgaben des Mitarbeiters nun selbst zu übernehmen bringt Sie am Ende nicht weiter: Früher oder später werden Sie dann selbst auf dem Zahnfleisch gehen. Jetzt ist es vielmehr Zeit für die dritte Eskalationsstufe: Reden Sie mit dem Auftraggeber!

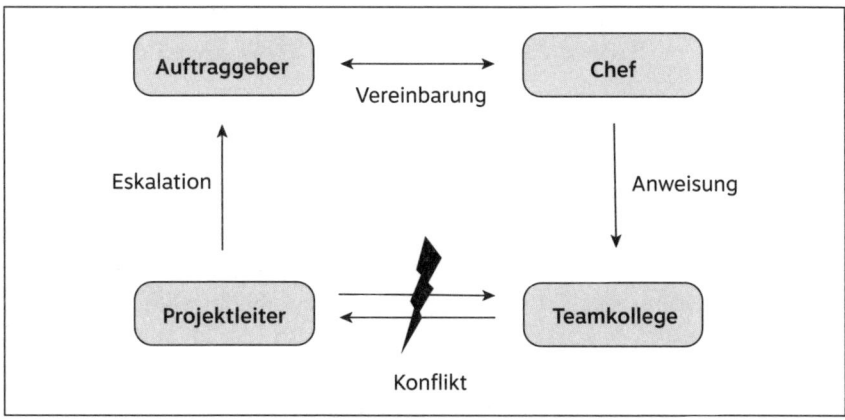

Abbildung 45: Dritte Eskalationsstufe – der Vierecksvertrag

Suchen Sie umgehend das Gespräch mit dem Auftraggeber und schildern Sie ihm die Situation. Fragen Sie ihn, was er aus seiner Position heraus konkret beim Vorgesetzten des Teamkollegen ausrichten kann. Bitten Sie ihn, seine Beziehungen spielen zu lassen.

Praxistipp! Motivieren Sie Ihren Auftraggeber, sich für das Projekt ins Zeug zu legen. Zeigen Sie ihm auf, was passieren wird, wenn die zugesagten Mitarbeiter nicht in ausreichendem Maße zur Verfügung stehen. Sagen Sie ihm unmissverständlich, was Sie von ihm brauchen. Nur so kann er mit dem Vorgesetzten Ihres Teamkollegen erfolgreich verhandeln.

Wahrscheinlich wird Ihr Auftraggeber zunächst zurückhaltend reagieren. Anstatt sich für die Eskalation zu erwärmen, dürfte er abwehren und versuchen, das Problem an Sie zurückzugeben: »Aber dafür habe ich doch Sie!« Machen Sie ihm deshalb klar: Nur er kann jetzt noch auf der Ebene der Abteilungs- und Bereichsleiter ein brauchbares Verhandlungsergebnis erzielen und so den Projekterfolg sichern. Bleibt er weiterhin uneinsichtig, legen Sie einen Zahn zu und zeigen Sie ihm die Konsequenzen auf, notfalls auch schriftlich: Zeitverzug oder gar Stillstand im Projekt.

Was aber, wenn Ihr Auftraggeber erfolglos mit dem Vorgesetzten des Mitarbeiters verhandelt? Dann bleibt noch die letzte Eskalationsstufe.

Vierte Eskalationsstufe: Der Boss entscheidet

Letzte Ursache für Eskalationen in Projekten sind meistens Engpässe bei den Ressourcen und Kapazitäten. Oft verläuft die »Frontlinie« dann zwischen der Linienarbeit auf der einen Seite und der Projektarbeit auf der anderen Seite: Unter Zeit- und Kostendruck stehende Projekte kollidieren mit dem Tagesgeschäft in der Linie. So kommt es zu Konflikten zwischen Abteilungs- und Bereichsleitern, die weiter eskaliert werden müssen (siehe Abbildung 46).

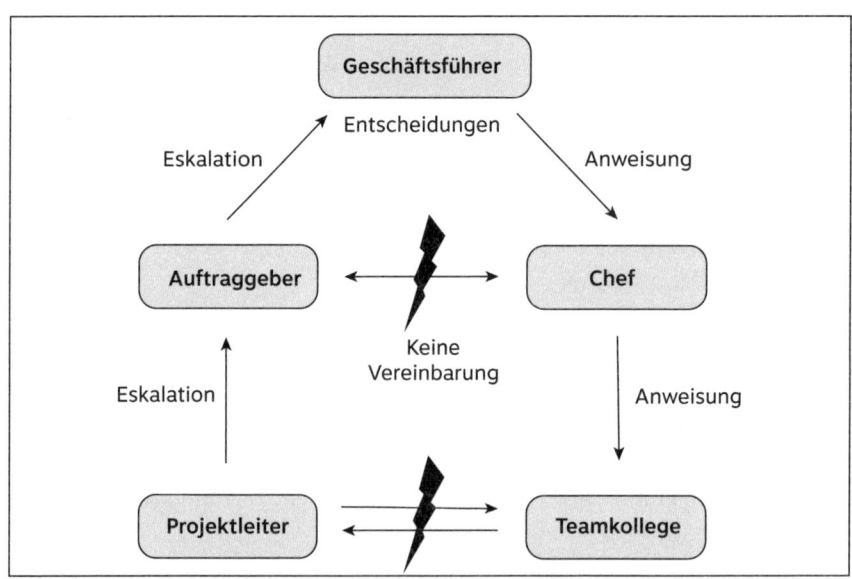

Abbildung 46: Vierte Eskalationsstufe – die unternehmerische Entscheidung

Notwendig ist jetzt eine unternehmerische Entscheidung, in der Regel auf der Ebene der Geschäftsführung. Nun muss der Geschäftsführer entscheiden, ob man der Projektarbeit oder dem Tagesgeschäft Vorrang einräumt.

Achtung! Gehen Sie nicht davon aus, dass die Geschäftsführung immer zu Ihren Gunsten entscheidet. Fällt die Entscheidung negativ aus, steht in diesem Fall ein Gespräch mit Ihrem Auftraggeber an: Klären Sie mit ihm die Konsequenzen, die sich daraus für das Projekt ergeben – und passen Sie Ihre Pläne entsprechend an.

6.6 Hände weg von meinem Projekt!

Das Projekt gegen Widerstände verteidigen

Projekte sind das Vehikel, um bestimmte Ziele zu erreichen oder Strategien umzusetzen. Damit verbunden sind Veränderungen, die häufig auf Widerstände stoßen. Die Ursache liegt meistens in der Haltung von Mitarbeitern, die sich durch die anstehenden Neuerungen bedroht fühlen. Als Projektleiter geraten Sie dann schnell zwischen die Fronten.

Für Marc läuft es gut. Sein Projekt liegt in der Zeit, das Informationssystem liefert erste Ergebnisse und Kennzahlen. Doch nun das: Einige Maschinenbediener stellen sich quer. Sie wollen mit der neuen Software nichts zu tun haben. Wie sich herausstellt, liegt die Ursache für den Widerstand in der recht großen Selbstständigkeit der Maschinenbediener. Mit dem neuen Informationssystem, so befürchten sie, könnte ihre Arbeit jederzeit überwacht werden. »Big Brother is watching you«, ätzen einige von ihnen. Nun versuchen sie, den Fortgang des Projekts zu verzögern – in der vagen Hoffnung, dass vielleicht doch noch alles beim Alten bleibt.

Ein Beispiel, das für viele steht. Das Projekt verläuft nach Plan, doch kurz vor Torschluss tauchen Widerstände auf. Erst jetzt, wenn etwa wie bei Marc das neue IT-System definitiv in Kraft tritt, wird es für die Anwender ernst. Bis dahin haben sie sich meist nicht weiter für das Projekt interessiert.

Werden in einem Projekt Strukturen, Arbeitsabläufe oder lieb gewordene Verhaltensweisen infrage gestellt, stoßen Projektleiter an gewisse Grenzen. Das gilt auch für kleinere Projekte. Ein Teil der betroffenen Mitarbeiter stellt sich gegen die Änderungen, andere nehmen eine ambivalente Haltung ein – wieder andere unterstützen die Veränderung und möchten das Projekt zügig vorantreiben.

Praxistipp! Widerstand ist menschlich und eine ganz normale Reaktion in Veränderungsprozessen. Machen Sie sich das klar und gehen Sie den Ursachen auf den Grund. Nur so können Sie den Widerstand überwinden.

Jedes Projekt bringt Veränderungen mit sich – mal mehr, mal weniger. Nur wenn die Betroffenen diese Veränderungen akzeptieren, kann es erfolgreich sein. Das bedeutet wiederum: Fast immer braucht es ein begleitendes Veränderungsmanagement (Management of Change).

Widerstände sind oft hausgemacht

Je breiter und tiefgreifender die Veränderungen sind, die ein Projekt auslöst, und je schneller diese Veränderungen initiiert werden, desto kritischer stellt sich die Situation dar. Die Akzeptanz der Beteiligten wird nun für das Projekt zu einem entscheidenden Erfolgsfaktor.

Viele Projektleiter erkennen das nicht. Sie meinen, es reicht aus, mit seinem Team die Meilensteine und Projektziele im Blick zu behalten. Doch sobald eine Innovation stark in die Organisation und die bestehende Landschaft aus Abläufen, Werkzeugen und Systemen eingreift, genügt das nicht mehr. Notwendig sind jetzt Maßnahmen, um das Projekt vor Widerständen zu schützen.

Tatsächlich liegt im fehlenden Veränderungsmanagement mit die häufigste Ursache dafür, dass Projekte scheitern:

- **Fehlende Notwendigkeit:** Die oft stark technisch denkenden Projektleiter haben allein die Umsetzung des Projekts im Blick. Emotionale Hindernisse und Ängste werden von ihnen nicht als Gefahr erkannt, für ein Veränderungsmanagement fehlt nach ihrer Ansicht die Notwendigkeit.

- **Fehlende Priorität:** Projektleiter äußern die Absicht, die Projektbeteiligten gezielt auf die bevorstehenden Veränderungen vorzubereiten. In der operativen Hektik des Projekts bleibt es aber bei guten Vorsätzen – umgesetzt wird nur wenig.
- **Fehlendes Know-how:** Selbst wenn Projektleiter die Situation richtig einschätzen, fehlt ihnen meist das notwendige Handwerkszeug, um die Veränderungen professionell zu begleiten. In den meisten Projektmanagement-Schulungen wird das Thema Veränderungsmanagement allenfalls am Rande behandelt.
- **Fehlendes Budget:** Die finanziellen Spielräume sind in kleineren Projekten oft sehr eng. Ein Budget, um die Veränderungen durch Projektmarketing oder andere Maßnahmen zu begleiten, gibt es nicht. Der Projektleiter müsste die Mittel hierfür erst noch aushandeln.

 **Achtung!** Achten Sie darauf, in keine der vier genannten Fallen zu laufen. Sorgen Sie stattdessen von Anfang an dafür, dass alle wichtigen Personen und Interessengruppen Ihr Projekt unterstützen.

Symptome des Widerstands

Um Widerständen erfolgreich zu begegnen, gilt es, deren Anzeichen zu verstehen. Wenn ein Mensch Widerstand aufgebaut hat, kann sich das in seinem Verhalten ganz unterschiedlich ausdrücken (siehe Abbildung 47): Er kann sich zurückziehen, zum Beispiel Gesprächen ausweichen, oder aggressiv verhalten, zum Beispiel polemisieren und drohen. Der Widerstand kann direkt erkennbar sein – oder nur indirekt, etwa wenn der Mitarbeiter Unruhe verbreitet, unaufmerksam ist oder sich häufig krank meldet. Als Projektleiter sind Sie hier gefordert, Ihre Mitarbeiter gut zu beobachten und mit gutem Gespür wahrzunehmen.

	direkt erkennbar	indirekt erkennbar
angreifen	• sagen, dass man nicht einverstanden ist • dagegen argumentieren • Vorwürfe machen • polemisieren • drohen	• sich aufregen • Unruhe verbreiten • sich streiten • sich an Gerüchten beteiligen • Cliquen bilden
zurückziehen	• Gesprächen ausweichen • schweigen • blödeln, anstatt sich ernsthaft auseinanderzusetzen • ins Lächerliche ziehen • Unwichtiges debattieren	• sich lustlos oder müde fühlen • unaufmerksam sein • Besprechungen oder der Arbeit fernbleiben • innerlich kündigen • krank werden

Abbildung 47: Symptome des Widerstands

Wenn Sie Widerstände gegen das Projekt feststellen, sollten Sie zunächst nach der Ursache fragen. Grundsätzlich lassen sich rationale und emotionale Ursachen unterscheiden, wobei sich die Übergänge nicht trennscharf ziehen lassen. Man kann sich die möglichen Ursachen für Widerstände wie einen Eisberg vorstellen: Die rationalen Vorbehalte liegen sichtbar an der Oberfläche, während die emotionalen Vorbehalte die gefährliche Unterseite des Eisbergs ausmachen (s. Abbildung 48).

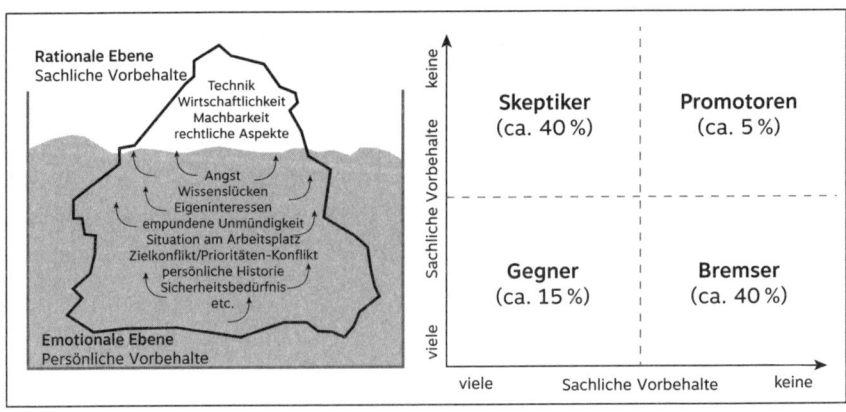

Abbildung 48: Rationale und emotionale Ursachen von Widerständen

Abenteuer Projekte

Ihnen ist klar, dass es Widerstände gegen Ihr Projekt gibt. Auch haben Sie eine erste Ahnung, worin die Ursachen liegen. Bevor Sie nun Maßnahmen ergreifen, sollten Sie erst noch überlegen, wie die einzelnen Betroffenen auf die Veränderungen reagieren dürften. Wer wird besonders heftigen Widerstand leisten? Wer dürfte sich problemlos damit abfinden, wer wird das Projekt womöglich sogar unterstützen?

Je nach Ausmaß der persönlichen und sachlichen Vorbehalte lassen sich grundsätzlich vier Gruppen unterscheiden (siehe Abbildung 48):

- Die Promotoren hegen keinerlei Vorbehalte gegen das Projekt. Nach ihrer Überzeugung sind die Veränderungen richtig und für das Unternehmen wichtig. Sie werden sich auf Ihre Seite schlagen und Ihnen helfen, die Widerstände zu überwinden – etwa indem sie versuchen, die übrigen Mitarbeiter vom Wandel zu überzeugen und in den Veränderungsprozess einzubinden. Die Promotoren sind Mitstreiter, auf die Sie als Projektleiter in schwierigen Situationen setzen können.
- Die Skeptiker haben zwar sachliche Vorbehalte, stehen dem Projekt aber nicht feindlich gegenüber. Sie wollen überzeugt werden. Ihre Bereitschaft, sich aktiv am Wandel zu beteiligen, ist zunächst noch sehr gering. Zur aktiven Mitarbeit lassen sie sich erst motivieren, wenn das Projekt und der damit verbundene Veränderungsprozess spürbare Erfolge zeigen oder wenn sie vom persönlichen Nutzen überzeugt sind. Der Ansatz lautet deshalb: Vermitteln Sie diesen Mitarbeitern Erfolge und Nutzen des Projekts.
- Die Bremser werden Ihnen das Leben schwer machen. Sie mögen zwar die Notwendigkeit zur Veränderung erkennen, haben aber persönliche Vorbehalte, die sie meist nicht offen äußern. Stattdessen leisten sie verdeckten Widerstand, zum Beispiel indem sie Gerüchte streuen und Stimmung gegen das Projekt machen. Weil sie im Verborgenen wirken, sind sie für den Projekterfolg eine große Gefahr. Sie können beträchtlichen Schaden anrichten, indem sie zum Beispiel abwartende oder gleichgültig eingestellte Personen auf ihre Seite zu ziehen.
- Die Gegner haben sowohl sachliche als auch persönliche Vorbehalte gegen die geplanten Veränderungen. Das bedeutet echten Kampf! Ein Gegner macht keinen Hehl daraus, dass er das Projekt ablehnt. Seine Kritik ist jedoch meist konstruktiv. Damit bleibt er zwar ein harter Gegner, doch können Sie mit ihm

eine offene Diskussion führen, seine Kritik entkräften – aber auch berechtigte Einwände aufgreifen und in der Projektplanung berücksichtigen.

Drei typische Ursachen für Widerstand

Die Promotoren sind eher die Ausnahme. Nur wenige Menschen stehen einer Veränderung ohne Vorbehalte gegenüber oder sehen in ihr gar eine Chance. Die meisten Menschen, die von einer Veränderung betroffen sind, reagieren von Natur aus eher abwehrend. Die Ursache liegt, einfach ausgedrückt, entweder im »Nicht-Können« oder im »Nicht-Wollen«. Beim Nicht-Können ist der Mitarbeiter nicht in der Lage, mit den veränderten Verhältnissen zurechtzukommen; er empfindet die Veränderung als Bedrohung. Im Falle eines Nicht-Wollens steht hinter dem Widerstand fehlende Motivation oder mangelnde Bereitschaft, sich zu verändern.

Es gibt keine allgemeingültigen Tipps für den Umgang mit Widerstand. Dafür sind die Ursachen für Widerstand einfach zu vielfältig. Wie Sie richtig reagieren, hängt von der konkreten Situation ab: Warum genau leistet dieser Mitarbeiter Widerstand? Es hilft aber, drei typische Ursachen zu kennen:

- Fehlendes Verständnis: In der frühen Phase der Veränderung ist es (fast) unvermeidlich, dass die Beteiligten einen Teil der Veränderung nicht verstehen. Es wird befürchtet, dass das Projekt nicht zur Lösung des Problems beiträgt.
- Kein Vertrauen: Die Mitarbeiter haben Angst, dass der Auftraggeber die Veränderung initiiert hat, um sie auszunutzen. Oder weniger extrem: Die Mitarbeiter glauben einfach nicht, was sie über das Projekt und die damit verbundene Veränderung hören.
- Nicht loslassen können: Die Mitarbeiter haben Angst vor dem Verlust von Aspekten des Arbeitslebens, die sie lieb gewonnen oder an die sie sich zumindest gewöhnt haben. Je größer die Verlustängste, desto größer fällt der Widerstand gegen die Veränderung aus.

Wenn Sie die Ursachen verstanden haben, sollten Sie sich wirklich Zeit für die Mitarbeiter nehmen. Nur so bekommen Sie ein Gefühl dafür, wie Sie mit den jeweiligen Widerständen richtig umgehen.

Umgang mit Widerständen

Für den Umgang mit Widerständen existiert eine Vielzahl an Empfehlungen. Sie beruhen auf Erfahrungen von Organisatoren und werden häufig als goldene Regeln des erfolgreichen organisatorischen Wandels bezeichnet. Zu diesen Grundsätzen zählen:

- **Politik der offenen Tür:** Katharina setzt in ihrem Projekt zur Zeitdatenerfassung auf eine umfassende, frühzeitige und fortwährende Informationspolitik. Auf diese Weise entzieht sie der Gerüchteküche und dem Flurfunk den Nährboden. Das hilft den Betroffenen, die »Bedrohung« durch die Zeitdatenerfassung besser einzuschätzen. Und tatsächlich erweisen sich die Befürchtungen in weiten Teilen als unbegründet. Damit das so bleibt, setzt Katharina auf ein offenes, vertrauensvolles Arbeits- und Kommunikationsklima.
- **Aktive Teilnahme der Betroffenen:** Vanessa ist überzeugt: Nur wenn sie die Betroffenen zu Beteiligten macht, wird die einheitliche Kontierung ein Erfolg. Die Projektleiterin holt deshalb Vorschläge ein und bezieht die Teamkollegen in die Planung und Umsetzung mit ein. So erreicht sie, dass das Team von Anfang an hinter ihr und ihrer Vorgehensweise steht.
- **Frühzeitige Qualifizierung:** Marc erkennt: Die Maschinenbediener an den Abfüllanlagen leisten vor allem deshalb Widerstand, weil sie mit dem IT-System bisher kaum zu tun hatten. Sie wissen nicht, was mit dem neuen Informationssystem auf sie zukommt – und sind entsprechend verunsichert. Mit einigen Kurzschulungen gelingt es Marc, den Mitarbeitern einen Großteil ihrer Angst zu nehmen. Die Maschinenbediener haben nun das Gefühl, den neuen Bedingungen gewachsen zu sein.

Die Story des Wandels

Um für das Projekt Akzeptanz zu schaffen und Widerstände möglichst zu vermeiden, hat sich ein Instrument besonders bewährt: die Change Story oder »Story des Wandels«. Sie beinhaltet die Begründung, warum die Veränderung notwendig ist, welche Strategie und Ziele der Auftraggeber mit dem Projekt verfolgt, wie der Weg dorthin gestaltet wird und welche persönlichen Chancen, aber auch Konsequenzen für jeden Einzelnen in der Veränderung liegen.

Die Change Story gibt Antworten auf folgende Fragen:

- **Ausgangssituation:** Wo stehen wir heute? Wie zufrieden sind wir mit der aktuellen Situation?

Mit welchen Problemen haben wir zu kämpfen?

- **Gründe für die Veränderung:** Warum ist eine Veränderung erforderlich? Mit welcher Dringlichkeit sollten diese Veränderungen erfolgen? Welche strategischen Zielsetzungen werden mit diesen Veränderungen verfolgt?
- **Zielbild (Soll-Situation):** In welche Richtung soll die Veränderung erfolgen? Welche Vision verfolgt man damit?

Welche Themen werden adressiert und mit welcher Priorität?

- **Ablauf der Veränderungen:** Mit welchen Aktivtäten und Maßnahmen soll das gewünschte Ziel erreicht werden?
- **Auswirkungen:** Welche Auswirkungen resultieren aus der Veränderung? Welche Änderungen ergeben sich daraus für die Mitarbeiter und ihre Aufgabenbereiche?
- **Kontinuität:** Welche Aufgabenbereiche sind vom Veränderungsprozess nicht betroffen?

Wenn Ihr Projekt mit größeren Veränderungen einhergeht, lohnt es sich, eine solche Change Story zu verfassen. Vermitteln Sie die Geschichte dann allen Betroffenen – und zwar so, dass sie Sinn, Nützlichkeit und Ernsthaftigkeit der Veränderung begreifen. Ziel der Change Story ist, Akzeptanz zu schaffen, aber auch ein Gefühl für die Dringlichkeit und Notwendigkeit der Veränderungen zu erzeugen.

Survival-Tipps: **Der Überblick geht verloren**

Wenn die Umsetzung eines Projekts an Fahrt aufnimmt, arbeitet das Team an mehreren Arbeitspaketen gleichzeitig. Die Gefahr ist groß, dass der Projektleiter den Überblick verliert. Schnell können größere Schwierigkeiten auftreten, Termine und Meilensteine lassen sich nicht mehr halten.

- Haben Sie ein wachsames Auge auf Ihr Projekt – denn kein Projekt verläuft so, wie Sie es zu Beginn einmal geplant haben.
- Etablieren Sie Mechanismen, um Abweichungen zu erkennen, Änderungswünsche zu berücksichtigen und Krisensituationen zu meistern.
- Lassen Sie sich nicht verunsichern, wenn nicht alles nach Plan läuft – Abweichungen gehören einfach zum Tagesgeschäft.
- Sorgen Sie dafür, dass weder überbordende Meetings noch andere »Administrivialitäten« Ihr Projekt lahmlegen.
- Stellen Sie sich auf Konflikte ein, denn die Projektarbeit ist intensiver als das Tagesgeschäft in der Linie. Die Beteiligten arbeiten enger zusammen und sind stärker aufeinander angewiesen. Da sind Konflikte programmiert.
- Entschärfen Sie Konflikte rechtzeitig. Je früher Sie einen Konflikt oder einen vermeintlichen Konflikt erkennen und ansprechen, desto besser ist es.
- Resignieren Sie nicht – Probleme gibt es schließlich überall. Allerdings: Wenn Ihre Mitarbeiter Sie hängen lassen, müssen Sie die Situation Schritt für Schritt eskalieren.
- Denken Sie daran: In Projekten regt sich oft Widerstand. Das ist eine ganz normale Reaktion auf die anstehenden Veränderungen. Wichtig ist hier, die Betroffenen von der Sinnhaftigkeit des Vorhabens zu überzeugen.

7. DER PROJEKTABSCHLUSS

Wie Sie die Ziellinie sicher erreichen

Wenn ein Projekt zu Ende geht, sind die Teammitglieder meistens erleichtert und viele von ihnen denken: »Bloß raus hier!« Die Folge kann ein ziemlich diffuses, ungeordnetes Projektende sein. Aufgaben bleiben unerledigt, Verantwortlichkeiten unklar. Als Projektleiter haben Sie das Nachsehen: Die verbliebenen Probleme landen auf Ihrem Schreibtisch, womöglich noch nach Monaten.

Wie alle Phasen eines Projekts sollten Sie deshalb auch den Abschluss planen und steuern. Ein Projekt sollte stets ein klares Ende finden – und zwar so, dass es die Beteiligten wissen und möglichst auch zufrieden sind. Dazu gehört, alle Projektaktivitäten korrekt abzuschließen. Wenn Sie als Projektleiter Ihr Projekt nicht ordentlich durch seine letzte Etappe führen, werden sich die Projektmitarbeiter nach und nach ins Tagesgeschäft oder in ein nächstes Projekt verabschieden. Dann stehen Sie mit den Abschlussarbeiten allein auf weiter Flur.

Der richtige Zeitpunkt für den Projektabschluss hängt von der Art des Projektes sowie der Vereinbarung mit dem Auftraggeber beziehungsweise Kunden ab. Während Marc sein IT-Projekt in der Produktion mit einer Produktpräsentation und -einführung beendet, schließt Matthias seine Suche nach der besten Farbzusammensetzung ab, sobald das Budget für sein kleines Forschungsprojekt aufgebraucht ist. Für Monika liegt der Zeitpunkt auf der Hand: Wenn der Geschäftsführer die Teilnehmer der Hausmesse am Ende der Veranstaltung verabschiedet hat, ist auch das Projekt beendet.

Offiziell abgeschlossen wird ein Projekt mit der Abnahme durch den Auftraggeber. Die Abnahme ist der im Grunde wichtigste Meilenstein im Projekt: Hier entscheidet der Auftraggeber, ob das Projektziel erreicht wurde. Indem er sein »Okay« zum Ergebnis gibt, befreit er den Projektleiter von seinen Pflichten (mehr dazu in Kapitel 7.1). Neben einem offiziellen Ende sollte ein gelungenes Projekt auch einen würdigen Abschluss finden – zum Beispiel indem Sie mit Ihren Mitstreitern ein kleines Fest in entspannter Atmosphäre feiern.

Im Laufe eines Projekts Fehler zu machen ist nicht schlimm. Eine Schande wäre es aber, den gleichen Fehler beim nächsten Projekt wieder zu begehen. Ganz gleich, wie positiv oder negativ der Rückblick auf das Projekt ausfällt: Man kann daraus lernen und Erfahrungen für Folgeprojekte sammeln. Unsere sieben Protagonisten wissen das: In Kapitel 7.2. blicken sie noch einmal zurück auf ihre Projekte und lassen uns an ihren wichtigsten Erkenntnissen teilhaben.

7.1 Die letzten Meter im Projekt

Die wichtigsten Aufgaben zum Projektabschluss

Projekte neigen dazu, einfach auszulaufen. Die Mitarbeiter sind in Gedanken bereits anderswo, ihre Motivation lässt nach. Einige Aufgaben bleiben unerledigt, Fehler werden nicht mehr behoben, Feedback stößt ins Leere. Es besteht die Gefahr, den Projekterfolg noch auf den letzten Metern zu verspielen.

Vanessa hat ihr Ziel erreicht. Die neue Kontierung steht und wird zum Jahresende eingeführt. Nur einige letzte »Aufräumarbeiten« für die Umsetzung stehen noch an. Unterdessen verabschieden sich nach und nach die Projektmitarbeiter oder werden vom Vorgesetzten abgezogen. So bleibt Vanessa bald allein mit den restlichen Aufgaben – und die ziehen sich hin! Doch es kommt noch schlimmer: Jede Frage, jeder Änderungswunsch, ja selbst Wartungsfragen im System landen auf ihrem Schreibtisch und kosten sie Zeit und Nerven. Was das neue Kontierungssystem angeht, wird sie unversehens zum »Mädchen für alles«. Obwohl sie ihre Projektziele erreicht hat und die neue Kontierungsrichtlinie im System vollständig umgesetzt ist, drückt man ihr weiterhin alle offenen Fragen aufs Auge.

Allmählich wird Vanessa klar, was schiefgelaufen ist: Sie hat versäumt, einen klaren Schlusspunkt zu setzen. Deshalb wird sie das eigentlich abgeschlossene Projekt nicht mehr los. Wie ein Bumerang ist es zu ihr zurückgekommen.

Vanessas Fall macht deutlich, wie gefährlich es sein kann, ein Projekt einfach auslaufen zu lassen. Oft gibt es dann keinen erkennbaren Projektabschluss. Da arbeitet zum Beispiel die Fachabteilung bereits mit dem Projektergebnis, während das Team noch an letzten Kleinigkeiten bastelt. Unterdessen verlassen die Mitarbeiter nach und nach das Projekt – oder suchen das Weite, weil sie befürchten, am Ende noch unangenehme »Aufräumarbeiten« wie etwa die Projektdokumentation übernehmen zu müssen.

Praxistipp! Managen Sie auch die letzten Meter im Projekt – und sorgen Sie für einen geordneten Projektabschluss. Interesse und Motivation der Projektmitarbeiter lassen gegen Ende des Projekts nach. Umso wichtiger ist es jetzt, das Team bis zum offiziellen Schlusspunkt zusammenzuhalten. Beziehen Sie am besten den Projektabschluss bereits in die Projektplanung mit ein.

Was zu einem geregelten Projektende gehört

Wann ist ein Projekt eigentlich zu Ende? Wenn die Projektziele erreicht sind? Wenn der Auftraggeber mit dem Projektergebnis zufrieden ist? Wenn das Projektteam seine Arbeiten erledigt hat? Wenn die Deadline abgelaufen ist? Wenn das Budget aufgebraucht ist? Wenn keiner mehr Lust auf das Projekt hat? Wenn der letzte Mitarbeiter aus dem Projekt abgezogen worden ist? Jede Antwort kann hier zutreffen – und deshalb ist es so wichtig, für Klarheit zu sorgen: Ein Projekt braucht ein geregeltes Ende!

Den Projektabschluss gilt es bewusst und systematisch zu organisieren. Wichtigstes Ziel ist, einen offiziellen Schlusspunkt zu setzen, also vor allem eine Abnahme der Projektergebnisse durch den Auftraggeber zu erreichen. Nur so können Sie das Projekt hinter sich lassen und mögliche Bumerangeffekte ausschließen – denn dann weiß jeder: Für das Projekt sind Sie nicht mehr zuständig!

Zu einem geordneten Projektabschluss gehören drei wesentliche Teile:

- Der inhaltliche Projektabschluss: Der unbestritten wichtigste Aspekt ist der inhaltliche Projektabschluss. Hier geht es um die formale Abnahme der Projektergebnisse durch den Auftraggeber. Mit der Abnahme wird ein Schlussstrich unter das Projekt gezogen.
- Der formale Projektabschluss: Der formale Projektabschluss variiert von Projekt zu Projekt und kann in kleineren Projekten mitunter vernachlässigt werden. Zu den formalen Tätigkeiten gehört die Archivierung von Projektdokumenten, eine Nachkalkulation oder die Erstellung eines Abschlussberichts.
- Der emotionale Projektabschluss: Häufig wird unterschätzt, wie wichtig für die Projektmitarbeiter ein emotionaler Abschluss ist. Er kann in einer kleinen Abschlussfeier bestehen, bei der die Mitarbeiter ihre Leistung feiern und sich von ihren Teamkollegen verabschieden. Das macht den Kopf frei für neue Aufgaben.

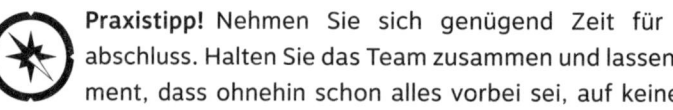 **Praxistipp!** Nehmen Sie sich genügend Zeit für den Projektabschluss. Halten Sie das Team zusammen und lassen Sie das Argument, dass ohnehin schon alles vorbei sei, auf keinen Fall gelten. Geben Sie das Projekt bis zum endgültigen Abschluss nicht aus der Hand – und beenden Sie es richtig.

Die Abnahme – das Projekt offiziell beenden

Eigentlich liegt es auf der Hand: Der im Grunde wichtigste Meilenstein eines Projekts ist die Übergabe der Ergebnisse und deren Abnahme durch den Auftraggeber. Damit bestätigt der Auftraggeber gegenüber dem Projektleiter, dass dieser die vereinbarten Projektergebnisse geliefert und damit seinen Teil des Vertrags erfüllt hat. Die Abnahme beinhaltet also die Akzeptanz der Ergebnisse. Nimmt etwa im Falle von Matthias der Kunde den für ihn entwickelten Lack ab, bestätigt er damit zugleich, dass der Lack für die vereinbarten Zwecke geeignet ist.

In Kundenprojekten sind mit der Abnahme eine Reihe rechtlicher Folgen verbunden. Dazu zählen beispielsweise der Eigentumsübergang, der Gefahrenübergang, der Haftungsübergang und der Beginn der Gewährleistungsfrist. Der Kunde wird deshalb prüfen, ob das Projektergebnis den vertraglichen Vereinbarungen entspricht.

Wenn Sie mit Ihrem Team eine gute Arbeit abgeliefert haben, wird der Kunde mit den Ergebnissen zufrieden sein und das Projekt bei der Abnahme »durchwinken«. Im Falle von Meinungsverschiedenheiten wird sich hingegen erweisen, wie sorgfältig Sie im Vorfeld gearbeitet haben: Je eindeutiger das Projektergebnis in der Anfangsphase spezifiziert wurde (zum Beispiel im Pflichtenheft), umso klarer können Sie belegen, was der Kunde erwarten konnte – und was eben nicht. Gibt es Mängel oder Beanstandungen, müssen diese behoben werden oder es muss eine andere einvernehmliche Lösungen gefunden werden. Spätestens dann erfolgt die Abnahme.

Anders läuft die Abnahme bei kleineren internen Projekten. Für die Übergabe wird meistens ein Termin vereinbart, bei dem die Projektergebnisse vorgestellt werden. Natürlich wird der Auftraggeber am Ende der Präsentation nicht aufspringen und begeistert »Abgenommen!« rufen. In aller Regel lässt er sich Zeit, um die Ergebnisse zu überprüfen und mit dem Projektauftrag abzugleichen: Wurden die definierten Ziele erreicht? Entsprechen die Ergebnisse den Erwartungen? Wurden Termine und Kosten eingehalten? Sind die erreichten Ergebnisse richtig und anwendbar? Wo gibt es noch Defizite?

 Praxistipp! Vereinbaren Sie einen Termin mit dem Auftraggeber, wann Sie mit einer offiziellen Abnahme rechnen können.

Häufig tauchen dann noch offene Punkte auf, die abgearbeitet werden müssen. Hierzu erstellen Sie gemeinsam mit dem Auftraggeber eine »Offene-Punkte-Liste«. Vor dem endgültigen Abschluss müssen gegebenenfalls auch noch letzte Rechnungen bezahlt und Verträge mit Dienstleistern beendet werden. Achten Sie aber darauf, dass Sie nach Abschluss der verbliebenen Aufgaben die offizielle Abnahme des Projekts erhalten.

Lessons learned – aus Fehlern in Projekten lernen

In Anlehnung an Albert Einstein lässt sich festhalten: »Kein Projekt ist unnütz, es kann immer noch als schlechtes Beispiel dienen!« Aus jedem Projekt, auch wenn es schlecht gelaufen ist, lässt sich für Folgeprojekte lernen. Holen Sie deshalb Ihr Team noch einmal zusammen und nehmen Sie sich ausreichend Zeit, um gemeinsam die Erfahrungen der zurückliegenden Wochen zu reflektieren, diskutieren und dokumentieren: Was haben wir erreicht? Warum haben wir dies erreicht? Was ist dabei gut gelaufen? Was war nicht gut? Wo lagen die Problemfelder? Was kann man in Zukunft anders machen?

Das Treffen lässt sich als größer angelegtes »Lessons-learned-Meeting« oder »Review-Meeting« anlegen (siehe Checkliste). In kleineren Projekten genügt es auch, Erfolge und Probleme im Projekt einfach zu sammeln, auf einer Liste zu notieren und offen darüber zu diskutieren. Allein schon das schriftliche Festhalten und die ehrliche Diskussion können wertvolle Einsichten für zukünftige Projekte bringen. Achten Sie darauf, dass nicht nur über Negatives geredet wird, und sprechen Sie gelegentlich auch ein Lob aus – denn entscheidend für den Erfolg des Treffens ist eine gute Atmosphäre.

Praxistipp! Ein erfolgreiches Projekt ist ein Lernerfolg. Doch auch wenn ein Projekt scheitert, sollten die Fehler Anlass für kritisches Hinterfragen sein (und nicht für die Suche nach Sündenböcken). Ein Lessons-learned-Meeting bietet hierfür eine gute Gelegenheit.

Checkliste 20: **Lessons-learned-Meeting**

Thema 1   **Zielerreichung im Projekt**

- Sind die definierten Projektziele erreicht worden? Rechtzeitig?
- Mit dem geplanten Budget? Im vereinbarten Umfang?
- Waren die Anforderungen und Ziele für alle Beteiligten klar und verständlich?
- Waren die definierten Ziele als Grundlage für die Abnahme geeignet?
- Wie viele Änderungen der Zieldefinition waren im Projektverlauf erforderlich?
- Falls es Änderungen der Zieldefinition gab: Sind die Gründe überprüft worden? Oder wären die Anpassungen aus heutiger Sicht vermeidbar gewesen?
- Würde das Projekt nach heutigem Wissensstand wieder durchgeführt?
- Haben die Projektergebnisse das Unternehmen vorangebracht?

Thema 2   **Strukturierung im Projekt**

- Gab es einen Projekt- bzw. Zeitplan? Waren Meilensteine definiert?
- Waren allen Beteiligten die Abhängigkeiten im Projekt und die terminlichen Eckpunkte des Projektes klar?
- Existierten Meilensteine, mit denen der Projektfortschritt überprüft werden konnte?
- Entsprach die Projektorganisation den Bedürfnissen?
- Wurde eine Projektdokumentation erstellt und regelmäßig aktualisiert?
- Wurde ein Risikomanagement implementiert und gelebt?
- Wurden die Stakeholder regelmäßig über den Projektstatus informiert?

Thema 3   **Zusammenarbeit im Projekt**

- Wurde die Projektleitung menschlich und fachlich akzeptiert?
- Gab es Konflikte im Team? Wenn ja, wie wurden diese gelöst?
- Gab es Schwierigkeiten in der Zusammenarbeit mit dem Auftraggeber?

- Stand der Auftraggeber zur Verfügung, wenn er benötigt wurde?
- Wurde von außen Druck auf das Projektteam aufgebaut?
- Wurde das Projekt vom Management ausreichend gestützt?
- Verfügten die Projektmitarbeiter über das notwendige Wissen, um ihre Aufgaben zu erfüllen?

Es ist ein schöner Erfolg, wenn das Projektergebnis den Kunden zufriedenstellt und die Mitarbeiter mit dem Projektverlauf im Reinen sind. Doch das Projekt sollte sich auch wirtschaftlich lohnen. Um dies festzustellen, empfiehlt sich eine Nachkalkulation, in der man die geplanten und die tatsächlichen Kosten einander gegenübergestellt. Waren die Kosten höher als veranschlagt, sollten die Gründe gesucht und dokumentiert werden, um vergleichbare Fehlkalkulationen beim nächsten Projekt zu vermeiden.

Die Nachbetrachtung sollte bald nach der Ergebnisübergabe stattfinden, da die Erfahrungen dann noch frisch und unverfälscht sind. Auch wenn das Projekt ein Misserfolg war oder abgebrochen wurde, lohnt sich ein solcher Rückblick – denn auch dann ist es nützlich, aus den Erfahrungen zu lernen.

Dokumentation – der formale Abschluss

Jeder kennt die Vielzahl an Dokumenten, die während eines Projektes produziert werden, ganz zu schweigen von der schwindelerregenden Menge an elektronischen Dateien. Die unzähligen Protokolle, Pläne, Präsentationen oder Ergebnisberichte müssen so archiviert werden, dass sie für Folgeaktivitäten verfügbar und verwendbar sind. Viele Unterlagen sind bereits während des Projektverlaufs veraltet oder nie vervollständigt worden. Diese »Leichen« müssen aussortiert und vernichtet werden, um die Übersicht über die tatsächlich wertvollen Informationen zu erleichtern.

Die Dokumentation sollte bereits projektbegleitend erfolgen und am Ende des Projekts sauber abgeschlossen werden. Sie ist damit Bestandteil des Projektabschlusses.

Praxistipp! Sparen Sie nicht mit »sprechenden« Dateinamen, zusätzlichen zur Datumsangabe und einer Versionierung. Wer im Nachhinein eine bestimmte Information benötigt, wird Ihnen dankbar sein, wenn er sich nicht durch Hunderte Dateien quälen muss, sondern die gesuchten Dateien schon am Namen erkennen kann.

Eher selten erstellt man in kleineren Projekten einen abschließenden Bericht. Dieser sogenannte Projektabschlussbericht stellt das Gegenstück zum Projektauftrag dar: Er zeigt auf, inwieweit die im Projektauftrag formulierten Ziele erreicht wurden. Dementsprechend vergleichbar sind die beiden Dokumente aufgebaut (s. Checkliste 21). Der Abschlussbericht bietet auch die Möglichkeit, das Projekt formal zu beenden: Der Projektleiter präsentiert in einem abschließenden Meeting den Bericht dem Auftraggeber und gegebenenfalls weiteren Interessierten – und setzt damit für das Projekt den offiziellen Schlusspunkt.

Checkliste 21: **Inhalte eines Projektabschlussberichts**

Ausgangs-situation
- Darstellung der Problemsituation, die zum Projekt führte
- Begründungen für die Notwendigkeit des Projektes

Projekt-ergebnisse
- Wiederholung der ursprünglichen Projektziele
- Veränderung der Zielsetzung im Projektverlauf
- Darstellung der erarbeiteten Projektergebnisse

Projekt-verlauf
- Darstellung der ursprünglichen Planung (Zeit, Kosten)
- Darstellung der Abweichungen und deren Ursachen
- Bewertung der Durchführungsstrategie

Projekt-ausblick
- Darstellung der noch verbleibenden Projektaktivitäten
- Empfehlung künftiger Ergänzungen und Erweiterungen
- Skizzierung möglicher Folgeprojekte

Projekt-bewertung
- Darstellung des persönlichen Gesamteindrucks
- Zusammenfassung der »Lessons learned«
- Verbesserungsvorschläge für künftige Projekte

Das Werk ist vollbracht – jetzt wird gefeiert

Ein Projekt bedeutet harte Arbeit – also sollte man den erfolgreichen Abschluss auch gebührend feiern. Selbst wenn das Projekt nur mäßig erfolgreich war, was ja vorkommen kann, gibt es immer etwas zu feiern. Und sei es die Tatsache, dass es endlich vorbei ist.

Sorgen Sie also für einen angemessenen Abschluss-Event! Er sollte im Verhältnis zur Projektgröße stehen und kann von einer gemütlichen Runde des Projektteams über eine kleine Firmenfeier bis zu einer waschechten Party reichen. Wer daran teilnimmt – ob nur das Projektteam und der Auftraggeber, oder gleich alle, die an dem Projekt inhaltlich mitgearbeitet und es zum Erfolg geführt haben – ist von Fall zu Fall zu entscheiden. Die Form des Events hängt weniger vom Projekt selbst als von den Teammitgliedern und deren Wir-Gefühl während der Projektarbeit ab. Grundsätzlich gilt: Wer tüchtig gearbeitet hat, darf auch tüchtig feiern!

Praxistipp! Versetzen Sie sich an Ende des Projekts in die Lage Ihrer Projektmitarbeiter. Würden Sie sich angemessen wertgeschätzt fühlen? Hätten Sie das Gefühl, für Ihren Einsatz ehrlich und angemessen belohnt zu sein? Wenn ja, ist der Projektabschluss mit dem Abschluss-Event gelungen. Es ist immer der letzte Eindruck, der bleibt.

Neben dem Feiern darf die Anerkennung für die geleistete Arbeit nicht zu kurz kommen. Ein guter Auftraggeber hält jetzt eine Ansprache, in der er sich beim Projektteam bedankt. Ebenso sollten auch Sie als Projektleiter sich bei Ihren Mitarbeitern für deren Einsatz bedanken. Das klingt selbstverständlich – ist es aber in Wirklichkeit nicht.

Der Abschluss-Event bietet dem Projektteam die Gelegenheit, auch emotional mit dem Projekt abzuschließen. Oft endet jetzt von einem Tag auf den anderen eine enge Zusammenarbeit, bei bereichsübergreifenden Projekten auch der direkte Kontakt zwischen den Projektteammitgliedern. Das letzte Zusammensein bietet dem Projektteam die Chance, sich emotional von der Projektarbeit zu lösen und voneinander zu verabschieden.

7.2 Ende gut, alles gut?

Die Protagonisten blicken zurück

Der Blick zurück ist wichtig. Doch leider versickern die gewonnenen Erkenntnisse, die »Lessons learned«, allzu oft in den Weiten des Firmennetzwerkes. Dort liegen sie dann auf irgendwelchen Servern, Intranet- oder Sharepoint-Seiten – und schon bald weiß niemand mehr, dass es sie überhaupt gibt. So kommt es, dass man in vielen Unternehmen aus Erfahrung nicht klug wird und in Projekten immer wieder die gleichen Fehler macht.

An Begriffen wie »After Action Review« oder »Manöverkritik« merkt man, dass das heutige Projektmanagement stark vom Militär geprägt wurde. Insbesondere die US-Army gilt als Vorbild, wie wir auch aus Kinofilmen wissen: Da wird eine hocheffiziente Maschinerie darauf getrimmt, definierte Ziele zu erreichen und dabei verlustfrei zu operieren – denn jeder Fehler kann fatale Folgen haben. Was Planungssicherheit und Effizienz angeht, lässt sich daraus eine ganze Menge lernen.

Entscheidend für eine solche Perfektion ist, Planung und Umsetzung in der Projektarbeit stetig zu verbessern. Da führt es dann nicht weiter, bei Schwierigkeiten in Projekten über die Schuldigen zu diskutieren. Viel wichtiger ist, zu einer übereinstimmenden Einschätzung des zurückliegenden Projektgeschehens zu kommen. Genau darin liegt das Ziel eines »After Action Reviews«, einer Manöverkritik: Man wird sich darüber einig, was falsch gelaufen ist.

Die Ergebnisse des Projektreviews werden in einem kurzen Review-Bericht dokumentiert, um sie für die Zukunft zu erhalten und auch Personen zugänglich zu machen, die nicht am Projekt beteiligt waren. Nur so kann das Unternehmen für künftige Projekte wirklich lernen – und vermeiden, dass künftige Projektleiter die gleichen Fehler wieder begehen. Sinnvoll kann es auch sein, den Bericht in den betroffenen Abteilungen vorzustellen. Auf diese Weise sind die Erfahrungen bei den Kollegen präsent, falls diese selbst einmal in die Verlegenheit kommen, ein solches Projekt durchführen zu müssen.

Kommen wir abschließend noch einmal zu unseren Protagonisten zurück. Welche Bilanz ziehen Marc, Saskia, Monika, Vanessa, Thomas, Matthias und Katharina? Welche Erkenntnisse haben sie gewonnen? Hier einige Auszüge aus ihren Projekttagebüchern.

Projekt 1: **Marc & das Informationssystem**

Marc sollte ein neues Informationssystem zur Überwachung der Getränke-abfüllung entwickeln. Seit einigen Wochen ist das neue System in Betrieb.

»Unser Produktionsleiter wollte den Produktionsprozess entlang der Abfüll-anlagen systemtechnisch und mit zusätzlichen Informationen unterstützen. Die große Gefahr dabei ist, dass sich im Projektverlauf immer neue Ideen und Wünsche einschleichen. Wenn man da nicht höllisch aufpasst, verhed-dert man sich im Wirrwarr der Anforderungen.

Was ich deshalb aus diesem Projekt vor allem gelernt habe: Man muss aus dem vielstimmigen Wunschkonzert der einzelnen Mitarbeiter in der Pro-duktion die wenigen tatsächlich relevanten Töne heraushören.

Der wohl wichtigste Erfolgsfaktor liegt darin, den Hintergrund des Pro-jekts zu verstehen. Was treibt meinen Auftraggeber dazu, Zeit und Aufwand in dieses Projekt zu stecken? Welche Ziele möchte er mit dem Projekt errei-chen? Letztlich geht es darum, die übergeordneten Projektziele aufzugreifen und hieraus die Grundzüge einer Lösung abzuleiten. In diese Lösung gehen dann vier Sichtweisen ein: eine geschäftliche Sichtweise (Was muss die Lö-sung leisten?), eine funktionale Sichtweise (Wie muss sie funktionieren?), eine technische Sichtweise (Wie ist sie technisch umzusetzen?) und eine organisatorische Sichtweise (Wie ist sie organisatorisch umzusetzen?).«

Einige Survival-Tipps

- Die Anforderungsanalyse ist kein Wunschkonzert. Nicht die Wün-sche der Anwender zählen, sondern ihre Bedürfnisse.
- Setzen Sie klare Grenzen. Ansonsten besteht die Gefahr, dass viele weitere Personen auch noch »gute Ideen« haben.
- Binden Sie die zukünftigen Anwender des IT-Systems frühzeitig und regelmäßig in das Projekt ein.
- Hinterfragen Sie Änderungswünsche während der Umsetzung kri-tisch, ob sie wirklich sinnvoll sind. Änderungen können schnell den Zeit- und Kostenrahmen komplett sprengen.

Projekt 2: **Saskia & die Themenwoche**

Saskia wurde mit der Aufgabe betraut, für das Sommerprogramm ihres Senders eine Woche zum Thema »Orient und Okzident« zu gestalten. Die Themenwoche ist erfolgreich gelaufen.

»Am Anfang war die Versuchung groß, mich erst einmal in die Inhalte zu stürzen. Zum Glück ist mir schnell klar geworden, dass ich mich erst einmal mit den Erwartungen der Programmdirektion auseinandersetzen sollte. Denen schwebte eine unerreichbare Einschaltquote am liebsten ohne zusätzliches Budget vor!

Heute weiß ich: Eine gute Konzeptvorbereitung ist die halbe Miete. Um dahin zu kommen, musste ich praktisch alle relevanten Punkte erst noch mit meinem Auftraggeber klären – seine Erwartungen und Ziele, eine einigermaßen genaue Beschreibung der Aufgabenstellung und natürlich das Budget.

Für mich war das eine wichtige Lehre. In der Euphorie, ein inhaltlich spannendes Thema angehen zu können, vergisst man schnell, nach den Projektzielen zu fragen. Doch genau darauf kommt es an, wenn das Projekt erfolgreich sein soll: Ich muss Bescheid wissen über die Ziele meines Auftraggebers, über seine Interessen und Motive, ebenso über Hintergründe und Rahmenbedingungen, die für das Konzept wichtig sind. Ein gutes Projektmanagement bedeutet eine sorgfältige Auftragsklärung vorzunehmen, anstatt sich gleich in die inhaltliche Ausarbeitung zu stürzen. «

Einige Survival-Tipps

- Beachten Sie die Reihenfolge: Zunächst steht die Planung des Projektes an, erst dann folgt die Ausarbeitung des Konzeptes.
- Kombinieren Sie Kreativität und strukturiertes Vorgehen geschickt miteinander. Phasen des Sammelns und der Ideenfindung sollten sich mit Phasen der Strukturierung und Aufbereitung abwechseln.
- Gehen Sie auf Nummer sicher. Vergewissern Sie sich immer wieder, dass Sie mit Ihrem Konzept auf dem richtigen Weg sind.
- Setzen Sie ein deutliches Zeichen, wenn das Konzept ausgearbeitet ist – und beginnen Sie erst dann mit der Umsetzung.

Projekt 3: **Monika & die Hausmesse**

Monika erhielt überraschend den Auftrag, eine exklusive Hausmesse für ausgewählte Kunden zu veranstalten. Einige Tage nach der erfolgreichen Veranstaltung zieht sie Bilanz.

»Die Aufgabe, eine Hausmesse zu organisieren, war überwältigend – in jeder Hinsicht. Eine Menge ist zunächst ziemlich schiefgegangen. Wenn ich nur an die erste Präsentation des Konzepts denke: Der Geschäftsführer war richtig böse! Am Ende haben wir es aber geschafft und er war sichtlich zufrieden. Die Messe war ein echter Erfolg!

Das nächste Mal werde ich ein solches Veranstaltungsprojekt in vier Phasen unterteilen:

Die erste Phase beginnt bereits Monate im Voraus. Da gilt es, Zweck und Ziele der Veranstaltung festzulegen: Was genau soll erreicht werden? Künftig werde ich meine Auftraggeber dazu nötigen, sich die drei wichtigsten Dinge zu überlegen, die aus der Veranstaltung resultieren sollen. Und genau darauf konzentrieren wir uns dann. Das dürfte es enorm erleichtern, ein klares Konzept zu erstellen und die richtigen Entscheidungen für die Gestaltung der Veranstaltung zu treffen. Zwei Wochen vor der Veranstaltung sollte dann eigentlich alles organisiert sein.

Die zweite Phase beginnt etwa zwei Wochen vor der Veranstaltung. Jetzt versichern wir uns, dass auch wirklich alles vorbereitet ist. Außerdem machen wir alles niet- und nagelfest. Der Fokus des Teams ändert sich nun: Es geht nicht mehr darum, wer was organisiert, sondern wer welche Aufgaben während der Veranstaltung wahrnimmt.

Die dritte Phase beginnt 24 Stunden vor der Veranstaltung. Eigentlich sind alle Vorkehrungen getroffen. Trotzdem gehe ich die Dinge ein letztes Mal mit dem Team durch. Außerdem suche ich noch einmal den Veranstaltungsort auf und kontrolliere, ob alles fertig ist.

Die vierte Phase ist die Veranstaltung selbst. An diesem Tag wird nur noch abgearbeitet, was man zuvor in sorgfältiger Kleinarbeit organisiert und vorbereitet hat.

So wird die Veranstaltung ein Erfolg!«

Einige Survival-Tipps

- Beginnen Sie bereits Monate im Voraus, die Veranstaltung zu planen. Denken Sie insbesondere über die Logistik nach (Catering, Technik etc.).
- Versichern Sie sich zwei Wochen vor der Veranstaltung, dass alles organisiert und vorbereitet ist.
- Gehen Sie am Vortag der Veranstaltung die Dinge zum letzten Mal mit Ihrem Team durch und kontrollieren Sie, ob alles fertig ist.
- Versichern Sie sich am Veranstaltungstag, dass Ihre Leute darauf achten, dass alles reibungslos abläuft.

Projekt 4: **Vanessa & die Buchhaltung**

Vanessa sollte mit ihrem Projekt den »Wildwuchs« in der Buchhaltung beseitigen und hierzu eine einheitliche Kontierungsrichtlinie einführen. Auch sie blickt zurück auf ihr Projekt.

»Die neue Kontierung ist in allen Landesgesellschaften eingeführt – und das rechtzeitig zum Jahreswechsel. Eigentlich ein toller Erfolg, den ich mir am Ende selbst ein Stück weit vermasselt habe: Ich hätte unbedingt für einen klaren Projektabschluss sorgen müssen. Dann hätten wir alle unseren Erfolg gefeiert – und ich wäre das Projekt ordentlich losgeworden und nicht auf allen möglichen Schlussarbeiten sitzen geblieben.

Insgesamt war das Projekt deutlich aufwendiger, als ich anfangs dachte. Letztlich ging es darum, einen neuen Prozess zu installieren. Und das ist eine ziemlich komplexe Angelegenheit! Dabei ist mir klar geworden: Prozesse lassen sich nicht in allen Details vorplanen und nach Plan umsetzen. Es ist besser, gestuft und in Schleifen vorzugehen, getreu dem Motto ›Design big – Implement small‹.

Zunächst entwirft man einen groben Plan, der beschreibt, welche Ziele wichtig sind und wie der ideale Prozess ablaufen soll. Das muss stimmig sein. Dann entwickelt man schrittweise Detailpläne für Teilprozesse, setzt sie um – und stellt gleich fest, was wie geplant funktioniert und was nicht funktioniert. Dann wird angepasst und verbessert, bis das Ziel erreicht ist. Leider ist das nicht so einfach und es kann schon einige Zeit dauern, bis der neue Prozess reibungslos läuft.

Sollte ich noch einmal mit einem solchen Projekt beauftagt werden, würde ich noch weit mehr Tests durchführen. Nur so bekommt man Schritt für Schritt mehr Stabilität in den neuen Prozess.

Das Projekt hat mir gezeigt, wie schnell eine Prozessoptimierung zu Schwierigkeiten führen kann. Wenn bei uns demnächst eine tief greifende Reorganisation ansteht, kann das durchaus zu größeren Verwerfungen im Unternehmen führen. Ein harmlos klingendes »Projekt zur Prozessoptimierung« entpuppt sich dann als echtes Change-Management- oder Organisationsentwicklungsprojekt. Das sollte man dann auch entsprechend angehen!«

Einige Survival-Tipps

- Mitarbeiter müssen den Verbesserungsprozess verstehen und verinnerlichen. Überlegen Sie, wie Sie die Mitarbeiter mit an Bord holen.
- Vermeiden Sie am Anfang zu hohe Erwartungen und rechnen Sie nicht mit frühzeitigen Ergebnissen.
- Veranlassen Sie den Auftraggeber, regelmäßig die Mitarbeiter über die Zielsetzung des Verbesserungsprojekts zu informieren.
- Bevor sich etwas verbessert, verschlechtert sich die Lage meist erst noch. Darauf sollten Sie sich einstellen – auch wenn viele Fachleute etwas anderes prophezeien.

Projekt 5: **Thomas & der neue Lüfter**

Thomas erhielt die Aufgabe, einen Lieferantenwechsel vorzubereiten. Sein Projekt hatte das Ziel, den Lüftertyp eines neuen Anbieters an die vorhandenen Anlagen anzupassen.

»Es ist bei uns immer wieder das Gleiche: Ein neues Produkt soll entwickelt werden, das Projektteam startet mit viel Enthusiasmus, einem großzügigen Budget und vielen guten Ideen. Doch die Monate gehen ins Land, Probleme tauchen wie aus dem Nichts auf – und plötzlich brennt der Baum!

Auch bei dem Lüfterprojekt ist es wieder passiert. Wir haben die genauen Anforderungen aus den Augen verloren. Angetrieben vom Willen, schnell zu liefern, stürzten sich die Kollegen mit Vollgas in die Detailentwicklung und drehten Schleifen zur Behebung von Fehlern. Dabei wäre es sinnvoller gewesen, erst noch eine gründliche Analyse der Anforderungen durchzuführen – und diese Anforderungen auch konsequent gegen die Projektziele zu prüfen.

Es unterlaufen uns immer wieder drei Fehler: 1. Es wird gar nicht oder kaum getestet. 2. Die Tests werden lediglich vom Entwickler selbst durchgeführt – und das meist widerwillig. 3. Es gibt zwar eine umfangreiche Testphase, aber erst ganz am Ende des Projekts. Fehler zu korrigieren, die erst so spät aufgedeckt werden, ist dann ein extrem teures Unterfangen.«

Einige Survival-Tipps

- Erstellen Sie einen Produktanforderungskatalog, bevor Sie mit der Entwicklungstätigkeit beginnen.
- Verzichten Sie eventuell am Anfang auf eine detaillierte Gesamtplanung des Projektes. Eine solche Gesamtplanung ist erst sinnvoll, wenn Sie die Komplexität der Anforderungen einschätzen können.
- Testen Sie die Projektergebnisse und gleichen Sie diese konsequent gegen die Projektziele ab.
- Bedenken Sie die Risiken, Nebenwirkungen und Seiteneffekte, wenn Sie bestehende Produkte weiterentwickeln.

Projekt 6: **Matthias & der Speziallack**

Matthias hatte ein typisches Forschungsprojekt übernommen. Es ging darum, einen Speziallack zu entwickeln und dabei mithilfe einer Versuchsreihe eine spezielle Farbzusammenstellung zu entdecken.

»Was ich immer wieder faszinierend finde: Bei einem Forschungsprojekt betritt man Neuland und kann explorativ arbeiten. Sich hier auf vordefinierte Vorgehensweisen und Meilensteine festzulegen ist im Grunde gar nicht möglich. Wenn wir ein Ergebnis erzielt haben, dann bedeutet das oft auch gleich den Anstoß für eine neue, unerwartete Richtung der Forschungsarbeit.

Gut verstehe ich deshalb auch, dass meine Kollegen jedes Projektmanagement schnell als unnötige Bürokratie empfinden. Anstatt sich in ihrer Arbeit voreilig einschränken zu lassen, drängen sie auf Ziel- und Ergebnisoffenheit und wollen die Dinge lieber kollegial regeln. Doch das hat eine Kehrseite: Es entsteht eine gewisse Unverbindlichkeit. Wenn man das zulässt, sprengt das Projekt bald jeden Zeit- und Kostenrahmen.

Dennoch: Die klassischen Vorgehensweisen passen nicht zum explorativen Charakter eines Forschungsprojekts. Ein gewisses Maß an Planung ist zwar notwendig, um den Ansprüchen des Kunden und des eigenen Unternehmens gerecht zu werden. Doch es ist unmöglich, den gesamten Verlauf bereits detailliert im Vorhinein zu planen.

Einige Survival-Tipps

- Handeln Sie eine Projektvereinbarung aus, in der Eckdaten, Ressourcen, Kompetenzen und Meilensteine festgelegt sind.
- Legen Sie in einem ersten Planungsschritt grobe Phasen des Projekts fest, zum Beispiel Konzeption, Versuchsreihen, Auswertung etc.
- Definieren Sie für jede Phase die Ziele und legen Sie dafür auch Meilensteine fest.
- Setzen Sie auf eine »rollierende Planung«: Planen Sie die bevorstehende Phase im Detail, die weiterführenden Phasen nur grob.

Die letzten Meter im Projekt

Projekt 7: **Katharina & die Zeiterfassung**

Katharina sollte ein System zur Projekt- und Zeitdatenerfassung einführen. Daraus ist ein schwieriges Veränderungsprojekt geworden.

»Wir haben den Widerstand völlig unterschätzt! Viele Mitarbeiter empfanden die Einführung der Zeiterfassung als tief greifende Veränderung – und in einer Organisation kann eine solche Veränderung nur erreicht werden, wenn sie von den Mitarbeitern, aber auch den Führungskräften mitgetragen wird.

Der Widerstand in einer solchen Situation lässt sich letztlich nur so überwinden: Die Mitarbeiter müssen die Notwendigkeit der angestrebten Veränderung erkennen und die damit verbundenen Ziele akzeptieren. Im Falle meines Projekts war es wichtig, deutlich zu machen, dass die Projekt- und Zeitdatenerfassung nicht dazu dienen sollte, die Mitarbeiter zu überwachen.

Menschen sind bereit, unbequeme Veränderungen mitzugehen, wenn sie sich einbringen können und dabei ernst genommen fühlen. Das bedeutet: zuhören, Eindrücke sammeln, Verständnis zeigen. Das kostet Zeit!

Rückblickend ist vor allem eines deutlich geworden: Man muss viel Zeit und Energie darauf verwenden, insbesondere den Führungskräften zu vermitteln, worum es in dem Projekt geht – denn diese müssen im Arbeitsalltag die nötige Veränderungsenergie unter den Mitarbeitern mobilisieren. Und dazu müssen sie erst selbst von der Notwendigkeit des Vorhabens überzeugt sein.«

Einige Survival-Tipps

- Veränderungen, die einen Kulturwandel erfordern, sind ein sensibler Prozess, der sorgfältig geplant werden sollte.
- Vermitteln Sie Ihren Kollegen im Unternehmen den Sinn des Vorhabens: einfach, klar und bestimmt. Die Botschaft muss sitzen.
- Vermeiden Sie, die Betroffenen zu überrumpeln. Organisieren Sie stattdessen Beteiligung – das fördert Akzeptanz.
- Kommunizieren Sie auch kleine Erfolge. So bekommen die Betroffenen das Gefühl, dass es vorangeht.

Survival-Tipps: **Der Bumerangeffekt**

Wenn gegen Projektende die Termine drängen, gerät der Projektabschluss leicht aus dem Blick. Die Folgen können fatal sein: Ohne offiziellen Abschluss bleiben Sie in der Verantwortung für das Projektthema – und immer neue Zusatzarbeiten werden an Sie herangetragen. Obwohl es eigentlich längst vorbei ist, kommt das Projekt wie ein Bumerang zurück.

- Sehen Sie den Projektabschluss als Teil des Projekts an, den Sie bewusst managen müssen.
- Sorgen Sie dafür, dass Ihr Projektteam das Projektergebnis in geeigneter Form dokumentiert.
- Nutzen Sie die Gelegenheit, um das Ergebnis dem Auftraggeber beziehungsweise den Endanwendern zu präsentieren.
- Führen Sie einen offiziellen Abschluss des Projekts herbei. Hierzu gehört, dass der Auftraggeber die Projektergebnisse abnimmt.
- Berufen Sie eine Abschlusssitzung mit dem Auftraggeber ein. Präsentieren Sie bei dieser Veranstaltung, welche Ziele und zusätzlichen Erfolge Sie mit dem Projekt erreicht haben.
- Führen Sie eine Abschlusssitzung im Team durch. Ziehen Sie darin eine Bilanz der Arbeit, auch über die Zusammenarbeit im Projekt.
- Erstellen Sie einen formalen Projektabschlussbericht – quasi die »Projektbilanz«.
- Sorgen Sie für einen emotionalen Abschluss Ihres Projekts. Eine Projektabschlussfeier macht für alle sichtbar: Wir haben es erfolgreich geschafft!